MOTOR Trouble

AVERTISSEMENT : Contient des scènes traitant de la santé mentale et de la dépression.

Collection New Romance® créée par Hugues de Saint Vincent
et dirigée par Arthur de Saint Vincent
Ouvrage dirigé par Marie Bechet
Couverture réalisée par Ariane Galateau

Images de couverture :
Shutterstock – © KELENY et © Dean zangirolami
AdobeStock – © gomolach

59, quai Alphonse Le Gallo
92100 Boulogne-Billancourt
www.hugopublishing.fr

ISBN : 9782755679366 / 001
Dépôt légal : mars 2025
Imprimé en Espagne par Liberdúplex en février 2025
sur papier provenant de forêts gérées de manière durable.

DELPHINE AUDRET

MOTOR Trouble

Hugo Poche

NEW ROMANCE®

CHAPITRE 1

La sueur me dégringole le long du dos, s'accumulant sur mes reins, sous la ceinture de mon treillis.

Il fait tellement chaud, putain !

« Hydratez-vous ! », a gueulé le *Staff Sergeant* avant qu'on parte ce matin, comme si ça pouvait suffire quand on fait le piquet sous quarante-cinq degrés à l'ombre.

Je suis passé par tous les cercles de l'Enfer depuis que j'ai intégré les Marines. Ce foutu *bootcamp* avec ses réveils en fanfare à l'aube, les ordres sans queue ni tête, la touffeur des marécages insupportable pour un gars du Maine et les morsures de ces saloperies de puces de mer. Puis, dans la flotte, les engueulades car je n'ai pas salué correctement un gradé ou parce que j'ai mis les mains dans les poches de mon putain d'uniforme.

À quoi servent les poches, si on ne peut rien mettre dedans !

Mais ça, c'est un tout autre niveau. Le soleil d'Afghanistan est en train de me cuire comme de la volaille, sous mon casque, mon gilet pare-balles, mon *cammie*, mes gants, mon T-shirt et mes rangers. J'essuie la sueur qui me coule dans les yeux.

De la volaille... Je tuerais pour un bon morceau de poulet croustillant à la place de nos rations militaires dégueulasses. Et à propos de tuer…

Je tente à nouveau de me concentrer sur la progression de mes compagnons, malgré la migraine qui me martèle les tempes. Sur la gauche, j'ai le temps d'apercevoir le dos de Lewis avant qu'il s'engouffre à la suite de son équipe dans la maison en terre ocre, comme il y en a des milliers ici. À droite, Williams, Campbell et Smith pénètrent dans une bâtisse dont la façade blanche est éblouissante avec cette luminosité.

De l'autre côté du Humvee, Mitchell soupire pour la vingt-cinquième fois.

– Tu crois vraiment qu'ils sont là ? murmure-t-il en me jetant un coup d'œil inquiet avant de reporter son attention sur la rue.

Pour toute réponse, je hausse les épaules. *Qu'est-ce que j'en sais, moi ?* La nervosité de mon compagnon me parvient par vagues et m'empêche de me concentrer sereinement. Il ne pourrait pas prendre sur lui, bordel ? C'est pour ce genre de situations qu'on nous a entraînés. Qu'est-ce qu'il fout là s'il ne supporte pas la pression ?

Apparemment, des terroristes auraient été vus dans ce village où on est passés des dizaines de fois lors de nos rondes de surveillance au cours des quatre derniers mois. C'est ce qu'a affirmé le lieutenant à la réunion d'information de ce matin. La mission du jour est donc simple : tout inspecter de fond en comble jusqu'à ce qu'on les trouve… ou pas.

En tout cas, le lieutenant est bien tranquillement assis sur son cul, dans sa tente, pendant que nous, on fait le planton ici.

Quelque chose attire mon regard à gauche, et je resserre machinalement la prise sur mon fusil en tournant la tête. Mais ce ne sont que les gars qui ressortent de la baraque qu'ils viennent de fouiller pour s'avancer vers la suivante. Encore dix et on pourra rentrer au camp. J'ai vraiment hâte de me tirer d'ici, et pas seulement parce que mon dos est trempé. Un truc dans l'air me met mal à l'aise, peut-être parce qu'au lieu de se dissiper, la tension monte d'un cran à chaque maison inspectée sans succès par mes frères d'armes.

Malgré le martèlement des bottes sur le sol et les protestations des habitants, le grognement étouffé de Mitchell me fait l'effet d'un coup de canon. Ce bruit guttural porte tant de douleur que je sais, avant même de le regarder, ce que je vais découvrir. Soudain, en dépit de la fournaise ambiante, un long frisson glacé me parcourt.

Le liquide rouge qui s'écoule entre les doigts qu'il a refermés sur sa gorge détonne dans ce paysage si uniforme, comme si le beige de la terre sous nos pieds s'était spécifiquement assorti au motif de nos *cammies* et au marron des montagnes. Le temps semble ralentir : Mitchell s'effondre lentement alors que le sang dévale à toute vitesse sur le devant de son torse. Autour de nous, l'air s'est refroidi, et je ressens une présence glacée à mes côtés. Je ne peux pas expliquer comment je le sais mais j'ai l'intuition qu'elle est là pour moi. Elle est venue me chercher. Bizarrement, l'espace d'un instant, je me sens en paix, comme si plus rien n'avait d'importance, mais la seconde d'après, l'entité disparaît brutalement, alors qu'un coup de feu retentit au-dessus de moi, à gauche, là où l'équipe de Lili est postée sur les toits pour surveiller les opérations de plus haut. Une fusée brûlante me frôle le cou dans un sifflement. Je porte machinalement la paume sur la source de la douleur tandis que quelqu'un gueule :

– À couvert !

Je m'écroule lourdement plus que je ne m'accroupis derrière la roue du Humvee, le cœur battant à cent à l'heure, les mains tremblantes autour de mon fusil, le souffle erratique et, surtout, la peur me comprimant les entrailles d'une poigne de fer. Lorsque mon regard fouille les alentours pour trouver l'origine de la balle, il tombe sur la flaque rouge sous le Humvee. Une nausée me prend à la gorge, amplifiée par l'odeur de poudre et celle métallique du sang.

Je m'adosse à nouveau contre la carcasse chaude du véhicule et ferme les yeux. Je vois le visage de Lili, confiant et concentré, quand je l'ai transporté un peu plus tôt, lui et son équipe, et je murmure : « Je suis désolé, mec. » Celui de ma sœur lui succède, et je regrette de ne pas lui avoir dit tout ce que j'avais sur le cœur. Le sang pulse à mes oreilles, étouffant les échanges de tirs et les voix de mes compagnons, comme si tout se passait à des centaines de mètres de moi alors que tout ce qui nous sépare est un putain de Humvee.

J'ouvre les yeux sur un plafond blanc et des murs immaculés. Sous mon corps en sueur, un matelas doux et moelleux qui n'a rien à voir avec celui du camp. Mon cœur affolé s'apaise un peu alors que je reconnais ma chambre.

Tout ça, ce n'était qu'un putain de cauchemar.

Je repousse le drap froissé et m'assois au bord du matelas avant de prendre mon visage entre mes paumes. J'inspire longuement comme me l'a appris le psychologue l'année dernière.

Inspiration. Bloque. Expiration. Bloque.

En moi, le calme revient, même si la panique ne semble jamais vraiment loin.

Merde. Je n'ai pas cauchemardé depuis des mois, peut-être cinq ou six, sûrement car les somnifères que j'ai gobés comme des bonbons à cette époque ont dû aider à ma pseudo-guérison. Difficile de se réveiller en pleine nuit quand t'es assommé par des médicaments.

Si ma sœur apprenait que mes cauchemars ont recommencé, elle me traînerait chez le psychologue par la peau du cou. Alors je vais fermer ma bouche, sourire et continuer à prétendre que la vie est une foutue fête.

Un coup d'œil à mon téléphone posé sur la table de nuit m'apprend qu'il est 5 h 32. Je ne me rendormirai pas alors je me lève, enfile ma tenue de sport, me traîne jusqu'à l'entrée de l'appartement et, après avoir dévalé les escaliers en guise d'échauffement, je fuis mon mal-être en courant sur le bitume de Jacksonville, pendant que le commun des mortels commence tout juste à s'éveiller.

Quand je déboule au rez-de-chaussée de l'immeuble pour la seconde fois de la journée, un bruit de clés sur ma droite me fait serrer les dents. J'accélère pour atteindre la porte d'entrée avant qu'apparaisse l'un des deux habitants de cet appartement, même si je n'ai pas trop de doutes sur son identité, vu l'heure. Pas de bol, le battant s'ouvre.

– Jack ! Salut ! m'interpelle Chiara avec un large sourire.

Forcé de m'arrêter, je me tourne vers elle avec un petit rictus qui étire à peine ma bouche.

– Salut.

Chiara me jette un bref regard avant de refermer la porte à clé. Mon ton n'a pas dû la convaincre, car son sourire a disparu, remplacé par un froncement de sourcils. Elle ressemble tant à notre père, avec cette moue, que j'ai encore plus envie de me barrer. Je ne veux pas penser à papa ce matin.

– Ça va ? demande-t-elle en me rejoignant alors que je n'ai pas bougé, la porte de l'immeuble toujours dans la main comme si j'étais prêt à foutre le camp dès qu'elle tournera les talons.

– Ouais.

Nouveau coup d'œil interrogateur. Ses paupières se plissent davantage sur ses iris d'un bleu à peine plus foncé que celui des miens.

– Qu'est-ce que t'as fait, ce week-end ? continue-t-elle.

S'il y a bien un truc qu'on ne peut pas lui retirer, c'est son obstination. Et visiblement, ce matin, elle est déterminée à me casser les couilles. Je ne lui demanderai pas comment son week-end à elle s'est passé parce que je n'ai pas envie d'entendre à quel point sa vie déchire alors que la mienne ressemble à un puits sans fond.

Pourtant, je réponds. Elle doit cacher un pouvoir magique de persuasion dans son petit mètre soixante.

– J'ai traîné.

– Oh… lâche-t-elle, l'air un peu déstabilisée. Euh… tu te souviens qu'on devait aller visiter un vignoble, Lili et moi ?

Comme si je pouvais oublier que ma frangine et mon meilleur ami partaient deux jours en amoureux… J'ai vingt-trois ans, je n'ai pas besoin que ma grande sœur fasse du baby-sitting. En revanche, je n'avais pas compris que leur donner ma bénédiction pour sortir ensemble impliquait de ne plus voir mon pote ! Il habite deux étages en dessous mais il n'est pas passé et n'a pas pris la peine de répondre à mon dernier SMS depuis plusieurs jours. Il faut croire qu'il était trop occupé à être aux petits soins pour ma sœur dans un B&B au milieu des vignes. Est-ce qu'il se souvient seulement que j'existe ?

Chiara ouvre la bouche pour ajouter quelque chose, mais je la coupe :

– Désolé, je dois y aller.

Elle a un petit mouvement de recul, et ça me fait immédiatement mal de la blesser, parce qu'elle a le droit au bonheur, après tout ce qu'elle a traversé dans la vie. C'est juste que là, ce matin, avec la terreur qui me comprime encore les entrailles, je ne peux pas supporter tout ça.

– Bien sûr, lâche-t-elle doucement. Tu dois avoir une montagne de boulot au garage, Monsieur-le-restaurateur-de-voitures-anciennes-le-plus-demandé-du-coin ! On se voit dans la semaine ?

J'acquiesce plus gentiment avant de lui faire signe de passer devant moi pour sortir de l'immeuble.

Dès que j'ai mis un pied dehors, je cours vers Pamela, ma bagnole, la gorge obstruée par une boule de la taille d'une balle de golf. J'ai déjà l'impression de mieux respirer quand je baigne dans l'odeur du baume pour cuir qui flotte dans l'habitacle. Je ne voulais pas penser à mon père, mais en réalité, ça m'arrive presque à chaque fois que je m'assois derrière le volant de cette Porsche 911 qu'on a commencé à restaurer ensemble.

Qu'est-ce qu'il dirait s'il me voyait en ce moment ? Sûrement un truc du genre : « Bouge-toi le cul, fiston ! Mais ne répète pas à ta mère que j'ai dit un gros mot. »

Dans le silence, je murmure :

– J'essaie, Papa…

CHAPITRE 2

Il y a quelque chose d'apaisant dans le travail de carrosserie.

Je flotte dans une bulle brumeuse, indifférent à mon environnement, mes pensées entièrement dirigées vers les petites bosses, rayures, décolorations et traces de rouille qui parsèment la coque de la Mustang Grandé de 1973. Le client l'a dégottée au fond du jardin de son grand-père en vidant la propriété afin de la vendre. J'ai déjà dégrippé ainsi que remplacé des pièces du moteur et du râtelier. J'ai aussi intégralement nettoyé l'habitacle, pour enlever notamment toute la moisissure des banquettes.

Accroupi au niveau de la roue avant gauche et armé de ma spatule biseautée, je décape doucement la peinture pour retirer la corrosion sur l'aile. À certains endroits, j'ai dû aller assez loin pour trouver du métal sain mais, au moins, je sais que je repartirai depuis une bonne base. J'espère que le client ne stockera pas la bagnole n'importe comment, sinon il devra me la rapporter dans quelques mois. Au moins, ça m'occupera…

La vibration de mon téléphone dans la poche de ma combinaison me force à m'arrêter, mais le nom qui s'affiche sur l'écran – « Casse de Jacksonville » – me donne instantanément le sourire.

– Hé ! Marco ! Qu'est-ce que t'as pour moi ?

Le rire rauque de cet homme qui a fumé une grande partie de ses cinquante et quelques années de vie fait écho au mien.

– Salut, Jack ! On nous a déposé une Corvette 427 ce matin, enfin la carcasse. Je ne sais pas si on peut en tirer grand-chose, mais je me suis dit que j'allais quand même te prévenir. Ça t'intéresse ?

Mon sourire s'élargit.

– Carrément !

Ce modèle fait partie des voitures de collection les plus recherchées. La plupart du temps, les mecs lâchent deux à trois mille dollars pour posséder la caisse dont ils rêvent depuis toujours, pensant que sa réparation les occupera trois ou quatre week-ends et qu'il n'y aura que deux ou trois trucs à changer. Mais les pièces sont chères, et selon l'état de l'épave, des centaines d'heures de boulot peuvent être nécessaires, sans compter que tout le monde n'est pas mécano ou carrossier et n'a pas forcément le matos. C'est là qu'ils débarquent au garage la bouche en cœur pour un devis, que je fais l'addition et arrive à un résultat à quatre chiffres qui manque de faire sortir leurs yeux de leur orbite.

Heureusement que j'ai appris à chercher des pièces de rechange, soit en négociant avec Marco qui me fait des prix, soit en fouillant sur les forums de passionnés.

– Je serai là dans une heure, déclaré-je après avoir évalué ce qu'il me reste à faire sur la carrosserie de la Mustang.

À vue de nez : un coup de disque à ébarber et un peu de ponçage.

Après quelques heures à récupérer tout ce que je pouvais sur l'épave, non sans ponctuer chaque mauvaise découverte d'une insulte – certaines personnes ne méritent pas de posséder de tels trésors –, je suis de retour au garage.

À l'intérieur, tout est calme. La radio que mes collègues adorent mettre à fond d'habitude ne beugle plus, leurs rires ne résonnent pas, et leurs machines sont silencieuses. C'est normal, l'atelier est fermé depuis trente minutes. Je suis en train de ranger mes trouvailles sur les étagères du coin « restauration » quand une voix sortie de nulle part me fait sursauter.

– JJ ?

Ce n'est que Troy. Il devait être sur le point de partir car il ne porte plus son bleu de travail.

– Désolé, je me croyais seul, précisé-je.

– Je m'occupais d'un dépannage. Je ne voulais pas te surprendre. La pêche a été bonne ? dit-il en désignant le meuble bien rempli.

– Ouais, Rob va faire la grimace quand il va voir la facture de la casse !

Troy ricane en secouant la tête.

– Étant donné qu'il t'a laissé une commande, ça va vite lui passer !

Étonné, je m'approche du porte-documents qui m'est assigné. Quand je détaille le nouveau formulaire, je ne peux m'empêcher de froncer les sourcils. Je ne connais pas ce modèle – « M750 Dark », année : 1997, marque : « Ducati » – mais ça a le mérite de piquer ma curiosité. Ce n'est pas un constructeur de motos ?

– Rob a dit quelque chose de particulier quand il a laissé ça pour moi ? demandé-je à Troy, qui répond négativement de la tête.

Il s'approche pourtant pour lire la fiche et reste silencieux pendant quelques secondes.

– Sympa ! s'exclame-t-il finalement. Le patron te lance un beau challenge.

Je reporte mon regard sur lui et croise ses yeux gris rieurs. *Il se fout de ma gueule ?* Son sourire s'agrandit alors qu'il passe une main dans ses cheveux bruns qui auraient, au passage, besoin d'une bonne coupe. Les mèches restent dressées sur le haut de sa tête quand il enlève ses doigts. Il a l'air con, ou peut-être qu'à cet instant précis, il me tape juste sur les nerfs.

Je préfère relire la commande à la recherche d'une indication supplémentaire plutôt que de lui en coller une. Le véhicule appartient à « TURNER Max », et son adresse me semble familière. Après quelques secondes de réflexion, je tilte : c'est celle de mon patron. D'ailleurs, je reconnais aussi l'écriture incompréhensible de Rob sur la fiche, ce qui prouve que c'est lui qui l'a remplie. Mais il n'a jamais parlé d'un « Max ». Il n'a que des filles. Peut-être est-ce un membre de sa famille de passage chez lui… Un neveu ou un cousin…

Tout ça n'a aucun sens. Je cherche à nouveau le nom du modèle sur le papier.

– La… « M750 Dark », elle est chez le boss ? demandé-je à mon collègue qui se marre toujours.

– Non, elle est là, dit-il en montrant un espace derrière lui où je ne repère qu'un établi, un pick-up Ford F-150 avec un beau choc dans la portière avant droite, une moto noire et un stock de pneus.

Mon pouls commence à accélérer. La blague a assez duré.

– Où ça ?

– Là ! répète-t-il, hilare, en désignant la moto.

J'observe à nouveau le coin en secouant la tête et ne parviens pas à retenir mon ton agacé :

– C'est la bagnole invisible ?

– Mais non, crétin ! C'est la moto ! Une Ducati M750 Dark ! T'es vraiment con, des fois ! se moque-t-il.

Une bécane ? Je n'ai jamais touché à un véhicule avec moins de quatre roues.

– Je ne pige pas, murmuré-je en sortant mon téléphone de la poche de ma combinaison.

Au bout de trois sonneries, je suis redirigé vers le répondeur.

– Allô, patron ? C'est Jack. J'ai bien trouvé ton petit cadeau mais je ne comprends pas pourquoi tu me le refiles. Je n'y connais rien aux deux roues. Par contre, je peux passer des coups de fil et recommander un expert en moto de collection à ton client… (Je cherche à nouveau sur le formulaire) Max Turner. S'il a peur de se faire entuber, je veux bien rencontrer le professionnel avec lui. On en parle demain.

Quand je raccroche, Troy est en train de rejoindre la sortie des employés. Je réponds à son signe d'au revoir et vais me changer.

C'est typiquement le genre d'anecdotes que j'ai envie de raconter en exclusivité à Lili. Ça le ferait marrer à coup sûr. Mais quand je m'apprête à frapper à la porte de l'appartement qu'il partage avec ma sœur, je suis arrêté dans mon élan par un gémissement reconnaissable entre mille. Le son est étouffé par le battant, et je n'aurais probablement rien entendu si je ne me tenais pas juste derrière, l'oreille à cinq centimètres.

– Putain, *Baby doll*…

Et je comprends qu'une fois encore, il est très occupé. Alors, je monte jusque chez moi, me prépare un sandwich et m'installe devant la télévision. C'est seulement lorsque j'ai terminé de manger et que je suis sur le point d'allumer ma console que l'arrivée d'un message fait vibrer mon téléphone sur la table basse. Un instant, alors que je ne sais pas encore qui est l'expéditeur du SMS, l'espoir immobilise mon cœur…

Ce n'est pas la personne que j'attendais, mais la surprise remplace vite la déception.

Chrissie
Salut
Ça te dit de venir chez moi ce soir ?

Je scrute mon téléphone pendant dix bonnes secondes avant de taper ma réponse. Quel autre choix ai-je ? Rester tout seul ici comme un con ? M'abrutir devant des jeux vidéo jusqu'à ce que je tombe de sommeil ? Ou passer la nuit en charmante compagnie, même si pour l'instant je ne suis pas vraiment d'humeur ?

On s'est recroisés en boîte il y a un mois et on a recommencé à coucher ensemble par la suite. Ça a toujours été comme ça, entre elle et moi. Avec Chrissie, le sexe est bon, sans prise de tête. Il permet d'oublier toutes les merdes qui polluent mon esprit. On se voit, on baise, et chacun repart d'où il vient. Que demander de plus ?

Je me lève du canapé, prends une douche rapide et, en vingt minutes à peine, je suis à nouveau derrière le volant de Pamela.

Quand j'ouvre les paupières, la douce lueur qui s'introduit par la fenêtre, dont on a oublié de tirer les rideaux, annonce que la nuit est en train de faire place au jour.

Je me frotte les yeux et m'assois au bord du matelas. Après le premier *round* sur le canapé, Chrissie m'a entraîné dans sa chambre pour remettre ça jusqu'à ce qu'on tombe de sommeil. D'ailleurs, toutes mes affaires sont restées dans le salon. Je ne sais pas exactement quelle heure il est mais, à vue de nez, je dirais presque cinq heures. Ce qui signifie au passage que je ne me rendormirai pas. On ne peut pas effacer quatre ans de conditionnement d'un claquement de doigts.

J'envierais presque les gens « normaux », comme dirait ma sœur, ou Chrissie, profondément endormie à ma gauche. Je jette un dernier coup d'œil à sa forme détendue par le sommeil avant de sortir discrètement de la chambre.

Dans la faible lumière de l'aube, je me rhabille silencieusement, dépose les vêtements de Chrissie bien pliés sur la table basse, remets en ordre les coussins du canapé et ramasse l'emballage de préservatif sur le tapis ainsi que nos bouteilles de bière.

Quand je passe la porte, c'est comme si je n'étais jamais venu.

J'ai la chance de trouver une place de parking juste en face de l'immeuble. C'est l'avantage de vivre dans une résidence occupée par une grande majorité de familles militaires. Il suffit d'arriver après le départ des troupes.

Toutefois, il y a aussi des inconvénients. L'un d'entre eux se matérialise devant moi tandis que je remonte l'allée pavée. Un soupir agacé m'échappe. Alors qu'il range ses clés dans la poche de son treillis bien repassé, il faut une seconde à Lili pour me remarquer. Ses sourcils se froncent, tandis que sa bouche se lève en un petit sourire interrogateur. Clairement, il ne s'attendait pas à me croiser devant l'immeuble alors que le soleil n'est pas encore levé, et encore moins sur le chemin du retour. Je le sens sur le point de me poser la question, mais la dernière chose dont j'ai envie, c'est de satisfaire sa curiosité. S'il voulait de mes nouvelles, il lui suffisait de répondre à mes messages ou de bouger son cul pour aller deux étages plus haut.

Involontairement, les muscles de ma nuque et de mon dos se crispent. Tout le bien-être de ma nuit avec Chrissie est en train de s'évaporer.

Moi aussi, je peux me conduire comme un abruti. Je m'arrête, bien campé sur mes jambes, en bon petit soldat, et lui adresse un salut parfait, la main droite sur la tempe, le bras gauche tendu le long de mon flanc.

– Sergent !

Et sans lui laisser le temps de répondre, je reprends mon chemin et m'engouffre dans le hall en profitant du fait que la porte soit entrebâillée.

Il n'a jamais été mon supérieur hiérarchique mais il n'en a pas eu besoin pour que je boive ses paroles ou que je lui emboîte le pas jusqu'au bout du monde. Depuis le tout premier jour, lorsqu'il est venu me parler alors qu'on attendait que je reconduise son unité à la base après une manœuvre, il est devenu pour moi une sorte d'idéal à atteindre. Peut-être parce qu'il est plus âgé de deux ans, qu'il mesure cinq centimètres de plus que moi ou qu'il a un grade d'avance. C'est celui que tout le monde écoute, celui vers lequel on se tourne quand on a une question ou un problème.

Celui que tous les gars veulent comme pote, mais qui traîne quand même avec moi. Enfin, *traînait* avec moi. Tout a changé depuis qu'il est rentré de son déploiement.

Pour moi, il est bien plus qu'un meilleur ami ; c'est mon frère, un pilier de ma vie, si proche que me l'arracher serait comme perdre un de mes membres. Et jusqu'à peu, je pensais que c'était réciproque.

En réaction à mon impertinence, le sourire s'est effacé sur la belle gueule de Lilian Flynn. Ses lèvres sont pincées, et ses sourcils encore plus froncés. Il passe une main dans ses cheveux bruns, dont la longueur frise toujours la limite du règlement. Sans sa visite du vendredi chez le coiffeur, il se ferait souffler dans les bronches.

Et je ne sais pas pourquoi je continue à penser à toutes ces conneries qui le concernent.

Je commence déjà à monter les marches quand il s'exclame à ma suite :

– Jack ! Attends…

Non, Lili. J'en ai marre de t'attendre.

Je poursuis mon chemin sans me retourner.

CHAPITRE 3

La rouille, c'est vraiment de la merde.

J'ai perdu trop de temps à traiter les piqûres de corrosion les plus profondes, et quand j'ai enfin fini de protéger les zones saines avant l'application de l'apprêt antirouille, ça gueule derrière moi :

– Jack !

Le patron m'a déjà pris à part ce matin, dès mon arrivée, pour parler de la restauration de cette moto à la con, et je lui ai réaffirmé ma position. Pas besoin d'en remettre une couche plusieurs fois dans la journée, surtout qu'il serait plus bénéfique pour son portefeuille que je continue de m'occuper de cette voiture afin de pouvoir facturer le client.

Les minutes que je passe à écouter ses conneries sont du temps que je n'emploie pas à faire entrer du cash dans son tiroir-caisse.

– Boss ? répliqué-je, insolent, sans me retourner, le nez toujours à hauteur de la roue.

Des pas résonnent sur les dalles, bien trop près de moi. Je perçois au moins deux présences dans mon dos. Il croit vraiment que venir m'intimider à plusieurs va me faire changer d'avis ? J'aurais presque envie de rigoler, si cette foutue rouille ne me cassait pas autant les couilles. J'aurais déjà dû avoir fini la peinture, à ce stade !

– Johnson ! Je te parle ! braille la voix de mon patron.

Son ton est beaucoup moins sympathique que ce matin, quand il pensait encore me faire céder après un petit « Tu es le meilleur du garage pour la restauration ». Je suis surtout le seul, alors ça doit faciliter l'obtention de ce chevron. Dommage pour Rob, ni la flatterie ni les beuglements ne me feront reculer. On m'a hurlé dessus quotidiennement pendant quatre ans. Pour moi, c'est juste un bruit de fond, et ça ne m'empêche pas de me concentrer sur ma tâche.

Mais comme je n'oublie pas qui signe mes chèques de salaire, je fais l'effort de lui jeter un regard par-dessus mon épaule.

– Yep ? Désolé, j'ai un putain de problème de rouille, comme tu peux le voir.

Sous-entendu pour ceux qui ne savent pas lire entre les lignes (mon patron, par exemple) : *j'ai autre chose à foutre.*

– Je comprends, Jack. Mais j'aimerais bien qu'on discute de la Ducati…

Le reste de son discours n'est qu'un emmerdant fond sonore, et je suis déjà en train de reporter mon attention sur l'aile quand il dit :

– … Max est là pour tenter de te convaincre en personne.

Le fameux Max a donc arrêté de se planquer dans les jupes de Rob – façon de parler, le boss ferait une attaque si on osait lui suggérer de porter autre chose que son bon vieux Wrangler de cow-boy – et a bougé son cul pour plaider sa cause. Voilà qui est intéressant.

Suffisamment intéressant, en tout cas, pour m'arracher à la contemplation malsaine de cette foutue aile pendant une seconde…

– Putain de merde ! C'est vous, Max Turner ?

Sur ma gauche, Rob éclate de rire, et Max Turner me détaille d'un air pincé, comme si elle allait m'en coller une. Je parie que je la sentirais passer.

Elle. Parce que Max Turner, ce n'est pas un mec. Pas du tout, même. C'est une bombe atomique.

Je me relève lentement, le regard rivé sur les yeux sombres de la jeune femme qui se tient aux côtés de mon patron.

Quand je suis debout, la première chose que je remarque est que je n'ai pas besoin de baisser la tête pour maintenir le contact visuel. Elle est presque aussi grande que moi, sauf que son corps à elle est une merveille tout en courbes, entièrement vêtue de noir : jean moulant, T-shirt cintré et bottes en cuir lacées jusqu'aux genoux, malgré les vingt-sept degrés extérieurs. Ça lui donne un air « Me fais pas chier » qui me plairait dans un autre contexte. Et si elle n'était pas encore en train de me scruter comme si je n'étais qu'un problème dont elle devait se débarrasser.

De toute façon, son visage reflète tout ce qu'elle pense de moi, et ce n'est clairement pas glorieux, alors que le mien doit afficher à la vue de mes collègues et mon patron la surprise que j'éprouve. Pas seulement parce que je me suis trompé sur son identité, même si l'ironie de la situation est marrante – après tout, je m'étais bien moqué de ma sœur quand elle croyait que « Lili » était une fille. Mais ce qui me laisse surtout sans voix, c'est que cette femme a des traits magnifiques, quelque chose qui marque et reste en tête. Ça vient peut-être de ses yeux étirés, parfaitement en amande et d'un brun si sombre que je ne distingue pas la pupille de l'iris, de ses pommettes très prononcées, des angles abrupts de sa mâchoire, de son nez taillé à la serpe ou de sa bouche aux lèvres épaisses. Ses cheveux sont si foncés qu'ils se confondent avec la couleur de son T-shirt. Seule sa peau d'un marron clair doré tranche avec tout ce noir.

– Jack, je te présente Maxine…

– Max, corrige l'intéressée d'une voix suave mais suffisamment grave pour renforcer son look de dure à cuire.

– …Turner, finit mon patron en jetant un regard désabusé à sa voisine, comme si ce n'était pas la première fois qu'elle le corrigeait. Max, voici Jack Johnson, mon spécialiste en restauration de véhicules anciens.

– Spécialiste en restauration de *voitures* anciennes, rectifié-je à mon tour. C'est là toute la subtilité.

Le patron m'adresse exactement le même regard qu'il vient de servir à *Max* Turner.

Je l'ignore pour me concentrer à nouveau sur la cliente. L'imaginer sur cette moto noire, c'est quelque chose que je ne devrais pas faire en public. Sinon, mes collègues, Troy et Jarvis, qui suivent l'échange avec beaucoup trop d'intérêt pour des mecs qui ont manifestement du travail, vont se moquer de moi jusqu'à ma mort.

Je soupire un bon coup pour retrouver mon calme :

– Je suis désolé de ne pas pouvoir vous aider, Mlle Turner, mais comme Rob a déjà dû vous le dire, je ne répare pas les motos.

– Il dit que vous êtes le meilleur, contre-t-elle posément, mais j'entends dans sa voix qu'elle me défie de la contredire.

Derrière elle, les mécanos s'agitent. J'imagine que ce qualificatif, dans la bouche de *cette* femme, ne leur convient pas. Je leur jette un regard goguenard et fier.

– Si vous aviez une Mustang de 1973, je vous affirmerais qu'il a raison, mais je ne peux rien faire pour votre bolide. Je connais que dalle aux deux-roues. Vous voulez vraiment confier votre bébé à un mec qui n'est même jamais monté sur une moto ?

À sa façon de plisser le front, je devine que mes arguments font mouche pendant au moins deux secondes, et durant ce court instant, un sentiment qui ressemble étrangement à de la déception me comprime la poitrine. C'est complètement con, parce que je sais depuis que j'ai posé les yeux sur la demande de devis que je ne suis pas la personne pour ce projet. Et j'en suis définitivement convaincu après avoir rencontré la propriétaire. Je sens au fond de moi qu'il y a un truc dangereux en elle, quelque chose qui pourrait foutre ma vie en l'air.

Mais cette femme-là, c'est comme un pitbull qui aurait chopé le mollet d'un cambrioleur : elle ne lâchera rien.

– De quoi t'as peur, exactement ?

Sa question résonne comme un coup de fusil dans le silence du garage. À ce stade, plus personne ne prétend ignorer notre échange. Mes collègues ont coupé la radio, et même Tricia, la secrétaire et réceptionniste qui vient d'entrer dans l'atelier avec un client régulier, s'est arrêtée pour suivre le match en direct.

Mon brusque éclat de rire les fait sursauter.

– Pas de toi, en tout cas ! rétorqué-je en passant moi aussi au tutoiement. J'ai pas besoin de me lancer des défis pour me sentir exister.

Pas quand chaque jour merdique me rappelle douloureusement que je suis vivant.

– Tu ne sembles pas non plus le genre à baisser les bras à la première difficulté. T'es quoi ? Vétéran de l'armée ?

Qu'est-ce qui m'a trahi ? Pas mes cheveux. Je les ai un peu laissés pousser depuis mon EAS[1]. Même s'ils restent presque rasés sur les côtés, ils sont longs sur le dessus du crâne, avec des mèches qui me tombent dans les yeux quand je me penche. Peut-être est-ce ma posture ou ma condition physique.

Ah ! non, je sais : ce matin, j'ai machinalement remis mes *ID tags* après la douche, et la chaîne dépasse du marcel blanc que je porte sous mon bleu de travail. J'ai pris l'habitude d'enfiler mes plaques d'identification quand je vais courir. Mon nom et mon groupe sanguin y sont gravés ; ce sont des informations utiles aux secours, s'il m'arrive quelque chose pendant mon footing.

Certaines manies ont la vie dure, tout comme celle qui me pousse à la corriger :

– Marine.

– Si tu veux. Ex-Marine, alors. T'as dû en…

– Juste Marine, intervient une voix masculine à notre gauche.

Je me tourne vers M. Simmons, le client, qui s'est posté aux côtés de Rob pendant qu'on discutait. Max Turner le détaille avec le même agacement qu'elle avait lorsque le patron me l'a présentée. Elle ne comprend visiblement pas pourquoi ce vieux mec se mêle de ce qui ne le regarde pas.

– Un Marine reste un Marine toute sa vie, jeune fille. En service actif ou pas, explique doucement

1. End of Active Service : fin de service actif.

M. Simmons. Une fois qu'on a gagné le titre, on le porte jusqu'à notre mort, et fièrement, en plus ! *Semper Fi*, *Devil Dog*, ajoute-t-il à mon attention.

– *Semper Fi*, déclaré-je d'une voix basse, la gorge serrée.

L'émotion me prend toujours quand j'entends cette phrase. J'ignore pourquoi.

M. Simmons profite du silence qu'a engendré son intervention pour demander au patron de venir voir une facture. Rob nous jette un regard interrogateur, à Max et moi, sûrement pour évaluer le risque qu'on s'entretue s'il nous laisse seuls. Je lui fais comprendre d'un léger mouvement de tête et d'un roulement d'yeux que je sais me tenir. Ça reste une cliente, même si je ne connais toujours pas son lien avec mon responsable.

– Max, je serai dans mon bureau, ajoute-t-il cependant avant de tourner les talons.

Une partie de l'audience étant partie, je reporte mon attention vers elle.

– Je ne suis pas le gars qu'il te faut. Crois-moi, c'est terriblement tentant de s'attaquer à un projet comme celui-là, mais je connais mes limites.

Elle me dévisage de ses grands yeux noirs, si intensément que j'en frissonne. On dirait qu'elle cherche à déceler la vérité au fond de mes pupilles.

– D'habitude, les mecs ont plutôt tendance à surestimer leurs capacités, conclut-elle avec un rictus provocateur sur ses lèvres pulpeuses. Pas toi.

Je confirme d'un mouvement de tête. Ce n'est pas dans mes habitudes, pas en ce qui concerne le boulot, en tout cas. Même si son sous-entendu ne semble pas accidentel.

C'est le moment que choisit Troy pour nous rejoindre. Cette femme agit comme un pot de miel au milieu d'une nuée de mouches. Toutes les personnes du garage en veulent une portion, et quelque part, ça m'emmerde.

– Mademoiselle ?

Elle se tourne vers lui avec un regard inquisiteur qui le fait flancher. D'autant qu'elle est plus grande que lui. Pas de beaucoup, deux ou trois centimètres à tout casser, mais ça suffit pour le mettre mal à l'aise. Il commence à s'essuyer les mains sur son chiffon plein de graisse.

– Ouais ?

– Si vous voulez, je peux m'occuper de votre moto. J'ai un Sportster et je le bricole moi-même. Je ne suis pas spécialisé dans les modèles anciens comme cet enfoi… enfin, comme Jack, reprend-il en passant ses doigts dans ses cheveux bruns, qui se retrouvent à nouveau dressés sur sa tête. Mais je peux au moins réparer le plus gros, ce qui vous permettra déjà de rouler avec. Et puis si j'ai besoin de conseils précis sur la restauration en elle-même, Jack est dans le coin. Hein, mec ?

Qu'est-ce que je peux répondre à ça ? Et devant la cliente, en plus !

– Bien sûr, rétorqué-je sur un ton qui indique tout le contraire.

Mais Troy, qui n'a d'yeux que pour Max, ne le comprend pas. Elle, en revanche, m'observe avec méfiance avant de reporter son attention sur mon collègue.

– OK, on peut faire comme ça.

Il en sauterait presque de joie. En tout cas, son visage s'illumine d'un grand sourire. Il en profite même pour m'adresser un regard victorieux, comme si ça allait m'atteindre. Dois-je lui rappeler que c'est moi qui ai refusé le boulot ?

– Vous voulez qu'on fasse la liste des réparations ensemble ?

Max opine, et Troy lui fait signe d'avancer devant lui, en direction de la moto noire qui traîne toujours de l'autre côté du garage. Ça pourrait passer pour de la politesse si je ne le connaissais pas aussi bien, mais c'est sans aucun doute une tactique pour mater son cul. D'ailleurs, ça ne marche pas. Max fait un pas puis s'immobilise en attendant que Troy la rejoigne, ce qu'il fait sans trop se faire prier. Je l'entends se présenter pendant qu'ils s'éloignent vers la bécane.

Je me tourne vers la Mustang, prêt à reprendre là où je m'étais arrêté.

Ceci dit, je dois bien reconnaître que Troy a raison.

Le cul bombé de Max Turner vaut le coup d'œil.

CHAPITRE 4

On est vendredi soir, et j'ai reçu trois propositions différentes. Il y a des jours où personne ne me calcule, et d'autres où tout le monde veut traîner avec moi. J'y comprends rien.

Avant que je quitte le boulot, Troy m'a invité à le rejoindre au pub où il se rend habituellement avec ses potes – des mecs plutôt sympas avec qui la discussion dévie rapidement vers la mécanique. Il y a environ cinquante pour cent de chance que leur soirée se finisse au club de striptease, donc si l'envie m'en prend, je pourrai toujours les retrouver plus tard.

D'un autre côté, Gableston m'a proposé de boire un verre au Smithy's avec d'autres Marines. Avant son déploiement, on n'était pas particulièrement proches, le *boot* et moi. Il était plutôt ami avec Brown, sauf que celui-ci est maintenant à des kilomètres d'ici, en Floride. Et comme Lili passe son temps avec Chiara, il ne reste plus que Gableston et moi. J'ai un goût amer au fond de la gorge à chaque fois que je me rends compte à quel point notre bande a explosé.

Ce n'est pas le seul SMS que j'ai reçu, et le second m'a davantage chamboulé, peut-être parce que je ne l'attendais plus.

Lili Flynn
RE4 ce soir chez moi ?
Et bouffe chinoise

Lili ne dit pas bonjour, ne me demande pas si j'ai quelque chose de prévu ce soir, ni même si ça me va de manger chinois chez lui et de jouer à *Resident Evil* en particulier. Je pourrais me vexer, vu notre dernière interaction, mais le jour où il écrira des phrases complètes dans ses SMS, je commencerai à m'inquiéter. Et encore une fois, comprendre que je le connais par cœur m'emmerde.

Je devrais laisser couler, lui répondre que j'ai plus intéressant à faire ou, mieux encore, l'ignorer totalement et le planter comme un con. Sauf que, une fois rentré chez moi et douché, je me retrouve devant sa porte, sans vraiment comprendre comment je suis arrivé là. Enfin, si, je sais. Il a toujours eu ce pouvoir sur moi : il décide, je suis.

Je me force à frapper à la porte avant de changer d'avis, mais au moment où mon poing touche le battant, il s'écarte doucement, et une voix à l'intérieur braille :

– Entre !

Il n'a jamais douté que je viendrais. C'est pour ça qu'il a laissé la porte entrouverte. J'ai immédiatement envie de faire demi-tour et de rejoindre Troy. Tout plutôt que de donner raison à celui qui me prend pour acquis. Ou alors, c'est juste qu'il me connaît trop bien, lui aussi. Il savait que je ne pourrais pas résister à une soirée *Resident Evil*. D'ailleurs, pour être complètement honnête, je sais qu'il n'aime pas spécialement ce jeu parce qu'on ne peut pas jouer à plusieurs.

Je pourrais presque croire qu'il a organisé ça pour me faire plaisir…

Une silhouette arrive à ma droite alors que je suis toujours planté à côté de la porte. Je sursaute comme un demeuré. Lili m'observe étrangement, une bouteille de Bud dans chaque main.

– Je t'ai déjà dit que t'étais chez toi ici. Pourquoi tu frappes encore ?

– Tu crois franchement que j'ai envie de tomber sur vous deux en train de baiser comme des lapins ?

C'est sorti plus méchamment que je ne l'avais formulé dans ma tête, et d'ailleurs, Lili a un mouvement de recul.

– J'imagine que non, dit-il calmement de sa voix éraillée. Mais je n'aurais pas laissé la porte ouverte, si c'était le cas.

Une seconde passe dans un silence inconfortable tandis qu'on se détaille, lui et moi.

Je suis à la fois content qu'il m'ait invité et énervé d'avoir accouru en bon petit toutou ; et je n'arrive pas à déterminer quel sentiment l'emporte. Et surtout, impossible de savoir ce qu'il pense. Son visage est indéchiffrable, son expression complètement neutre, mais je parie que tout se bouscule dans sa tête. Ça se voit à la crispation de ses mains autour des bouteilles. Ses jointures en sont devenues blanches, telles des rayures sur sa peau bronzée.

– Tu restes ? finit-il par demander d'un ton prudent.

– Ouais, soupiré-je.

Même s'il m'a blessé, je sais – j'espère – que ce n'était pas intentionnel. Et surtout, il me manque, même si je préférerais être fusillé par des *boots* de Parris Island plutôt que de le lui avouer à voix haute.

– Viens, dit-il avec un geste vers le canapé. J'ai déjà démarré la PS5.

Je retire mes baskets et le suis dans la partie salon. C'est exactement le même appartement que le mien : la cuisine ouverte, le parquet couleur chêne, la disposition des pièces. Pourtant, le leur semble plus chaleureux. C'est peut-être la touche « Chiara ». Elle a peint le mur de la cuisine en bleu foncé, alors que j'ai laissé le beige d'origine, comme dans le reste du logement. Elle a rempli l'appartement de plantes et de meubles d'occasion. On en a échangé, des regards perplexes, Lili et moi, lorsque Chiara nous a demandé d'aller récupérer le canapé qu'elle avait repéré sur une annonce ou quand elle nous a expliqué qu'elle cherchait un modèle de chaise bien précis des années 1950 ou 1960. Mais finalement, le résultat n'est pas mal. Il n'y a que pour le lit et leur matelas que Lili a exigé du neuf. Passer presque sept ans chez les Marines réussit toujours à vous dégoûter du matériel d'occasion pourri, surtout en ce qui concerne la literie.

Ah ! non, pour la télévision aussi, Lili n'a pas déconné. Je l'ai aidé à accrocher ce monstre au mur, et Chiara a fait la gueule en découvrant l'écran cinquante-cinq pouces dans son bel appartement en rentrant d'une semaine à la fac. J'imagine qu'il a su se faire pardonner depuis.

À peine me suis-je assis sur le canapé que Lili me tend la manette.

– Tiens, t'as qu'à commencer.

Sur l'écran, la partie est prête à être lancée. J'appuie sur la commande, et le jeu démarre à l'endroit exact où nous nous sommes arrêtés la dernière fois, il y a au moins trois semaines.

– T'as pas avancé ? demandé-je, étonné.

D'habitude, Lili n'aime pas laisser les choses en plan. Avec lui, elles se rangent en deux catégories : « à faire » ou « terminé ». « En cours », ça n'existe pas.

– Non, je t'ai attendu, répond-il d'un ton neutre avant de prendre une gorgée de bière et de reporter son attention sur l'écran. Fais gaffe, y'a un truc au bout du couloir.

Il a raison, une silhouette se dessine au fond du corridor dans lequel mon personnage évolue, et je prépare mon fusil, prêt à me défendre.

Les minutes défilent. J'ai abattu des dizaines d'ennemis, gueulé sur la fille inutile qui se fait enlever toutes les trente secondes, exploré ce village espagnol noyé dans la brume. J'ai tout fait, sauf discuter avec Lili, assis à côté de moi. Enfin, si, on a échangé des phrases du genre « Y'a un truc, là-bas » ou « À ton avis, faut aller par où ? ».

Il y a une gêne entre nous qui n'a jamais existé auparavant, et ça m'emmerde. Alors, à l'instant où je complète une quête secondaire, je lance :

– On passe à *Call of Duty* ?

Lili fronce les sourcils un quart de seconde avant de m'adresser un large sourire sincère, et une fissure se crée dans le mur invisible qui nous sépare.

– Ouais ! balance-t-il en se levant pour récupérer la deuxième manette.

Nous jouons quelques minutes dans un silence un peu moins pesant, rythmé par les détonations de nos armes.

– Tu bosses sur quoi au garage ? Toujours la Chevelle ?

La question me désarçonne un instant, suffisamment pour que mon double virtuel se prenne une balle. Je bute l'enfoiré qui m'a tiré dessus puis m'éclaircis la gorge.

– Non, c'était juste de l'entretien courant pour la Chevelle. Je suis sur une Mustang Grandé 73, maintenant.

– Sympa ! siffle Lili. Ton boulot est vraiment cool.

– Dit le petit chouchou du *Gunny* ! C'est pas trop dur de chercher le moyen d'emmerder les *Lance Corporals* toute la journée ?

Les clichés sur les *NCO*[2] le font rire. Sur l'écran, le terrain est dégagé. J'en profite pour lui jeter un coup d'œil interrogateur.

– N'oublie pas les tests urinaires, complète-t-il avec une grimace.

J'éclate de rire. Ça fait du bien de sentir que le mur entre nous continue à s'effriter. J'avais oublié que les sergents ont l'immense honneur de surveiller les tests urinaires afin de s'assurer que chaque Marine pisse bien dans sa coupelle et ne remplace pas son échantillon par celui d'un gentil collègue qui ne s'est pas drogué.

Lili me sourit, ses yeux brillant d'une joie sincère. *Peut-être que je lui ai manqué, moi aussi ?* Avant que je puisse me faire taire, le truc que j'avais envie de lui confier l'autre jour s'échappe de ma bouche :

– Le patron m'a demandé de bosser sur une moto.

Lili est si surpris qu'il se fige, les sourcils relevés jusqu'aux cheveux, le regard rivé sur moi. Pendant ce temps, son personnage essuie une méchante blessure.

– J'ai fait à peu près la même tête que toi ! rigolé-je. Je pense que Rob connaît bien la proprio et

2. *Non-commissioned officers*, c'est-à-dire les caporaux et sergents.

qu'il voulait lui rendre service, mais bon, je ne peux pas m'inventer des compétences que je n'ai pas !

– Je suis sûr que tu pourrais y arriver, si tu faisais deux ou trois recherches…

Lili a toujours eu une confiance démesurée en mes aptitudes. Tout ça parce qu'une fois, j'ai dépanné le véhicule tactique qui transportait son unité alors que j'en accompagnais une autre et que leur *operator* ne savait pas quoi faire. Franchement, c'était trois fois rien, un pauvre câble à resserrer.

– J'ai déjà plein de boulot en attente. C'est Troy qui a récupéré le bébé.

– Ce branleur ? grogne Lili. Il va fusiller la moto.

Lili a conduit sa Jeep au garage le mois dernier parce que la batterie déconnait. À ce moment-là, j'étais à la casse. C'est Troy qui l'a reçu, et évidemment, il a essayé de gonfler le devis, jusqu'à ce que j'arrive et que je divise la note par deux. Finalement, c'est moi qui ai changé la pièce, et je ne lui ai même pas compté la main-d'œuvre. D'ailleurs, il aurait dû m'en parler avant ; je lui aurais facturé la batterie à prix coûtant et la lui aurais montée ici, sur le parking.

– Arrête, il n'est pas si mauvais. Et puis je mettrais ma main à couper qu'il va s'appliquer. La motarde est canon.

– Rappelle-moi pourquoi t'as refusé le job ?

Je me suis posé la question plusieurs fois cette semaine alors que Max traînait au garage. De ce que j'ai compris, elle est assez pressée de récupérer sa moto ; c'est pour ça que le patron a mis mon collègue à plein temps sur le projet. Qui est-elle pour qu'il lui accorde autant de faveurs ? Tout ce que je sais, c'est que la moto appartenait à sa mère. Troy l'assaille de questions auxquelles elle n'a jamais répondu, sauf lorsqu'il l'a interrogée sur ce qui était arrivé à la bécane, tout à l'heure. Même pour moi qui n'y connais rien, c'est une évidence. La peinture est rayée, la tôle est enfoncée par endroits, et des éléments ont été arrachés. C'est la seule fois où Max a ouvert la bouche pour lui parler d'autre chose que de mécanique : « C'est le résultat de l'accident qui a tué ma mère. » Après ça, Troy a fermé sa gueule pour le restant de l'après-midi.

Je comprends mieux pourquoi elle voulait que quelqu'un de compétent travaille sur sa moto, et d'un coup, sa carapace « Me fais pas chier » s'est un peu effritée. L'accrochage ne date sûrement pas d'hier, mais la douleur qu'elle essaie de refouler est toujours présente dans son regard lorsqu'elle croit que personne ne l'observe. On ne se remet jamais vraiment de perdre un parent jeune, je peux en témoigner.

– Putain ! râle Lili.

Il a les yeux rivés sur un ennemi qui lui donne du fil à retordre, me rappelant qu'il m'a posé une question à laquelle je n'ai pas répondu.

Le cliquètement de la serrure capte notre attention à tous les deux. La porte d'entrée s'ouvre sur ma sœur vêtue de sa tenue de yoga. Ses yeux se posent d'abord sur Lili, vision qui la fait sourire, puis son regard dévie vers moi, et immédiatement, ses lèvres s'étirent un peu plus.

Elle dépose son sac sur une petite console blanche tandis qu'elle retire ses baskets sans se servir de ses mains trop encombrées par un sachet du traiteur chinois. Elle prend le temps de déposer la bouffe dans la cuisine avant de se diriger vers nous. Pendant tout ce temps, Lili ne la quitte pas des yeux. Dès qu'elle est à sa portée, il lui attrape la main ; malheureusement pour lui, elle contourne le canapé pour se placer dans notre dos. Il commence déjà à se tourner vers elle en souriant comme un imbécile heureux, mais elle se rapproche de moi, et je comprends qu'elle va vouloir me saluer d'un câlin.

Le sourire de Lili s'affaisse lorsque je balance :

– Ouais, moi d'abord, avant que tu fourres ta langue dans la bouche de cet abruti…

Chiara rigole avant de me faire un bisou sur la joue.

– Ça va, frérot ?

Je hoche la tête, mais elle a déjà reporté son attention sur son petit ami, qui n'attendait visiblement que ça. Il entrelace ses doigts aux siens par-dessus son épaule, dans un mouvement qui doit lui tordre le poignet, mais il a l'air de s'en moquer royalement. Je détourne le regard quand Chiara se penche vers lui ; le bruit écœurant de leur baiser me suffit amplement.

– T'as passé une bonne journée ? Pas de boulot demain ? l'interroge Chiara après quelques longues secondes.

J'imagine qu'ils doivent se scruter dans le blanc des yeux pendant un long moment avant que Lili s'exclame :

– Putain, pourquoi tu me demandes ça ? Qu'est-ce que t'as encore prévu ?

Je tente un coup d'œil dans leur direction. Le terrain est dégagé : vingt centimètres les séparent, et si Chiara a toujours un large sourire aux lèvres, celui de Lili a disparu.

– Oh ! une bricole, dit-elle en s'éloignant dans le couloir qui mène aux chambres. Je vais me doucher, mais commencez à manger si vous avez faim !

Quand elle est hors de vue, Lili soupire bruyamment, donnant l'impression qu'il est à l'agonie.

– Je sens qu'elle va encore me traîner à une brocante…

Je ne peux m'empêcher d'éclater de rire. Lili tourne son regard désespéré vers moi. Il a beau protester, il l'accompagnera. Il la suivrait au bout du monde, on le sait tous les trois.

Quand Chiara revient de la salle de bains, nous mettons le jeu en pause. Lili va chercher d'autres bières, et ma sœur apporte notre repas pendant que je débarrasse la table basse des manettes et des nombreux pots de fleurs. La délicieuse odeur épicée qui s'échappe des boîtes en carton fait gronder mon estomac à plein volume, si bien que Chiara me jette un coup d'œil désapprobateur en s'asseyant à mes côtés.

– Rassure-moi, t'as mangé, ce midi ?

– Oui, Maman ! râlé-je.

J'ai avalé un sandwich rapidement vers quatorze heures, parce que Tricia m'a interrompu pour me forcer à manger. Elle sait que je me laisse facilement obnubiler par le boulot.

À la petite grimace qui déforme sa bouche, je devine que Chiara ne me croit pas. Mais je ne suis plus à sa charge : elle n'a plus à jouer le rôle de la grande sœur super protectrice.

Nous mangeons ensuite en échangeant des banalités. Lili interroge Chiara sur sa journée, et elle se lance dans un long discours passionné sur son job à l'association, où elle intervient en tant que consultante entrepreneuriale.

Je suis complètement paumé avec l'agenda de ma sœur. Il y a des jours où elle travaille dans une structure d'aide aux femmes, et d'autres où elle fait la comptabilité d'un refuge pour animaux. Avec tout ça, elle arrive à peu près à joindre les deux bouts, et ce n'est pas plus mal, vu la façon dont elle a galéré financièrement l'année dernière. Je serais quand même plus rassuré si elle avait un boulot fixe qui lui rapportait suffisamment d'argent pour vivre. Je l'ai vue se tuer au travail quand elle s'occupait de moi, après la mort de nos parents, et je ne la laisserai pas reproduire ce schéma.

– Le problème, c'est qu'il faudrait que j'y passe plus de temps. Mon boulot au refuge, c'est celui qui correspond à mon master, explique-t-elle après avoir examiné nos visages empreints d'incompréhension. L'association, c'est du bonus, je n'ai même pas l'impression de travailler quand je suis là-bas…

– Et alors ? interviens-je, excédé. On s'en fout. C'est qu'un bout de papier ! Tu crois que j'ai un diplôme de mécano, moi ? La seule question que tu dois te poser, c'est « Qu'est-ce que tu aimes faire ? ». Et avec ce que tu viens de dire, tu l'as déjà, ta réponse.

Au silence qui règne dans le salon, j'ai l'impression d'avoir lâché une bombe. Ils me scrutent tous les deux, la bouche ouverte. Chiara a même ses baguettes pleines de nouilles suspendues à trois centimètres de ses lèvres, comme si j'avais stoppé le cours du temps.

Lili est le premier à reprendre la parole :

– Jack a raison, *Baby doll*. Tu devrais faire plus d'heures à l'association. En plus, ils te paient mieux.

– Mais j'aime travailler au refuge, proteste faiblement Chiara.

– Kiki, ce que tu aimes, ce sont les animaux, pas la compta, affirmé-je. Tu pourras toujours faire du bénévolat le week-end si ça te chante.

Elle fronce les sourcils, l'air de réfléchir à ma proposition tout en mâchant ses nouilles. La première raison pour laquelle elle est devenue végétarienne puis végane, c'est qu'elle adore les animaux. Bosser dans ce refuge, ça ressemblait à un métier de rêve pour elle, mais ils ne peuvent pas la payer plus que le taux minimum. Et puis, égoïstement, une petite voix me souffle que si Chiara passe un peu de temps au refuge le week-end, mon ami en aura plus à m'accorder.

– Je vais en parler à mes responsables, conclut-elle. D'ailleurs, à propos...

Les paupières de Lili se ferment en deux minuscules fentes autour de ses pupilles marron. Il se méfie, et vu le sourire malicieux qu'arbore Chiara, c'est la réaction la plus avisée à avoir.

– Une mignonne petite chatonne siamoise est arrivée il y a deux jours. Ses anciens propriétaires l'ont abandonnée sous l'autoroute 17.

Seul un long soupir lui répond. Elle tourne alors ses grands yeux bleus vers moi, sûrement en quête de soutien.

– Laisse-moi en dehors de ça, répliqué-je avant d'avaler une gorgée de bière pour couper court à la conversation.

Chiara reporte son attention sur Lili, qui n'a d'yeux que pour sa nourriture. Sa tactique ne marchera pas – pas avec ma sœur, du moins.

– Lilian, on a de la place et un accès au jardin. Elle est adorable, propre et super câline... Tu ne la remarqueras même pas...

– Sauf quand tu devras retirer les poils à la brosse sur ton *cammie* tous les matins, ajouté-je, complice.

Lili me lance un regard aussi outré qu'incrédule, comme si je le trahissais.

– Tu ne devais pas rester en dehors de ça ? Parce que tu feras moins le malin quand elle te demandera de t'occuper du chat pendant nos vacances.

J'éclate de rire.

– Je te rappelle que t'es en service actif. T'as *pas* de congés !

Lili me répond par une grimace blessée. Avant qu'il puisse ajouter quoi que ce soit, les mots sortent tous seuls de ma bouche :

– De toute façon, je comptais adopter un chien. Y'en a au refuge ?

C'est au tour de Chiara de me dévisager.

– Oui, plein… Tu as une idée de ce que tu voudrais ?

Je n'y avais jamais vraiment réfléchi jusque-là, mais c'est peut-être ce qu'il me faut. Un compagnon fidèle pour briser le cercle infernal de ma solitude. J'ai dû en parler une ou deux fois comme ça, mais plus j'y pense, plus ça me plaît.

– Je ne sais pas trop… Je me vois plutôt avec un gros chien, que je pourrais emmener courir avec moi, qui se dresse facilement… Je n'y connais pas grand-chose, aux races.

Chiara reste dans ses pensées quelques instants puis me sourit.

– Lundi matin, je serai au refuge. Je regarderai.

Une fois le repas terminé, Lili me tend à nouveau une manette, et nous reprenons le jeu où nous l'avons laissé. Il ne faut que quelques secondes à Chiara pour revenir avec des bières. Lili se contente alors d'ouvrir les bras, et ma sœur s'assoit dos contre son torse, la tête appuyée entre son épaule et son cou. Il referme les bras autour d'elle et recommence à jouer comme si de rien n'était. Ça semble tellement naturel. Est-ce qu'ils s'installent souvent de cette manière pour regarder la télévision, confortables l'un avec l'autre ?

Alors que je passe la plupart de mes soirées seul, deux étages plus haut…

Un sentiment amer se referme sur ma gorge, rendant ma déglutition laborieuse. *Je ne suis tout de même pas jaloux ? Si ?*

Je me force à regarder devant moi, même si je ne peux m'empêcher de jeter de brefs coups d'œil sur ma gauche, un peu comme on se promet de ne pas ralentir en passant à côté d'un accident alors qu'on finit toujours par tourner la tête. Chiara est si petite et mince qu'elle ne gêne pas du tout son copain pour jouer. Ses yeux ne quittent jamais l'écran, il est totalement concentré sur notre jeu, même s'il appuie parfois son menton sur le haut du crâne de ma sœur et lui dépose de petits baisers dans les cheveux. Il n'en a même pas conscience ; il ne peut pas arrêter de la toucher, comme pour vérifier qu'elle est toujours là, alors qu'elle n'a pas déserté ses bras.

C'est au tour de ma poitrine de se compresser. Je vais finir par m'étouffer avec ma contrariété et je me sens d'autant plus minable de ressentir autant d'amertume devant leur bonheur.

Lorsqu'on termine une énième mission, je sors de ma poche mon téléphone qui n'a pas arrêté de vibrer depuis plusieurs minutes. Gableston m'a inondé de messages. Je les fais tous défiler sans vraiment les lire. De toute façon, ils se résument grosso modo à « Qu'est-ce que tu fous ? Tu viens ou pas ? ».

Il me faut une nanoseconde pour prendre ma décision. J'ai à peine le temps de taper ma réponse et d'envoyer « Je décolle » que trois petits points s'affichent sur l'écran. Gableston devait être vissé à son téléphone.

Gableston
On part pour le Black
Tu ramènes Flynn ?
Il a dit qu'il était avec toi
T'es le seul à pouvoir le convaincre
de venir

Ça, j'en doute. C'est ma sœur qui a récupéré cette précieuse influence. Pourtant, je me vois me tourner vers le petit couple à ma gauche et chercher le regard marron de Lili.

– Je vais rejoindre les autres. Le *boot* me demande de te dire de venir.

La réponse de mon ami est limpide : sa bouche se tord en une grimace, et un soupir lui échappe.

Il ne bougera pas. Je ne sais pas pourquoi Gableston pensait que je pouvais le convaincre. Quelque part, même si je n'y croyais pas, je suis quand même déçu.

– Pourquoi vous l'appelez toujours comme ça ? intervient Chiara. Il a été déployé, non ?

Lili reporte son attention sur elle, alors que je me lève.

– Parce qu'il n'a pas combattu. On n'était même pas en zone de guerre ! On n'a fait qu'attendre…

– Tu dis ça comme si c'était mal, réplique-t-elle, incrédule.

Je sens le regard de Lili peser sur moi alors que je m'empresse de me diriger vers la porte. Pour elle, c'est rassurant de savoir que son petit ami n'a pas été confronté au danger. Moi, je comprends ce qu'il veut dire, et ce même si mon déploiement ne s'est pas exactement déroulé en douceur. Les Marines ne sont pas faits pour les temps de paix : ils s'emmerdent et commencent à faire tout un tas de conneries qu'on retrouve invariablement sur les réseaux sociaux.

Je suis en train d'enfiler mes baskets quand mon ami demande d'une voix forte :

– Jack, ils sont où ?

Il me faut une seconde pour comprendre qu'il s'adresse à moi. Pour être honnête, je ne l'écoutais plus. J'ai même l'impression, à la façon dont il me scrute, qu'il a dû répéter sa question.

– Au Black.

Nouvelle grimace de sa part. Involontairement, je secoue la tête en soupirant. Il fait ce qu'il veut, après tout.

– Bon bah, moi, j'y vais, marmonné-je.

– Attends !

Lili se lève du canapé et s'approche de moi. Je me fige, curieux de voir ce qu'il me veut. Ce n'est que quand il fouille dans le placard juste à côté de la porte et qu'il attrape ses chaussures que je comprends.

– Tu… viens ? bafouillé-je, tant l'étonnement me cloue sur place.

Lili se contente d'acquiescer en me regardant droit dans les yeux. Pendant qu'il met ses baskets, Chiara nous rejoint.

Je cherche encore à comprendre où est le piège. Lili récupère ses clés sur la console et se penche vers Chiara pour l'embrasser.

– À tout à l'heure.

– Oh ! vu l'heure qu'il est, tu me trouveras sans doute en train de dormir…

Un sourire carnassier se dessine sur la bouche de mon ami alors qu'il arque un sourcil joueur. Je l'ai vu faire plusieurs fois cette mimique de beau gosse à d'autres femmes. Ça fait bizarre qu'il la destine maintenant à ma sœur.

Il se rapproche d'elle et lui murmure à l'oreille, malheureusement pas assez bas pour m'empêcher d'entendre ses mots :

– Permission de te réveiller ?

Elle laisse échapper un petit gloussement et se tourne pour lui chuchoter sa réponse, que je ne saisis pas, mais les yeux de Lili se mettent à scintiller.

– Finalement, je vais peut-être rester là, rigole-t-il.

Je n'ai pas le temps de réagir que Chiara le pousse vers la porte.

– Non ! Tu as dit que tu y allais, tu y vas ! Amusez-vous bien, mais doucement sur la picole. Je ne récupère personne au commissariat ou à l'hôpital ! ordonne-t-elle en nous regardant alternativement.

Elle mesure une tête de moins que nous, et pourtant, on se raidit tous les deux devant son ton sans appel.

– *Aye, Staff Sergeant* ! m'écrié-je.

– C'est moi qui conduis, déclare Lili en ouvrant la porte et en me faisant signe de sortir. Je tiens à être sobre quand je rentrerai.

Il adresse un clin d'œil à Chiara, mais je ne reste pas pour voir sa réaction.

CHAPITRE 5

– Alors, quoi de neuf ?

Sa question me tire de mon observation méthodique de la vitre. C'est le noir complet à l'extérieur de la Jeep, et je n'y vois rien. Ça fait plusieurs minutes que nous roulons en silence. Je ne sais toujours pas pourquoi Lili a voulu sortir, ce soir. Il n'a pas l'air particulièrement ravi de retrouver les gars au Black.

– Pas grand-chose, soufflé-je en haussant les épaules.

Lili lâche un petit rire, presque désabusé.

– Tu vas me dire d'où tu venais, l'autre matin ? Ou plutôt de chez qui tu revenais ?

Le temps où je n'avais aucun secret pour lui est révolu depuis un moment. Onze mois, précisément, mais ça serait hypocrite de lui en reprocher toute la responsabilité. C'est moi qui ai commencé, en refusant de lui révéler mes angoisses à l'approche de son déploiement. Puis il a enfoncé le clou dans le cercueil de notre amitié en baisant ma sœur dans mon dos. Je croyais qu'on avait surmonté cela lorsqu'il était en Pologne, mais depuis qu'il est revenu, quelque chose est brisé entre nous, et je ne suis pas sûr qu'on arrivera un jour à le réparer. Et le reconnaître, quand on est soi-disant le restaurateur de bagnoles le plus demandé du coin, c'est un constat très désagréable.

Pourtant, je m'entends annoncer l'évidence :

– Une meuf.

– Sans déconner ? s'exclame Lili.

Puisque je n'ajoute rien, il me jette un petit coup d'œil avant de recommencer à surveiller le feu rouge.

– Tu l'as rencontrée où ? ajoute-t-il plus calmement.

Je soupire, tiraillé par mes sentiments. J'ai envie de faire un pas vers lui et, en même temps, je veux lui en faire baver. Ma poitrine me brûle, comme si mon corps était distendu par un instrument de torture du Moyen Âge. J'ai l'impression que je vais finir par me déchirer en deux. C'est tout aussi douloureux.

Finalement, c'est l'espoir qui remporte le combat.

– Tu te souviens de la brune que j'avais rencontrée au Smithy's peu de temps avant que tu partes ?

Il acquiesce en redémarrant au feu vert.

– Tu la vois encore ? demande-t-il d'un ton étonné.

Je comprends sa surprise. Une relation aussi longue, c'est le genre de choses dont je lui aurais parlé, il y a quelques mois du moins.

– On a baisé deux ou trois fois avant… que je me blesse, hésité-je, alors qu'il me lance un regard contrarié comme s'il ne m'avait toujours pas pardonné de m'être tiré dessus. Je suis tombé sur elle au Black le mois dernier, et on a remis le couvert.

Le soulagement remplace l'irritation dans ses yeux. Je sais ce qu'il pense. Que c'est tout nouveau, donc c'est normal de ne pas avoir abordé le sujet. Ce n'est pas grave. La faille entre nous n'est pas si large. Ça va s'arranger.

Et d'un coup, j'ai envie d'y croire, moi aussi.

Pourtant, rapidement, Lili se renfrogne. Il ferme et ouvre les doigts autour du volant ; un muscle se contracte au niveau de sa mâchoire. Puis il prend une grande inspiration, comme pour se donner le courage de m'avouer :

– Je suis revenu d'Europe avec une bague… Une bague de fiançailles, précise-t-il avec un coup d'œil dans lequel je lis son embarras.

Il aurait pu me frapper dans la poitrine. Ma respiration se bloque un instant, avant que mon instinct de survie reprenne le dessus.

Je ne devrais pourtant pas être surpris ; je savais que c'était sérieux entre eux. Pas à ce point, cependant. Même si en réalité, c'est la suite logique. Et puis c'est la solution idéale pour lui : marié, il va quitter la caserne, doubler son salaire et tout le reste. Il est mon frère de cœur, elle est ma sœur. On va former une vraie famille. Je devrais être heureux pour lui. Pour eux.

Alors pourquoi ne le suis-je pas ?

Et je ne veux même pas m'appesantir sur le fait qu'il est rentré il y a deux mois et qu'il ne m'en parle que maintenant.

Lili attend toujours que je dise quelque chose, en me jetant des regards discrets mais anxieux.

– Pourquoi tu ne la portes pas ? C'est qui, l'heureux élu ? demandé-je en me penchant exagérément vers sa main gauche.

Il lui faut une seconde pour comprendre où je veux en venir : un petit sourire étire son visage, et il m'assène un léger coup de poing sur le bras.

– T'es con !

Puis, remarquant que je la boucle, il ajoute :

– Qu'est-ce que t'en dis ?

– Oh ! c'est à *moi* que tu poses la question ? Je suis flatté et tout, mais tu ne crois pas qu'on devrait d'abord sortir ensemble avant de se marier ?

– Jack ! rétorque Lili, à la fois amusé et contrarié par ma réaction qu'on pourrait qualifier de puérile. Je sollicite ta permission de faire ma demande à ta sœur, là !

– Si elle apprend que tu as cherché à avoir mon approbation, elle risque de refuser ta demande juste pour te prouver qu'on n'est plus en 1950. Tu le sais, non ?

Il pousse un soupir amusé.

– Ouais, mais elle a déjà trouvé la bague, donc elle ne sera pas si surprise.

– Quoi ? Elle l'a vue, mais tu ne lui as pas demandé à ce moment-là ?

Lili paraît embarrassé un quart de seconde.

– C'était le jour où je suis revenu, je me suis dit qu'il valait mieux attendre…

Ils sont donc *tous les deux* au courant de ce projet de mariage depuis deux mois, et *aucun des deux* n'a abordé le sujet avec moi ?

C'est de mieux en mieux… Ou de pire en pire, en fait. Chaque seconde me rappelle la place que j'occupe dans leur vie. Quelque chose entre « Que dalle » et « C'est qui, lui, déjà ? ».

– C'était pas prévu, continue-t-il sur un ton presque suppliant. Elle l'a trouvée dans mon sac. Je ne voulais pas…

Il soupire encore.

Les mots sortent tous seuls de ma bouche :

– Quand on était gamins, elle trouvait toujours la planque des cadeaux de Noël. Nos parents changeaient de cachette tous les ans, mais elle tombait dessus à chaque fois. À partir du moment où je n'ai plus cru au père Noël, elle me montrait la pile deux bonnes semaines avant le jour J, et on faisait semblant d'être surpris au petit matin, jusqu'à ce que nos vieux comprennent notre petit manège. Elle a un don pour ça. Je te l'aurais dit…

« Si tu m'en avais parlé ».

Je n'ai pas besoin de prononcer ces mots, il les lit dans mes yeux et acquiesce, l'air désolé.

Combien de secrets reste-t-il encore à déterrer ? On ne le saura pas ce soir, car nous sommes arrivés devant un établissement de plain-pied peint en noir, dont seule l'enseigne lumineuse « The Black night-club » indique l'activité.

Le silence s'éternise le temps qu'il trouve une place au fin fond du parking bondé. Je suis sur le point d'ouvrir ma portière quand il me rattrape d'une poigne d'acier sur mon avant-bras.

– Jack… Tu es d'accord ?

Je sais qu'au fond, mon avis n'a pas d'importance. C'est peut-être pour ça qu'il a fini par venir ce soir : juste pour trouver un moment seul avec moi, obtenir mon accord pour avancer dans *sa* vie et passer à autre chose, l'esprit léger.

J'essaie de déglutir le ballon de basket que j'ai dans la gorge et réponds par ce qu'il souhaite entendre.

– Ouais.

Puis je m'échappe de la Jeep.

À l'intérieur, tout est noir. Heureusement qu'il y a des néons et des rubans LED un peu partout, sinon on se casserait la gueule toutes les cinq minutes. Surtout que l'alcool coule à flots et à petit prix. Le bar, un long comptoir éclairé par des lumières phosphorescentes, est idéalement situé au milieu de la zone séparant les tables de la piste de dance, où se presse d'ailleurs la foule de corps déchaînés et dégoulinants. Malgré la climatisation, il y a trop de monde pour réguler correctement la température de cet espace clos. Il fait une chaleur infernale. L'air est saturé d'odeurs, un mélange de sueur, de parfums bon marché et de fumées que le DJ balance allègrement sur le dancefloor.

Je perçois Lili juste derrière moi alors que j'avance entre les clients plus ou moins ivres.

– Ils sont là ! crie-t-il par-dessus le vacarme en me désignant de l'index une zone un peu plus loin.

En effet, je repère Gableston qui nous fait signe. Lili lui indique par un geste simple que nous allons chercher à boire. Je continue ma progression vers le bar avec la sensation de m'enfoncer dans des sables mouvants. Parfois, je fais du surplace, et il me faut pousser de toutes mes forces pour avancer, et à d'autres moments, je suis comme aspiré vers l'avant.

C'est marrant, c'est exactement l'impression que me donne ma vie.

Après avoir galéré pour se faire servir au bar à cause de l'affluence, on finit par rejoindre la banquette en forme de demi-cercle où sont installés Gableston et des gars aux visages plus ou moins familiers. J'ai dû les trimballer à un moment donné, dans ma carrière de *Motor T*[3]. Pourtant, ils me

---

3. Abréviation de « *Motor Transport Operator* » désignant les Marines chargés de conduire les véhicules militaires pour déplacer les troupes ou le matériel. Les *Motor T mechanics* se chargent de l'entretien et des réparations.

sourient, me balancent des « Johnson ! Comment ça va, mec ? ». Bizarrement, ça me fait plaisir que ces hommes, que je n'ai pas croisés depuis quelques mois, se souviennent de moi et semblent contents de me voir.

Je m'assois au bout du canapé, à côté de Z, un *grunt*, qu'on appelle ainsi parce que son nom de famille contient tant de w, y, z que personne à part lui ne sait le prononcer. Lili s'est arrêté de saluer tout le monde pour parler avec un Marine inconnu qui s'est présenté à moi comme Harris.

– Quoi de neuf ? me demande Z.

On discute plusieurs minutes de mon travail au garage. On a déjà eu ce genre de conversations, car il est également passionné de mécanique. J'avais envisagé son MOS[4] *d'Aviation Maintenance Technician* en m'engageant mais j'ai finalement préféré m'en tenir aux véhicules à roues.

Gableston finit par quitter sa place et nous rejoindre. Par contraste avec les lumières sombres du club, son sourire paraît encore plus éclatant.

– Qu'est-ce qui te rend si joyeux ?

– Magda a été admise à l'université de Raleigh ! Elle devrait arriver ici dans un ou deux mois !

Il a rencontré sa copine lorsqu'il était déployé en Pologne avec Lili. Heureusement que les appels vidéo gratuits existent, parce que sinon, il y passerait

---

4. Military Occupational Specialty : le « métier » qu'un Marine exerce en plus de ses devoirs dans le bataillon.

sa paie. Le retour de déploiement a été compliqué pour lui aussi : reprendre le rythme, renouer des contacts, avoir sa moitié à des milliers de kilomètres de là… Mais visiblement, le calvaire est sur le point de prendre fin.

– Cool ! m'exclamé-je en cognant ma bouteille de bière presque vide contre son verre contenant un liquide sombre. Je suis content pour vous.

– Ouais, ça devenait long.

Puis il se penche vers moi, comme pour me faire une confidence au milieu de cet endroit bruyant.

– Tu vois, je savais que t'étais le seul à pouvoir le faire bouger !

Il ne mentionne personne, mais son regard se perd par-dessus son épaule, là où Lili est toujours en grande conversation avec Harris.

– J'ai rien fait, pour être honnête. J'ai juste dit que moi, je venais, et il m'a suivi.

Gableston approuve d'un hochement de tête.

– Parce que c'est toi ! Si j'avais fait la même chose, il m'aurait souhaité une bonne soirée et n'aurait pas décollé son cul du canapé !

Je lâche un petit rire en secouant la tête. Je ne sais toujours pas pourquoi Lili est là mais je ne suis pas convaincu d'y être pour quelque chose.

– Pourquoi tu tenais tellement à ce qu'il vienne ?

– Parce que ça fait longtemps qu'on n'a pas traîné tous ensemble. Les choses ont changé depuis qu'on est rentrés…

C’est à mon tour d’acquiescer silencieusement, même si je sais pertinemment que les bouleversements ont commencé bien avant ça. Les affaires vont dans le bon sens pour Gableston, mais reformer notre bande n’est pas à l’ordre du jour. La preuve : Lili préfère visiblement la compagnie d’autres personnes. Ce mec-là, par exemple.

– C’est qui, lui ? demandé-je en désignant l’inconnu avec le goulot de ma bière.

– Harris ? Il vient d’être transféré de Pendleton[5] dans l’escouade de Flynn. D’ailleurs, qu’est-ce qui s’est passé entre Flynn et toi ? Vous vous êtes engueulés ?

Je ne me suis donc pas fait d’idées. Il y a bien un malaise entre lui et moi. Même les autres l’ont remarqué. Je ne suis pas cinglé, seulement complètement paumé.

– Non… Juste…

Je ne sais pas mettre des mots sur tout ça. J’aimerais bien, pourtant. Ça m’aiderait à comprendre comment on en est arrivés là, et si on peut encore y faire quelque chose.

– La vie, conclus-je.

Gableston me donne une légère tape sur l’épaule, dans un geste qui se veut compatissant.

– Allez, viens, on va danser, lance-t-il en se levant.

---

5. Camp Pendleton est la base de l’US Marine Corps de l’ouest des États-Unis, située en Californie du Nord.

La danse n'est pas vraiment mon truc, mais j'en ai marre de faire du surplace. Il faut que je me remue.

J'avale une dernière gorgée de ma bière, pose la bouteille sur la table et me mets debout.

– Que le spectacle commence, murmuré-je.

CHAPITRE 6

Je laisse passer quelques chansons et, lorsque je me suis assez ridiculisé malgré les bières que Gableston m'a mises dans les mains, je fais un détour par le bar pour récupérer de quoi boire avant de revenir m'asseoir. Sur le canapé, les choses ont en partie évolué.

Si Lili et Harris sont toujours en pleine discussion, Z fourre sa langue dans la bouche d'une blonde, et deux autres semblent sur le point de conclure avec des demoiselles. C'est peut-être ce que je devrais faire, moi aussi. Je me rassois et commence à scanner la foule à la recherche de compagnie quand je repère un visage familier que je ne m'attendais pas à trouver là. Un large sourire s'épanouit sur les lèvres de la fille, qui se tourne brièvement vers ses copines avant d'avancer vers moi.

– Jack ! s'écrie-t-elle dès qu'elle est à portée de voix.

Ça a le mérite d'attirer l'attention de Lili, qui nous jette un coup d'œil interrogateur.

– Hé ! Naomi, comment ça va ?

Elle s'installe sur la banquette à ma gauche en rajustant sa minuscule robe moulante.

– Bien ! Je suis contente de te voir !

– Ton père sait que tu es là ?

L'expression sur le visage de la fille de mon patron vacille un instant, avant qu'elle se reprenne en faisant voler ses cheveux bruns par-dessus son épaule dans un geste trop répété pour être naturel. La dernière fois que je l'ai croisée, au barbecue organisé par ses parents, elle n'était pas aussi maquillée et elle ne me souriait clairement pas comme si j'étais au menu du jour. J'ai l'impression d'être dans une dimension parallèle.

– Il sait que je suis sortie avec mes copines… Qu'est-ce que je peux faire pour que tu ne caftes pas ? demande-t-elle en se rapprochant de moi.

Je me décale instinctivement de dix centimètres sur la banquette.

– Rien. Je ne dirai pas un mot. Par contre, comment t'as eu ça ? m'indigné-je en observant son verre, un cocktail sûrement.

Elle roule des yeux vers le plafond dans une mimique que je l'ai déjà vu adresser à son père à chaque fois qu'il lui fait une remarque. C'est une gosse qui veut jouer à la grande. Ça me fait sourire.

– C'est pas de l'alcool. C'est un virgin mojito. Au contraire de moi, me murmure-t-elle à l'oreille.

J'ouvre de grands yeux, la repousse doucement par les épaules en prenant soin de ne rien toucher de répréhensible.

– Naomi, arrête !

– Je t'aime bien, Jack…

Désespéré, je cherche autour de moi quelqu'un qui pourrait me tirer de ce mauvais pas quand je remarque que trois jeunes filles se sont approchées. Ce sont sûrement les copines de Naomi. Et derrière elles…

Max Turner me scrute de ses iris si noirs.

Les gamines prennent ça pour une invitation et envahissent le box. L'une d'elles s'assoit à côté de Lili et sourit comme si elle avait gagné à la loterie, tandis qu'il me jette un regard abasourdi. Je lui réponds par un signe d'impuissance en haussant les épaules. *Qu'il se démerde !* Je dois déjà éviter les mains baladeuses d'une adolescente, je ne peux pas gérer les autres.

– Arrête, s'il te plaît, insisté-je en retirant les doigts de Naomi de ma cuisse.

– Naomi, laisse-le, insiste alors une voix suave dans mon dos.

J'étais tellement concentré sur la fille de Rob que je n'avais pas remarqué que Max s'était approchée de moi. Elle semble nonchalamment assise sur le dossier de la banquette, les bras croisés sur sa poitrine et une bouteille de bière entre les doigts, mais ses yeux braqués sur Naomi ne trompent personne : elle n'est pas là pour déconner. D'ailleurs, l'adolescente le comprend instantanément. Elle soupire puis attrape la main d'une de ses copines qui vient à peine de s'asseoir et se lève.

– Viens, on va danser !

Une fois qu'elles ont rejoint la piste, je me retourne.

– Elle a bu de l'alcool ? Tu sais qu'elle n'a que dix-neuf ans ?

De là où elle est, Max peut littéralement me toiser de son regard intense, d'autant plus que, contrairement à ces derniers jours, elle a appliqué un épais trait noir le long de ses cils. Ça lui fait des yeux de chat et renforce son attitude condescendante. Un sourire sarcastique étire lentement ses lèvres recouvertes d'un baume brillant.

– Non, et oui. Je pense que je la connais mieux que toi.

Un truc fascinant se dégage de cette femme. Ça vient peut-être de la façon qu'elle a de m'observer de haut, avec la bouche pincée, ou alors, c'est la manière dont elle est assise, le dos droit et fier. Et tout ce noir qui crie « Attention, danger ». Ses cheveux, ses yeux, ses ongles, son jean étiré sur ses hanches rondes et sur ses longues jambes tendues devant elle, sans oublier ses habituelles bottes lacées jusqu'au genou.

Ça provoque un truc en moi, une chaleur localisée précisément dans mon bas-ventre. *Putain ! Je dois être plus bourré que je ne le pensais.*

– J'ai vingt et un ans, si c'est ça qui t'inquiète, dit-elle en agitant sa bouteille.

Elle a visiblement mal interprété mon regard, mais ça me va. Il ne manquerait plus que Max Turner croit qu'elle m'attire. Je suis juste alcoolisé et en manque de sexe, c'est tout.

Quand elle décroise les bras pour appuyer ses paumes sur le dossier de la banquette, une bouffée de son parfum, lourd et puissant, vient m'envelopper. Malgré moi, je m'avance de quelques centimètres, comme pour respirer directement son épiderme, mais je m'arrête juste à temps pour faire croire que je voulais attraper mon verre sur la table. Je bois une gorgée pour reprendre mes esprits. Le whisky chasse le goût de sa fragrance sur ma langue.

Lorsque je tourne à nouveau la tête vers elle, je manque d'avaler de travers. Son haut en dentelle, court et large, découvre la peau mate de son ventre, et je remarque une inscription à l'encre sur son flanc gauche. Je voudrais m'approcher pour la déchiffrer mais je ne pense pas arriver aussi près sans récolter un pain dans la gueule.

Elle me prend complètement au dépourvu, c'est pourquoi je dis la première chose qui me passe par l'esprit :

– Tu me suis ?

Elle éclate d'un rire sans joie en secouant la tête.

– Ne te donne pas tant d'importance. J'aime pas les blonds.

– Et moi, j'aime pas les emmerdeuses. Ça nous met sur un pied d'égalité.

Elle cogne sa bouteille contre mon verre et accompagne son geste d'un clin d'œil.

– C'est pas l'éclate dans ce trou à rat. C'était soit rendre service à Rob et garder un œil sur sa fille chérie, soit accepter l'invitation de tes collègues du garage.

Je ne peux pas me retenir de rire. Troy a du cran ! Personnellement, je n'aurais jamais osé inviter Max Turner où que ce soit, sans un minimum de précautions. Une coquille pour protéger mes couilles, par exemple.

– Même moi, j'ai décliné sa proposition. Pour info, ça finit presque toujours au *Gentlemen's club*, lancé-je en mimant des guillemets avec mes doigts.

– Lequel ? Je suis presque sûre d'en avoir vu au moins deux sur le trajet. C'est quoi, cette concentration au mètre carré ?

– C'est une ville de Marines. Et les Marines sont connus pour être des jeunes hommes très généreux avec leur chèque de paie. Surtout avec leur ami Jack Daniel, dis-je en agitant mon verre. Et avec les femmes peu vêtues.

– Eux, ce sont tes potes Marines ? demande-t-elle en me montrant les gars.

La plupart vont bientôt finir à poil, le nouveau est en pleine discussion avec une des copines de Naomi, et Lili n'a visiblement pas réussi à se débarrasser de l'adolescente qui balance ses longs cheveux en lui parlant. Il me jette à nouveau un regard désemparé.

– Et lui, c'est ton petit copain ? souffle Max tout près de mon oreille.

Elle est vraiment très près, si bien que la pointe de ses cheveux lâchés frôle doucement mon bras et me fait frissonner.

– Non ! m'écrié-je. Pourquoi tu dis ça ?

– Parce que vous n'arrêtez pas de vous regarder, affirme-t-elle d'un ton qu'elle voudrait détaché mais dans lequel je décèle une pointe d'irritation.

Je suis sur le point de la détromper en lui annonçant que Lili est mon meilleur ami, sauf que je ne sais plus si c'est toujours le cas. Et j'ai le sentiment qu'on ne peut pas mentir à des yeux si profonds.

– En fait, je ne veux juste pas manquer le moment où ta copine va se faire éjecter, expliqué-je.

– Je ne parierais pas là-dessus. Coryn est douée. Elle a réussi à nous obtenir des smoothies gratuits au fast-food où on s'est arrêtées avant de venir ici et elle a déjà emballé un autre mec dans ce bar. Mais elle aime garder « ses options ouvertes », imite-t-elle d'une voix haut perchée qui me fait éclater de rire.

La lueur joyeuse qui danse soudainement dans ses yeux noirs me fascine. Plus j'échange avec elle, moins j'arrive à la cerner. Max Turner est une putain d'énigme, et j'ai une foule de questions qui tournent en boucle dans la tête, mais elles pourraient toutes se résumer à une seule : quelle est son histoire ?

Elle montre du menton la fille qui est en train de tracer les lignes du tatouage que Lili porte sur son biceps.

– Regarde.

– Pour info, il a une copine.

– Comme si ça les arrêtait, réplique Max d'un ton mordant.

Je plains l'inconscient qui a osé tromper Max Turner, si c'est bel et bien ce qui lui est arrivé. Son cadavre doit pourrir quelque part.

– Ouais, mais lui, il est vraiment dingue de sa meuf. J'ai appris en venant ici qu'il va bientôt lui poser la grande question.

Elle me lance un coup d'œil interrogateur. L'amertume de mon ton ne lui a pas échappé.

– Ce n'est pas une garantie non plus.

Max a tort au sujet de Lili. Il ne ferait jamais ça, pas à Chiara et pas ici devant moi. Il a conscience que j'éprouve suffisamment de loyauté familiale et de reconnaissance envers ma sœur pour me sentir obligé de le lui dire, quitte à le trahir lui.

C'est peut-être ça, la solution, pour récupérer Lili, chuchote en moi une voix malveillante.

Forcer Chiara à le quitter ?

Rien que d'y penser, l'estomac me remonte dans la gorge. J'ai ramassé ma frangine à la petite cuillère après qu'elle a rompu avec Lili l'année dernière. Elle ne m'a jamais paru aussi fragile et malheureuse. Ceci dit, je me demande encore à quel point elle tenait le coup devant moi et s'effondrait ensuite.

La seule chose dont je suis sûr, c'est qu'elle a tendance à se réfugier dans le travail lorsqu'elle est bouleversée, quitte à négliger sa propre santé. Même si j'étais loin d'elle, je l'ai vue dépérir à petit feu quand elle était avec son ex. Elle était si maigre que j'ai eu peur pour elle. Je ne la laisserai plus faire. Je ne peux pas infliger ça à la femme qui a tout sacrifié pour m'offrir un avenir. Je m'y refuse.

Même pour Lili.

– S'il n'a pas trompé sa copine pendant les sept mois qu'il a passés à sept mille putains de kilomètres d'ici, il ne le fera pas quand elle est à douze bornes et qu'il vit avec elle. Et puis il sait très bien que s'il fait la moindre connerie devant moi, je serais obligé de mettre ma menace à exécution et de lui arracher les couilles à la petite cuillère.

Cette fois-ci, je sens pleinement le poids du regard scrutateur de Max. Franchement, j'aurais préféré éviter. Je suis prêt à déballer tous mes secrets pour que ses yeux si sombres, à la forme d'amande parfaite, arrêtent de fouiller dans les miens. Elle doit être hypnotiseuse ou inspectrice de police. Peut-être que j'oserai lui demander, à l'occasion.

Avant qu'elle puisse poser la question, ce qu'elle s'apprête à faire vu la façon dont elle ouvre sa bouche sensuelle, je lui donne la réponse :

– Il sort avec ma sœur.

– Oh ! s'exclame Max. Ça explique beaucoup de choses.

Je dois paraître surpris, parce qu'elle poursuit :

– Notamment pourquoi vous êtes arrivés bras dessus, bras dessous, par exemple.

– Donc, j'avais raison, tenté-je en arquant un sourcil. Tu me surveilles ! Sinon, comment tu saurais que je me suis pointé avec lui ?

Elle roule les yeux vers le plafond, comme si elle me trouvait complètement con.

– Avec cette lumière, tes cheveux de blanc-bec sont fluo ! On te voit de loin dans cette boîte !

Je préfère m'en tenir à ma première idée : Max Turner m'a vu arriver, et ce n'est pas un hasard si elle s'est trouvée dans le coin quelques minutes après. Elle est volontairement venue ici, et la présence de Naomi n'était qu'une excuse pour m'aborder.

Ouais, j'aime bien cette explication. Elle provoque un petit pincement d'excitation dans ma poitrine, même si je me doute que c'est l'alcool qui agit.

– Et puis ton pote t'épie du coin de l'œil, complète-t-elle comme pour faire diversion.

– C'est juste parce qu'on est venus avec sa bagnole et que, si j'ai bien interprété les chuchotements qu'il a échangés avec ma sœur avant qu'on parte, il est pressé de rentrer pour profiter des faveurs sexuelles qu'elle lui a promises, marmonné-je.

Max m'observe longuement sans dire un mot, mais je n'arrive pas à supporter son regard. J'ignore ce qu'elle lit sur mon visage ou même dans mes pensées, alors je reporte mon attention sur mon verre, dont je vois malheureusement le fond.

– T'as réfléchi pour ma moto ?

Le changement de sujet me prend au dépourvu, d'autant plus que je croyais l'affaire réglée. Je relève la tête vers elle. Son regard est sérieux.

– C'est Troy qui s'occupe de ta bécane, répliqué-je platement.

– Il n'est pas aussi bon que toi, et tu le sais.

– Il compense avec son enthousiasme.

Elle lâche un petit rire incrédule.

– Je pourrai rouler quand Troy en aura fini, mais si je veux qu'elle retrouve son état d'origine, je devrai l'apporter dans un atelier spécialisé.

Je ne dis rien, parce qu'elle a raison. Elle aura une moto qui fonctionne ; pour le reste – les bosses, les décolorations, la peinture –, elle devra se démerder. Elle devra peut-être même faire remplacer certaines pièces si Troy va droit au but et qu'il monte ce qu'il a sous la main.

– Je t'ai observé cette semaine, continue-t-elle. J'aime ta façon de travailler. Tu es méticuleux, tu ne laisses rien passer. C'est ce que ma bécane mérite.

Elle se penche vers moi, permettant à ses cheveux de glisser de son épaule, et c'est comme si on se retrouvait coupés du monde derrière un rideau couleur nuit. Son parfum m'enveloppe de nouveau. Involontairement, mon regard descend sur sa bouche, et j'ai envie de m'approcher.

Je dois être déchiré. Je ne peux pas vouloir embrasser une cliente. *Surtout pas Max Turner, bordel.* C'est le genre de conneries qui pourrait totalement me foutre dans la merde.

Alors je reviens à ses yeux, mais ce n'est pas vraiment mieux. Sous les lumières du Black, ils semblent scintiller au point de la rendre presque irréelle.

Elle est si près que j'entends, malgré la musique et les gens qui hurlent, l'inspiration qu'elle prend avant de parler.

– C'est *toi* que ma moto mérite.

À cause de sa proximité, du whisky ou tout simplement de la façon dont elle a prononcé le mot « toi », comme si j'étais la personne la plus importante à ses yeux, j'ai envie d'accepter alors que je sais pertinemment que ça n'a aucun sens.

Aussi soudainement qu'elle s'est penchée, elle se redresse, et son attention se perd sur la piste de danse. Et heureusement, d'ailleurs.

– Je dois intervenir, déclare-t-elle platement comme si de rien n'était.

Mais peut-être qu'il ne s'est vraiment rien passé et que mon cerveau embrumé par l'alcool a tout imaginé.

Je suis la direction de son regard jusqu'à Naomi qui danse collé-serré avec un mec au crâne rasé.

– À plus, lâche-t-elle avant de s'éloigner sans se retourner.

Quelque part, je suis sûr que Max Turner est déjà partie sans regarder en arrière.

Il ne faut qu'une ou deux minutes après le départ de Max pour que Lili se débarrasse de la jeune fille et qu'il se laisse lourdement tomber sur le canapé à mes côtés.

– Quel putain de pot de colle ! râle-t-il en cognant l'arrière de son crâne sur le dossier.

À quelques centimètres de l'endroit où Max était assise. Machinalement, je porte mon verre à mes lèvres pour que le liquide m'aide à oublier la sensation de son corps près du mien. Ma frustration ne fait que monter en flèche quand rien ne coule sur ma langue, et je ferme les yeux, comme si je pouvais invoquer du whisky dans mon gobelet vide.

Je reporte ma contrariété ailleurs, sur le gars qui m'a soi-disant accompagné alors qu'on n'a pas échangé plus de trois phrases.

– Tu parles de l'ado ou de ton *Hollywood Marine*[6] ?

Son éclat de rire m'oblige à sortir de la contemplation du fond de mon verre. Lili m'observe avec un large sourire qui me donne envie d'en faire de même, le temps d'une fraction de seconde, avant que ma frustration se manifeste à nouveau. Je me retiens.

– Les deux ! Elle débarque d'où, cette gamine ?

– C'est une copine de la fille de mon boss.

– Et l'autre ? Celle avec qui t'as discuté un moment ?

---

6. Surnom donné aux Marines entraînés au *boot camp* de San Diego, en Californie du Sud.

J'ai besoin de plus de whisky. Maintenant. Pour que je puisse répondre à cette question sans que ma voix tremble. Tant pis, je vais devoir faire sans.

– Leur chaperon.

Le regard de Lili devient plus intense. C'est celui qu'il utilise lorsqu'il veut pousser des *Lance Criminals* à avouer lequel a introduit un serpent dans les baraquements comme animal de compagnie. Sauf que là, c'est *moi* qu'il essaie de forcer à en dévoiler plus, parce qu'il a compris que je ne lui disais pas tout. Ça ne marche pas trop mal en temps normal, mais ce soir, j'ai découvert le pouvoir d'un autre regard, beaucoup plus intimidant que celui de Lili. Je vais quand même le lui avouer, car je le sens curieux et que c'est le genre de choses que j'aurais volontairement partagé avec lui avant. Du moins, je vais lui en dire une partie. Le reste, ce qu'elle me fait ressentir, je vais le garder pour moi. Je ne pige pas moi-même ce qui m'arrive.

– C'est une cliente du garage. La propriétaire de la moto que Rob voulait que je répare.

Les pupilles de mon ami s'illuminent d'une lueur joyeuse, et sa bouche se tord en un sourire malicieux. Est-ce qu'il se moque de moi ?

Alors, encore une fois, mes yeux plongent dans mon verre, et je regrette qu'il soit si désespérément vide.

– Tu en reprends un autre ou on y va ? demande Lili.

La première option me tente bien, mais plus d'alcool implique de rester plus longtemps sous son regard scrutateur et la salve de questions inconfortables qui l'accompagne.

– Allons-y.

Tout en reposant mon verre sur la table, je suis douloureusement conscient de l'ironie de la situation. Quelques heures en arrière, je voulais plus que tout passer du temps avec lui, et maintenant qu'il m'en donne l'occasion, je choisis la tangente.

Aucun de nous ne parle avant d'être installé dans la Jeep, en chemin vers nos appartements respectifs.

– Je suis désolé, lâche Lili avec un rapide coup d'œil dans ma direction. Je ne m'attendais pas à ce que Harris me tienne autant la jambe… Je comprends qu'il ait besoin de conseils pour s'intégrer ici, mais ça aurait pu attendre jusqu'à lundi. Je pensais qu'on pouvait traîner un peu, ce soir… Ça fait longtemps, ajoute-t-il après une seconde.

J'ouvre la bouche pour lui demander « À qui la faute ? », mais je me retiens juste à temps en comprenant que je suis tout aussi fautif que lui. On ne peut pas dire que j'ai été proactif dans le maintien de notre amitié. Pourtant, si je suis honnête avec moi-même, je dois reconnaître que je ne veux pas effacer Lili de ma vie. Je tiens à lui et je peux encore faire un pas vers lui.

– Ouais, concédé-je. Tu sais… Je n'ai pas encore fait cet essai sur circuit que vous m'avez offert à Noël… On pourrait y aller ensemble.

Et avant qu'il puisse ajouter quoi que ce soit, je préfère mettre les choses au clair :

– Toi et moi.

Il lâche le bitume des yeux un court instant, juste le temps d'acquiescer en me scrutant droit dans les yeux, comme s'il tenait à s'engager solennellement.

– Bien sûr ! confirme-t-il ensuite avec un large sourire.

Je ne me réjouis pas trop vite, parce que tout peut encore être bouleversé d'ici là, mais je me sens déjà plus léger qu'en début de soirée.

Après ça, Lili ne dit plus rien, le regard sur la route, perdu dans ses pensées. Quand il finit par prendre une grande inspiration alors qu'on est presque arrivés, je m'attends à ce qu'il revienne sur sa parole.

– Tu vas le faire…

– De quoi tu parles ? demandé-je, confus.

– La moto. Tu vas la réparer.

La surprise me fait lâcher un rire incrédule.

– Pourquoi tu dis ça ?

Il ne répond pas tout de suite. À la place, il prend le temps d'entrer dans notre résidence et de garer la Jeep. Puis, seulement quand il a coupé le contact, il se tourne vers moi avec un sourire espiègle.

– Parce que la motarde n'est pas seulement canon, c'est aussi totalement ton type.

– Quoi ?

– Grande, brune, joli visage, toute en courbes, énumère-t-il sur le bout de ses doigts.

J'en reste muet pendant une bonne seconde, la bouche ouverte, incapable de réagir. Petit un : je n'avais pas conscience d'avoir un type de femme. Petit deux : si j'en avais un, je n'aurais pas parié que Lili l'avait remarqué.

– C'est pas vrai ! protesté-je. J'ai couché avec des blondes, des petites brunes, des grandes blondes aussi…

Lili se contente de rigoler avant d'ajouter sur un ton malicieux :

– Ouais, mais tu peux être sûr que s'il y a une grande brune bien en chair, c'est toujours toi qui cries « Prem's » !

– Ça ne veut rien dire ! soufflé-je. Tu t'es tapé des grandes blondes dans le passé et, pourtant, aujourd'hui, t'es bien casé avec une brune format cure-dent.

Ça le fait juste rire encore plus.

– Je ne dirai pas à ta sœur que tu l'as comparée à un cure-dent…

– Je l'ai déjà traitée de pire en face.

– … Et elle, c'est différent, poursuit-il comme si je n'avais pas parlé. Elle est unique en son genre.

– Encore heureux ! marmonné-je en défaisant ma ceinture. T'imagines si on devait en gérer plusieurs comme ça ?

Un visage s'impose alors à mon esprit, celui de la motarde. Max est tout aussi remarquable. Dois-je l'éviter à tout prix ou, au contraire, goûter à cette occasion ? C’est déjà le bordel dans mon existence, je ne suis pas sûr d’avoir l’énergie pour ça.

Le sourire aux lèvres, Lili sort de la voiture. Je l’imite, et on avance en silence jusqu’à la porte. Je vais pour entrer dans le hall quand il chuchote :

– Réfléchis pas trop, mec. La vie est courte !

Il me donne une petite tape sur l’épaule puis se dirige vers son appartement.

Le problème, c’est que maintenant, ma tête est encore plus farcie de doutes qu’avant.

CHAPITRE 7

Mon bleu de travail a retrouvé sa place dans mon casier, mes mains sont propres, les clés de Pamela pendent à mon index. Je suis sur le point de décoller quand la voix de Rob résonne dans le vestiaire.

– Jack ? T'es encore là ?

Lorsqu'il apparaît dans mon champ de vision, l'embarras se lit clairement sur son visage fatigué. Avec la nuit de merde que j'ai passée, on pourrait sans doute faire un concours de cernes, même si je doute que ses emmerdes aient quelque chose à voir avec les miennes. Est-ce qu'il a appris que Naomi était au Black, vendredi soir ? Pas par moi, en tout cas : j'ai tenu ma promesse et consciencieusement fermé ma gueule.

– Tu vas manger en ville ?

– Ouais… J'ai une course à faire.

Je sens ma mâchoire se contracter à l'idée de ce que je dois accomplir. Je n'en ai vraiment pas envie, mais si je ne veux pas finir au bord du précipice comme l'année dernière, je n'ai pas le choix.

C'est peut-être ça, grandir. N'empêche que parfois, le truc le plus difficile de votre vie, c'est juste de presser un bouton sur votre téléphone.

– Tu pourrais me rendre un service ?

– Bien sûr ! lancé-je machinalement, ravi de la distraction qu'il me propose.

Il doit vouloir que je passe chez un fournisseur ou que je lui rapporte un sandwich. Il me tend un post-it sur lequel est griffonnée une adresse sur Marine Boulevard – près du Smithy's, si je ne me trompe pas. Puis je lis la deuxième ligne manuscrite et fronce les sourcils : « River Inn, chambre 158. »

Je relève la tête vers mon patron, pas entièrement sûr de comprendre ce qu'il attend de ma part.

– Si tu vas dans ce coin, tu voudrais bien récupérer Maxine – enfin, Mlle Turner – la propriétaire de la Ducati ? Elle est à son hôtel, et il faudrait la ramener ici.

Rob n'a jamais autant bégayé en une phrase. Ça doit être de ma faute, parce que dès qu'il a prononcé *ce nom*, j'ai écarquillé les yeux. C'est juste que je ne m'étais pas du tout préparé à ça, et le patron a dû interpréter ma surprise comme de la confusion.

Putain, j'aimerais bien.

Ma vie est déjà bien assez compliquée comme ça pour que ses iris noirs ne viennent hanter mes cauchemars. Je me vois bien répondre à Rob : « Oh ! t'inquiète, je sais parfaitement qui est Maxine. Figure-toi que maintenant, je rêve d'elle la nuit !

C'est cool, hein ? » Remarque, ça me dispenserait de la course. Rob ne verrait sûrement pas d'un bon œil que je traîne à côté de son hôtel.

Je suis resté silencieux trop longtemps. Ça m'arrive quand je me laisse emporter par le déferlement de mes pensées.

– Écoute, c'est pas grave, fait Rob en essayant de me reprendre le post-it. J'ai un rendez-vous avec un client mais je vais me débrouiller…

Il a l'air tellement emmerdé que les mots sortent tous seuls de ma bouche :

– Non, c'est OK.

– Tu es sûr ?

– Oui ! C'est sur ma route, je mens.

– Merci, dit Rob d'une voix emplie de soulagement. Je vais la prévenir.

Alors que je rejoins Pamela, la boule dans ma gorge grossit d'un bon centimètre. *Comme si je n'étais pas assez nerveux sans ça.*

Je démarre et, en moins de cinq minutes, j'entre sur le parking bondé du *diner* à la jonction entre Johnson Boulevard et Marine Boulevard. Je prends une grande inspiration en récupérant mon téléphone dans ma poche, et une autre quand la sonnerie retentit.

– Cabinet du docteur Lee ? annonce une voix féminine que l'accent traînant rend chaleureuse et, malheureusement pour moi, très familière.

– Bonjour, Sue. C'est Jack Johnson. Il me faudrait un rendez-vous avec le doc.

– Oh ! Jack, mon chou ! Ne le prenez pas mal, mais j'espérais sincèrement ne plus entendre parler de vous. À part pour une carte de Noël, évidemment.

– Ouais… Moi aussi. Ne le prenez pas mal non plus.

À l'autre bout du fil, la secrétaire de mon psychologue rigole doucement. Ce n'est jamais une bonne nouvelle de reprendre contact avec le gars qui a traité votre PTSD. On est tous conscients de ce que ça signifie. D'ailleurs, comme à son habitude, Sue va droit au but.

– C'est grave à quel point ?

– Les cauchemars sont revenus, admets-je d'une voix étonnamment calme vu la violence du dernier.

Je me suis réveillé, tremblant dans mon lit, assommé par le choc. J'ai eu beau essayer de penser à autre chose toute la matinée, les images restent gravées dans mon esprit.

Je conduis. L'intérieur du véhicule, du métal kaki et des angles nets, est familier. J'ai passé des heures et des heures au volant d'un Humvee, et celui-ci ne fait pas exception. Les réflexes de pilotage sont ancrés en moi, ceux d'un véhicule lourd, sans électronique pour assister la conduite. À travers le pare-brise, la route – enfin, la longue bande de terre aplatie qui sert de chemin – file en ligne droite. De part et d'autre, il n'y a rien que des étendues beiges et marron ; et plus loin, les montagnes. Le ciel est bleu, et la chaleur dans l'habitacle, insupportable. L'Afghanistan.

Malgré le boucan que fait le moteur, les voix joyeuses de mes compagnons retentissent à l'arrière. Ils braillent la chanson paillarde Barnacle Bill *:*

– You may sleep upon the floor, Said the fair young maiden[7], *chante l'un d'une voix haut perchée.*

– To hell with the floor, I can't fuck that, Said Ballochy Bill the sailor[8], *répond l'autre avec un accent de pirate.*

Le tout est repris en canon par le gars debout dans la tourelle, dont je n'aperçois que les jambes habillées de camouflage beige.

J'éclate de rire et tourne la tête vers la droite. Je croise le regard de Lili, derrière la visière de son casque. Il est vêtu de son équipement lourd, tout comme moi, et me sourit, puis reporte son attention vers le poste radio en face de lui. Enfin, il roule des yeux.

– Fermez-la ! J'entends que dalle, gueule-t-il.

Mais bizarrement, son sourire n'a pas quitté ses lèvres, et il ne semble pas aussi énervé que son ton le laisse penser.

C'est la dernière image que j'ai avant que tout mon univers tangue brutalement vers la gauche et qu'un coup de tonnerre retentisse. Non, pas un coup

7. « Tu peux dormir sur le sol, dit la belle jeune servante. »
8. « Au diable le sol, je ne peux pas le baiser, dit Ballochy Bill le marin. »

de tonnerre. Une explosion. Mon souffle se bloque dans ma poitrine alors que mon cœur s'affole. Le Humvee finit par s'immobiliser sur le côté dans un sursaut. Le choc m'a projeté contre la vitre, mais je n'ai rien.

– Tout le monde va bien ? m'exclamé-je.

Des grognements me répondent puis des « OK », mais je ne reconnais pas parmi eux la voix de Lili. Alors, la peur prend le relais de la surprise.

Quand je tourne la tête vers la droite, je ne vois que la portière ouverte et son siège vide. J'ai le temps de comprendre que le mec à la mitraillette a disparu, lui aussi. Il a dû être éjecté, et Lili est parti à sa recherche. Avec plus ou moins d'habilité, je me faufile jusqu'à l'ouverture en évitant les appareils de communication.

D'abord, je ne distingue rien que de la fumée blanche et dense. Puis une roue de Humvee dans la poussière.

On a dû rouler sur une bombe artisanale. Pourtant, il n'y avait rien sur la route. J'ai dû être distrait par les gars, je m'en veux.

Je continue à progresser. Je n'entends que le craquement de mes rangers sur la terre et le sang qui bat fort à mes oreilles. Puis apparaît une botte de combat beige, accrochée à une jambe habillée de camouflage. Ça doit être le mec de la tourelle. Il est allongé devant moi, complètement immobile. La peur me serre les entrailles.

Mon regard remonte le long du membre jusqu'à son torse, noyé de rouge. C'est bizarre, parce qu'on dirait que le sang a coulé depuis sa tête sur sa poitrine : le flot était plus important vers les épaules, car la trace s'amenuise en allant vers le ventre. Il serre un fusil contre lui. Ça aussi, c'est étrange.

Lorsque je découvre son visage, mon cœur s'arrête de battre, et tout en moi se glace d'effroi.

C'est Lili. Un truc cloche. Son teint est pâle, sa bouche ouverte sur un souffle inexistant, ses joues parsemées de gouttes d'un rouge brunâtre, ses yeux noirs regardent le ciel sans le voir.

Ses yeux noirs ? Non, Lili a les iris d'une couleur changeante, entre le marron et le vert.

Ceux-là ont une forme parfaite d'amande et sont sombres comme la nuit.

Ce sont ceux de Maxine Turner.

– Demain matin, 8 heures, ça vous conviendrait ?

La voix bienveillante de Sue me tire de mes pensées macabres. Je prends une grande inspiration pour tenter de calmer mon cœur qui bat la chamade et me passe une main tremblante sur le visage.

– Oui. Merci, Sue.

– À demain, Jack. Prenez soin de vous.

Je raccroche et attends quelques minutes que mon rythme cardiaque revienne à la normale avant de sortir de la voiture pour aller chercher mon repas.

***

Le motel est un bâtiment rectangulaire d'un étage à la façade beige et marron, situé au bord de la route. J'entre dans le parking et avance lentement en scrutant les numéros inscrits sur les portes. Comme je l'avais espéré, l'emplacement en face de la chambre 158, au rez-de-chaussée, est vide. Lorsque je me gare, le rideau derrière l'énorme fenêtre s'agite légèrement. C'est pourquoi je ne suis pas surpris que le battant s'ouvre alors que j'ai à peine eu le temps de poser un pied hors du véhicule. Max Turner attendait ma venue, et cette pensée remue quelque chose en moi.

Je ne prends pas la peine de fermer ma portière avant d'avancer vers elle. À son habitude, elle est entièrement vêtue de noir : jean moulant, bottes lacées et T-shirt court qui dévoile son ventre à la peau cuivrée. Elle serre un ordinateur portable décoré de multiples têtes de mort contre sa poitrine.

Est-ce qu'elle porte autre chose que du noir ? C'est d'un morbide ! Pour ma part, j'ai eu assez de cette couleur pour toute une vie à l'enterrement de mes parents.

– Salut, dis-je en m'approchant.

– Salut.

Oh ! attendez, est-ce le début d'un sourire sur ses lèvres que j'aperçois là ?

C'est le plus sympa qu'elle ait été depuis que je l'ai rencontrée. En plus, il y a une légère lueur chaleureuse dans son regard qui pourrait laisser penser que c'est sincère. J'ai limite envie de me pincer. La fin du monde doit être proche.

Mais Max s'est déjà tournée vers Pamela, qu'elle détaille attentivement. Elle hoche une fois la tête alors que ses yeux s'illuminent d'appréciation face à la carrosserie luisante. Ah ! c'est peut-être parce que ma voiture est noire qu'elle lui plaît… Et je dois bien avouer que la Porsche est un vrai aimant à femmes. Je ne compte plus le nombre de gars qui ont voulu que je la leur prête pour emballer leur *date*. J'ai toujours refusé. Seuls Lili et Chiara ont eu le droit de la conduire. Pamela est trop précieuse.

– Belle caisse ! confirme Max de sa voix suave. Je me suis demandé si c'était la bagnole d'un client que tu gardais sur le parking du garage mais, en fait, j'aurais dû deviner que c'était la tienne. Tu l'as restaurée toi-même ?

– Ouais, affirmé-je en lui indiquant d'embarquer. C'est sur elle que j'ai fait mes armes.

Comme elle relève ce regard si profond sur moi, je perds mes moyens. *Merde, je sais mieux résister à la pression, normalement !* On m'a entraîné à ça pendant quatre ans. Garder le cap, quoi qu'il arrive, peu importe que ça gueule autour de toi ou sur toi, continuer.

Mais sous l'intensité de ses yeux, tout fout le camp, et je m'entends dire :

– J'ai commencé à bosser dessus quand j'avais quinze ans.

Et c'est là que je m'en rends compte : suis-je en train d'essayer d'impressionner Max Turner ?

Le pire… c'est qu'on dirait que ça marche.

C'est maintenant vers moi qu'est dirigée la lueur admirative de ses yeux alors qu'elle s'approche de la portière passager. Ce n'est pas forcément mieux. Je me sens comme sous un projecteur, j'ai tout à coup chaud et sens mon cœur accélérer.

– Tout seul ? demande-t-elle d'un ton intéressé.

– Au début, avec mon père, puis…

Ma voix se brise sur le dernier mot. Je m'interromps pour chasser la boule qui s'est formée dans ma gorge. J'ai presque l'habitude, maintenant.

– Tout seul après sa mort.

Elle a un léger mouvement de recul, juste avant que son sourire disparaisse pour de bon et qu'une brève douleur traverse son regard planté dans le mien. Pendant cette seconde de silence, on se comprend. C'est le lot de tous les orphelins du monde.

Elle met fin à ce moment en se penchant pour ouvrir la portière et monter dans la voiture. Le temps que je retrouve ma place, elle est déjà installée sur le siège, et son regard erre sur l'intérieur de l'habitacle, comme si elle jugeait le boulot d'un œil critique. Mais bien sûr, que je suis con ! Ça n'a rien à voir avec moi. Parfois, j'oublie que ce qu'elle attend de ma part, c'est essentiellement que je m'occupe de sa moto chérie. Elle doit se demander si je suis capable de faire aussi bien sur son trésor à elle.

Elle a posé son ordinateur sur ses genoux, ce qui me permet de lire l'inscription blanche sur son T-shirt : « *Be the queen*[9]. » Je souris, parce que son vêtement a tort : Max Turner n'est pas une reine, c'est une foutue impératrice ! Elle pourrait diriger le monde d'un claquement de doigts ou d'un regard appuyé.

Je mets le contact, récupère mes lunettes de soleil dans le vide-poche et enclenche la marche arrière. Quand je tourne la tête vers la droite pour manœuvrer, j'aperçois du coin de l'œil que Max se mordille la lèvre inférieure. Est-ce un tic ou est-elle nerveuse ? Et si c'est la deuxième raison, par quoi ?

Pendant quelques secondes, on n'entend plus que le doux ronronnement du moteur de Pamela, le bruit le plus apaisant du monde selon moi. Alors que je m'insère dans la circulation de Marine Boulevard, elle rompt le silence.

– T'as passé un bon week-end ?

Est-elle vraiment en train de me faire poliment la conversation ? Je confirme : un truc monumental va nous tomber sur la gueule dans les prochaines minutes. Ça devait être ça qui la mettait mal à l'aise. Le fait de se retrouver coincée dans une bagnole avec moi jusqu'à ce que je la dépose. Elle doit se sentir obligée de meubler le silence. Moi, ça ne me dérange pas, mais si ça peut la détendre, je veux bien me prêter au jeu.

---

9. Sois la reine.

– Ouais… Rien d'extraordinaire, balbutié-je tout en réfléchissant.

Qu'est-ce que j'ai fait ce week-end ? Samedi, je suis allé à la salle de sport puis je me suis attelé au ménage et aux courses, et après je suis allé manger chez Chrissie. Sauf qu'elle m'attendait à moitié nue près de la porte et qu'au lieu de dîner, j'ai surtout bouffé sa chatte. Non, je ne vais pas dire ça à Max. Ni que j'ai été réveillé dimanche matin par une bouche avide sur ma queue. D'ailleurs, ça me met mal à l'aise de penser à Chrissie alors que je suis dans un espace réduit avec Max et que mon corps perçoit la présence du sien de façon aussi palpable. En revanche…

– J'ai fait un peu de bateau avec des potes. Et toi ?

Sa tête est tournée vers sa vitre, comme si elle était pensive. On est en train de passer devant un fast-food, et je dois faire un écart pour éviter la bagnole qui stationne au bout de la file d'attente du drive-in. C'est comme ça tous les jours, à cette heure-là. Je mettrais ma main à couper que la plupart des conducteurs sont des Marines qui ont l'interdiction de sortir de leur voiture en *cammie*.

C'est peut-être pour ça que Max détaille le restaurant.

– Tu as déjeuné ? tenté-je. Je peux m'arrêter.

Elle reporte son regard songeur sur moi. Maintenant qu'elle est si proche, je remarque qu'elle a de légers cernes sous les yeux. J'ai vécu suffisamment longtemps avec ma sœur pour reconnaître un bon maquillage. Max n'est pas pensive : elle est épuisée, et forcément, je me demande pourquoi.

– Non, ça va. J'ai pris à emporter au mexicain à côté de l'hôtel. Merci.

C'est là que ça me revient. Il y a un bar et un restaurant au deuxième étage du motel. Si mes souvenirs sont exacts, c'est carrément le bordel vers 2 ou 3 heures du matin. J'y suis allé une fois, au tout début de mon affectation à Camp Lejeune. À la fermeture du club, des mecs bourrés se sont battus sur le parking, et je suis presque sûr qu'il y avait vente et consommation de drogues dans les escaliers.

Mais qu'est-ce qu'elle fout dans ce merdier ? Et comment Rob peut le tolérer ?

C'est pas tes affaires, Jack !

Pourtant, ma conscience ne veut pas lâcher l'affaire. Je suis sur le point de dire quelque chose quand une sonnerie retentit dans l'habitacle.

Il fallait que ma sœur choisisse précisément cet instant pour téléphoner. J'ai toujours dit qu'elle avait un sixième sens pour détecter les moments où je m'apprête à faire une connerie. En plus, je dois prendre son appel. J'ai déjà ignoré son SMS de ce matin.

Je murmure rapidement un « Désolé, je dois répondre » avant de décrocher.

– Salut, frérot. T'as reçu mon message ?

– Ouais…

Je n'ai pas répondu car j'avais trop de choses à penser, mais aussi parce que j'avais l'intention de passer la voir au refuge.

– Du coup, tu viens ?

À côté de moi, Max remue doucement sur son fauteuil en regardant ailleurs, comme pour prétendre ne pas entendre notre conversation. C'est impossible, bien sûr. Elle résonne dans tout l'habitacle.

– Désolé. Rob m'a demandé de lui rendre un service, je ne vais pas pouvoir.

Dans le téléphone, Chiara pousse un râle de protestation qui se retrouve amplifié par l'enceinte que j'ai installée dans la voiture. J'ai fait du bon boulot : j'ai maintenant les récriminations de ma sœur en stéréo.

– S'il te plaît, y'en a pour dix minutes maximum ! Je te jure !

Quelque part, au fond de moi, j'ai envie d'y aller. Mais je ne peux pas traîner Max là-bas. En plus, on est presque arrivés au garage. Je me mords la lèvre d'indécision et jette un coup d'œil à ma passagère, qui m'observe avec attention.

– Si tu as une course à faire, je ne suis pas pressée, murmure-t-elle. Ne te gêne pas pour moi.

– Qui a parlé ? interroge Chiara d'un ton soupçonneux.

Cette fois-ci, c'est moi qui soupire.

– C'est une cliente du garage. Rob m'a demandé d'aller la chercher et de la conduire à l'atelier.

– Oh ! tu fais VTC, maintenant ? râle Chiara. Tu diras à Rob de t'augmenter.

Max est légèrement penchée vers l'avant, ce qui a fait glisser ses longues mèches sur son épaule et me cache une partie de son visage. Je suis presque sûr qu'elle se marre en silence.

De mieux en mieux.

– Ça ne te dérange vraiment pas ? lui demandé-je doucement.

Elle relève la tête vers moi, et pour une fois, sa méfiance semble l'avoir quittée. Elle est captivante. Quand elle secoue la tête avec un sourire complice, le mouvement fait voleter ses cheveux. Instinctivement, j'inhale une pleine bouffée de son parfum entêtant.

Quelque chose se contracte dans ma poitrine.

– Jack ? me rappelle à l'ordre la voix de ma sœur.

– On arrive.

Max acquiesce pour confirmer que j'ai pris la bonne décision.

CHAPITRE 8

Il nous faut quinze minutes pour rejoindre le refuge pour animaux. Pendant les premiers instants, c'est Pamela qui meuble le silence de son agréable vrombissement, car je ne sais pas quoi dire malgré le milliard de questions que je me pose au sujet de ma passagère.

« Pourquoi tu dors dans ce motel pourri ? »

« Quelle est ta relation avec Rob ? »

« C'est quoi l'urgence avec ta moto ? »

Je ne peux pas lui demander ça. Je ne la connais pas assez. On a discuté cinq minutes, et elle est sympa parce qu'elle veut que je bosse sur sa bécane. Ça s'arrête là. Je ne dois pas m'imaginer autre chose.

Et puis je me rappelle qu'elle n'a pas répondu à la question que je lui ai posée tout à l'heure.

– Et toi ? T'as fait quoi ce week-end ? À part surveiller Naomi au Black.

Lorsque Max tourne la tête vers moi, un sourire de connivence danse sur ses lèvres. J'ai envie de croire qu'elle se rappelle comme moi ce moment dans la boîte, si intense qu'il fait se dresser les poils sur mes bras. Pourtant, il ne s'est rien passé : on a simplement discuté au milieu de la foule. Jamais mon corps n'avait réagi de cette façon à la proximité de quelqu'un. On dirait qu'elle m'a ensorcelé.

– Pas grand-chose non plus, lâche-t-elle avec un haussement d'épaules. Samedi, j'ai passé du temps avec la famille de Rob, et dimanche, un petit tour à moto.

Deux choses se produisent simultanément en moi : de la curiosité, parce qu'elle a pincé les lèvres en parlant de la famille du patron, et de la confusion, parce que merde, quelle moto ? Je croyais qu'on devait justement réparer la sienne ?

Je dois avoir l'air sonné, car elle soupire et m'offre d'elle-même une explication.

– Détends-toi. Il n'y a pas de deuxième bécane à réparer. J'ai emprunté celle de Rob. J'avais besoin de me vider l'esprit.

Avant de m'appesantir sur le fait que j'ignorais totalement que mon patron était motard, une autre question s'échappe de ma bouche :

– C'est pour ça que tu fais de la moto ? Pour ressentir le vide ?

Une pointe de douleur traverse les iris obscurs de Max avant qu'elle réponde d'une petite voix qui me pousse presque à regretter d'avoir demandé :

– Entre autres, mais pas seulement. J'ai toujours été entourée de motos, donc quelque part, c'est naturel. J'ai des souvenirs de moi très jeune sur la moto de ma mère. Ce n'est qu'en pilotant à mon tour que j'ai vraiment compris ce que ça pouvait me procurer. La liberté, la sensation de vitesse et la possibilité de tester mes limites. Le calme. Les pensées qui arrêtent de tourbillonner parce que je dois me concentrer sur mon environnement pour garder le contrôle de mon engin. C'est ma thérapie, conclut-elle avec un petit rire gêné.

– Je devrais essayer.

– C'est quoi, ta méthode ?

Je voudrais lui répondre « courir jusqu'à l'épuisement », mais vu ce que ça a donné ces derniers temps, je ne suis plus sûr de son efficacité.

– Le sport, dis-je simplement pour ne pas penser que ma thérapie à moi, c'est de retourner voir le bon vieux docteur Lee, car je ne suis pas capable de me guérir tout seul.

Max hoche la tête comme si ce que je venais de dire avait un sens, alors que rien n'en a dans ma vie. Par gêne, je détourne le sujet :

– C'est la famille de Rob qui te donne du fil à retordre ?

À la grimace qu'elle affiche, je suis persuadé qu'elle ne va pas me répondre, ou pire : m'en coller une bonne. Son regard se perd un instant par la vitre puis revient dans le mien, chargé d'une émotion indéchiffrable.

– T'as déjà rencontré Lauren, la femme de Rob ?

J'opine en silence.

– C'est pas ma plus grande fan. Elle a connu ma mère quand ils étaient ados et elle lui en veut pour une connerie. Sauf que ma mère est morte depuis onze ans et qu'elle projette ça sur moi. Bref, ma tronche antipathique fait tache dans sa belle baraque, et moi, j'ai pas envie de me coltiner ses remarques passives-agressives. Alors je me suis cassée.

– Dans ce motel.

Je tente lentement de comprendre ce qui s'est passé. À mon avis, Max s'est pris la tête avec Lauren et s'est barrée sur la moto de Rob pour se calmer, mais rien ne s'est arrangé en rentrant, donc elle a rassemblé ses affaires et a mis les voiles.

– J'ai pas besoin que tu me fasses la leçon.

Max me fusille du regard, et je comprends que Rob a déjà dû lui rebattre les oreilles une bonne paire de fois avec ça. Alors que la moindre cellule de mon corps proteste que je ne devrais pas la laisser dans ce taudis, je mens :

– J'en avais pas l'intention.

Le reste du trajet se déroule dans le silence.

***

Je me gare devant la porte d'entrée du refuge. Peut-être parce qu'on est en dehors de la ville, au beau milieu des bois, mais il fait moins chaud. En tout cas, j'ai l'impression que mon esprit s'échauffe moins ici. Ou alors, c'est juste que je ne suis plus à vingt centimètres de ma mystérieuse passagère.

Je descends de la voiture et me penche par la vitre, vers Max, qui est en train de défaire sa ceinture.

– Tu peux rester là. Je n'en ai pas pour longtemps.

– Tu rigoles ? s'exclame-t-elle en ouvrant la portière. Si tu crois que je vais t'attendre dans la caisse alors que tout ça m'intrigue, tu te fourres le doigt dans l'œil jusqu'au coude !

Je me redresse et la toise par-dessus le toit de Pamela, dont la couleur se rapproche étrangement de celle de ses cheveux. Illuminées par les rayons du soleil, ses longues mèches ont pris des reflets métalliques, identiques à la carrosserie de ma voiture. Et ce n'est pas le seul truc qu'elles ont en commun : elles attirent l'attention, toutes les deux, avec leurs courbes et leur beauté originale. Les voir côte à côte, c'est se griller le cerveau.

Par contre, là où Pamela donne envie de s'approcher et de passer la main sur la tôle, je ne m'y risquerais pas avec cette femme. Campée fièrement de toute sa hauteur à côté de la Porsche, elle a de nouveau ce regard défiant. Je pressens que ce n'est pas un jeu que je peux gagner avec Max Turner.

Alors, sans un mot, je remonte les vitres, récupère l'ordinateur qu'elle a laissé sur le sol devant le siège passager et vais le mettre dans le coffre, à l'avant de la voiture. Puis je fais signe vers la réception du refuge.

– On entre ?

Max m'emboîte le pas sans se faire prier.

Une vague d'air conditionné nous accueille. Derrière le long comptoir en bois, ma sœur relève la tête et sourit en croisant mon regard, puis elle se lève et fait le tour pour me prendre dans ses bras. Elle m'arrive sous le menton ; pourtant, ses câlins sont toujours étonnamment forts et chargés, comme si on ne s'était pas vus depuis deux ans.

– Salut, frangin. J'étais pas sûre que tu viendrais.

– Je t'ai dit qu'on arrivait.

À ces mots, Chiara me libère et recule. Son regard passe sur celle qui m'accompagne et se fait immédiatement moins chaleureux. La température vient de baisser de plusieurs degrés, et ça n'a rien à voir avec la climatisation du petit bureau.

– Chiara, Max, dis-je pour les présenter et tenter de réchauffer l'ambiance.

Elles ne pourraient pas être plus différentes l'une de l'autre, mais je ne prendrais aucun pari si elles devaient en venir aux mains.

Évidemment, Chiara est plus petite et bien plus mince que Max. Elle semble aussi plus sympa et décontractée, avec ses grands yeux bleus. Pourtant, je sais que ce n'est qu'une apparence.

Pendant qu'elle détaille Max de haut en bas en lançant des regards menaçants sous ses paupières étrécies, j'ai envie de rire. Chiara vient d'activer le mode maternel, alors que je suis parfaitement capable de me défendre. Je suppose qu'elle n'arrêtera jamais de s'inquiéter pour moi, et cela provoque un sentiment brûlant au fond de ma gorge.

– Donc vous êtes une cliente du garage ? demande-t-elle d'un ton qu'on devait utiliser pendant l'Inquisition pour interroger les suppliciés.

– Oui, se contente de dire Max.

– Et mon frère vous trimballe parce que… ?

– Parce que sa moto est justement en réparation et qu'elle n'a pas d'autre moyen de locomotion.

Mon ton excédé a le mérite d'attirer le regard perçant de ma sœur. Immédiatement, je regrette d'avoir ouvert ma grande gueule. J'aurais dû les laisser régler ça toutes seules.

– Tu ne t'occupes pas de motos, remarque-t-elle d'une voix tranchante.

– Tout à fait, confirmé-je en cherchant les yeux de Max. Je ne bosse pas sur les bécanes.

Pourquoi je me sens obligé d'insister, encore une fois ? Sûrement parce que je devine que Max n'a pas lâché l'affaire bien qu'elle en donne l'air. D'ailleurs, un léger sourire apparaît sur sa bouche, et une lueur de défi s'allume dans son regard, comme pour me donner raison.

Un soupir m'échappe avant que je reporte mon attention sur ma sœur, qui n'a rien manqué de cet échange.

– Pourquoi tu voulais que je vienne ?

Quand elle commence à sourire comme le chat du Cheshire, je comprends que je suis tombé dans un piège.

– J'ai quelqu'un à te présenter, confirme-t-elle, tout excitée.

Je ferme les yeux en soupirant à nouveau. Je suis entouré de femmes qui en attendent trop de moi et je ne suis pas sûr de leur résister encore longtemps.

– Allons-y.

Chiara attrape un trousseau de clés sur le comptoir et une laisse sur un portant derrière elle puis se dirige vers une porte vitrée au fond du bureau.

– Par ici !

Deux billes marron me scrutent de l'autre côté du grillage.

– Jack, voici Loki.

Je ne peux détacher mon regard du chien qui se redresse sur ses pattes et s'approche, jusqu'à ce que son museau allongé touche la grille. Il a tourné une de ses oreilles parfaitement triangulaires vers ma sœur, et sa queue remue joyeusement, mais c'est moi qu'il observe.

À mon tour, je m'avance et m'accroupis face à lui, jusqu'à découvrir ses yeux emplis d'intelligence et de tristesse.

Ce chien est magnifique, même si sa fourrure est terne et sale. On sent que c'est un animal puissant à la façon dont il se tient sur ses pattes musclées. Une bête comme ça n'a rien à faire ici, à l'intérieur d'une cage dans laquelle il peut à peine faire quelques pas. Mes yeux deviennent humides, de colère ou de chagrin. Je pourrais casser la gueule de ceux qui l'ont abandonné.

– C'est un berger allemand, il a un peu plus de trois ans, reprend Chiara. Il est ici depuis trois mois.

Trois mois dans cinq mètres carrés ?

Ma colère se transforme en rage, si bien que j'ai immédiatement envie d'arracher la porte de son enfer. Machinalement, mes poings se serrent sur mes genoux.

Je sens plus que je ne vois Chiara s'approcher de la cage et l'ouvrir, puis entrer à l'intérieur et refermer derrière elle. Le bout pointu des oreilles de Loki dépasse tout juste la taille menue de ma sœur, et il doit peser à peine dix kilos de moins qu'elle. Qu'est-ce qu'elle fout ? Elle va se faire bouffer ! Involontairement, je me tends, prêt à intervenir si besoin. Pourtant, le chien la laisse accrocher la laisse sans broncher, la queue battant l'air derrière lui. Une fois seulement tous les deux hors de la cage, il commence à tirer sur la longe, comme pour se barrer loin d'ici. Pauvre bête…

– Loki, assis ! commande ma sœur d'une voix ferme.

Sans une seule seconde d'hésitation, le chien obéit et s'assoit à côté de Chiara, qui lui caresse doucement la tête, sans crainte, en le regardant affectueusement.

– Comme tu le vois, il est éduqué aux ordres simples. Il est calme et joueur…

– Pourquoi a-t-il été abandonné ? la coupé-je en me relevant.

Chiara et Loki se tournent vers moi, et si ma sœur sourit, le chien se met à gronder, faiblement, comme s'il savait que c'était interdit ici mais qu'il ne peut pas s'en empêcher. Je fronce les sourcils.

– Tu lui fais peur, déclare Max comme une évidence sur ma gauche.

Depuis qu'on s'est arrêtés devant la cage, j'ai été tellement absorbé par l'élégance de l'animal que j'en ai oublié la femme qui m'accompagne.

– Je peux ? demande Max à Chiara.

Je ne comprends pas ce qu'elle veut. Pourtant, ma sœur acquiesce et lui tend une friandise qu'elle sort de sa poche.

– Loki, au pied ! ordonne Max d'un ton ferme mais chaleureux, après lui avoir montré la nourriture.

Et le chien lui obéit naturellement.

Max se penche vers le berger et se met à lui gratter le dos tandis qu'il avale goulûment sa friandise, mais ce n'est pas ce qui m'interpelle. Les yeux de Max brillent de bonheur alors qu'elle ébouriffe les poils du chien. Un grand sourire illumine son visage, ressemblant au soleil qui chasse les nuages d'orage. C'est ce que j'ai vu de plus beau et de plus sincère depuis longtemps.

L'indifférence qu'elle porte tel un masque s'est tout à coup envolée, et je comprends enfin que ce n'est que ça : un masque. Habituellement, Max est sexy comme une fleur empoisonnée. On ne peut s'empêcher de l'admirer, même s'il vaut mieux en rester loin si on tient à la vie. Mais lorsqu'elle sourit, elle devient la plus belle créature que j'ai jamais vue. J'ai envie de m'approcher, de prendre son visage entre mes paumes et de la contempler jusqu'à ce que j'en crève.

J'en ai le souffle coupé.

– Il ne s'entendait pas avec l'enfant de la famille, dit une voix familière.

Celle de ma sœur. Deux ou trois bonnes secondes sont nécessaires pour que les mots s'arrangent en une phrase qui a du sens dans mon cerveau embrumé. Chiara vient de répondre à la question que je lui ai posée plus tôt.

Avec réticence, je m'arrache de la vision du sourire de Max pour me tourner vers ma frangine.

– Normalement, les bergers allemands s'entendent très bien avec les enfants, mais il s'est mis à montrer des signes d'agressivité envers le gamin de deux ans, et comme la femme est enceinte, ils ne voulaient prendre aucun risque. La bénévole qui l'a accueilli a noté dans le dossier que Loki semblait nerveux avec le petit. Elle en a conclu que le bambin a dû embêter le chien et qu'il valait mieux éviter de le placer dans une famille. Ce qui ne poserait aucun problème avec toi.

Voilà où elle voulait en venir.

Mon regard revient sur l'animal assis devant Max. Celle-ci continue de le caresser, mais ses gestes sont inconscients, et son beau sourire s'est évanoui.

Ses yeux ont repris leur intention meurtrière, et j'imagine que si les anciens maîtres du chien étaient face à nous, je ne serais pas le seul à leur faire des reproches.

Est-ce que je me vois avec un animal comme Loki ?

Je ne sais pas.

Il est superbe, mais j'ai déjà du mal à m'occuper de moi, alors comment pourrais-je prendre soin d'un autre être vivant ?

– Je dois également te prévenir qu'il a tendance à grogner sur les hommes et qu'il se montre particulièrement agressif envers les mecs aux cheveux très courts. Mais là encore, précise Chiara avec un sourire et un geste vers ma tête, ça ne devrait pas poser de problème.

C'est vrai que je n'ai jamais eu les cheveux aussi longs en cinq ans. Je souris, moi aussi, en passant machinalement une main dans ma tignasse, tandis que ses mots s'imprègnent dans mon esprit.

– Laisse-moi deviner, son ancien maître l'a battu ?

– On suppose qu'il a dû se prendre une ou deux torgnoles…

– Et que ce connard travaille à Camp Lejeune ? demandé-je ironiquement.

– Nous n'écrivons pas ces informations confidentielles dans le dossier, mais Loki a été pucé, donc le véto le sait forcément… Tout ce que je peux te dire, c'est que le nom de son ancien maître commence par « Living » et finit par « stone », crache Chiara en baissant la voix alors que nous ne sommes que tous les trois.

– Oh… Ouais, ça ne m'étonne pas. J'ai déjà croisé ce salopard…

Le genre de type qui dégoûte les jeunes recrues en leur gueulant dessus pour un rien, juste parce qu'il a un grade de plus et qu'il peut. Alors son chien ? Je suis même surpris que Loki soit en aussi bonne santé.

Lentement, je m'approche du berger, un pas après l'autre. Il commence à grogner faiblement.

– Eh, mon pote, je ne te veux pas de mal…

Je le sens méfiant, prêt à se défendre. Je me penche vers lui en tendant la main dans sa direction et le laisse venir à moi. Lorsqu'il finit par le faire, il plaque sa truffe humide sur mes doigts pour les renifler, puis me donne un petit coup de museau. Je comprends le message et pose la main dans les poils bruns et drus de son flanc. Je caresse calmement sa fourrure chaude alors qu'il relève sa tête vers moi. Ses yeux semblent m'implorer de le sortir de là. Je voudrais, vraiment, mais est-ce que je suis capable d'un tel engagement ? Si je l'adopte, c'est à la vie, à la mort. Il est hors de question qu'il foute à nouveau les pattes dans cet endroit de malheur.

Nous restons comme ça quelques minutes, avant que je sente Chiara remuer sur ses pieds derrière moi.

– J'ai besoin d'y réfléchir…

Quand je me redresse et me tourne vers ma sœur, elle semble partagée entre l'espoir et la déception, alors les mots m'échappent :

– Tu peux me le réserver pendant combien de temps ?

Le sourire lui revient, me donnant l'impression d'avoir reçu un bon point.

– Trois jours. Sincèrement, Jack, je crois que c'est l'animal qu'il te faut et que tu es le maître parfait pour lui.

Je me contente d'acquiescer, tandis que ma gorge se met de nouveau à brûler.

– Je t'appelle. On y va ?

Je finis par reporter mon attention sur Max, qui était vraisemblablement en train de m'observer avec une expression neutre qui pourrait signifier tout et n'importe quoi.

– Ouais. Ravie de t'avoir rencontrée. Sympa, ton T-shirt ! ajoute-t-elle en pointant le vêtement noir avec la mention *Måneskin* que porte Chiara.

– De même, répond cette dernière avec un sourire appréciateur qui semble confirmer qu'elle l'aime bien.

Franchement, je ne sais pas si c'est une bonne nouvelle.

CHAPITRE 9

– Hé ! boss, t'as une minute ?

Rob détourne son attention de l'écran de son ordinateur et m'invite à entrer. Je fais un pas dans la petite pièce aux murs blancs recouverts de posters de voitures.

– Je voulais juste te prévenir que j'arriverai plus tard, demain matin. J'ai un rendez-vous médical.

– C'est pour ta jambe ? demande Rob avec un regard inquiet.

– Oui…

Après tout, je me suis tiré dans la cuisse parce que j'allais mal. Je suppose que tout est lié.

– Mais ça va, précisé-je devant ses sourcils froncés. Seulement… la révision ! Et je rattraperai l'heure perdue.

Quand Rob se met à rire, les plis sur son front disparaissent, et son regard retrouve sa clarté. J'espère ne pas avoir menti et que ce n'est que ça, un *check-up* avec quelques réparations mineures avant que je puisse de nouveau enchaîner les kilomètres. Vers où ? Ça, c'est une autre histoire.

– Pas de problème, Jack. De toute façon, si je comptais vraiment tes heures de présence, c'est moi qui te devrais une compensation. Donc tu arrives quand tu arrives, et on considère l'affaire réglée.

J'acquiesce et m'apprête déjà à tourner les talons quand il reprend la parole :

– De ce que j'ai vu en passant dans l'atelier tout à l'heure, tu as fini la Mustang du vieil Edwards ? Beau boulot !

Je hoche à nouveau la tête. Vu le temps que ça m'a demandé, je suis plus que satisfait du résultat. J'ai passé la journée à la bichonner, et à présent, elle brille de mille feux en attendant que son propriétaire vienne la chercher.

– Tu vas bosser sur quoi, maintenant ?

C'est la question que je me suis posée toute la matinée, pendant que mes mains astiquaient machinalement la carrosserie de la Mustang.

– Je vais vérifier mon inventaire mais je pense pouvoir commencer une des Corvettes. Peut-être celle de M. Greene.

Quelque chose passe dans les yeux du patron, et je devine, à la petite grimace qu'il fait avant d'ouvrir la bouche, qu'il va me parler du sujet qui fâche. La moto.

– Tu pourrais repousser de quelques jours ? Greene n'est plus à ça près, et j'ai un autre boulot plus urgent pour toi.

– La moto ? lancé-je ironiquement.

Rob soupire avant de finalement attraper la perche que je lui ai tendue.

– Oui. Je sais ! Tu n'y connais rien, mais je ne te parle pas de la mécanique. Troy peut s'occuper du remplacement des pièces accidentées. Je voudrais que tu te charges du carénage. Vous pourriez travailler en parallèle, et la réparation irait plus vite.

Mon regard se pose sur mes mains abîmées par les outils et les produits chimiques, tandis que je réfléchis. Les finitions, c'est ma spécialité ; je ne vois pas comment dire non, cette fois-ci. Le plus étrange, c'est que mon envie de refuser est d'autant plus forte que je connais maintenant mieux la propriétaire de la bécane. Comme un instinct primitif qui me pousse à vouloir m'éloigner du danger.

– Je pourrais te… l'ordonner, reprend doucement Rob.

Et je n'aurais pas d'autre choix que de m'exécuter. J'ai été conditionné pour obéir. J'en ai conscience, et il le sait aussi. Je lui en voudrais mais je le ferais et, me connaissant, je m'appliquerais comme pour tous mes autres projets. Pour autant, quelque chose continue d'attiser ma curiosité.

– C'est quoi l'urgence, avec cette moto ?

Un instant, Rob paraît prendre vingt ans. Il se passe la main sur le visage, comme pour se donner la possibilité de botter en touche.

– Maxine en a besoin au plus vite, finit-il par dire.

Ça ne répond pas vraiment à mon interrogation. C'est comme balancer un simple « Parce que ! » après un « Pourquoi ? ». Sauf qu'il faut que je comprenne avant de m'embarquer là-dedans. Alors, j'insiste :

– On pourrait lui prêter un véhicule de remplacement, proposé-je d'un ton factuel. Ou tu peux lui filer ta bécane.

Le regard agacé de Rob trouve le mien. Il me traite sûrement intérieurement de petit con buté. J'en suis un. N'empêche que j'ai raison.

– Maxine a besoin de récupérer sa moto rapidement pour se mettre au vert loin d'ici.

La force du coup me fait flancher. Alors celle-là, je ne m'y attendais pas ! Dans quoi est-elle fourrée ? Elle est recherchée par la police ? Il paraît que l'habit ne fait pas le moine, et j'étais persuadé que c'était un air qu'elle se donnait pour éloigner les emmerdeurs, mais peut-être qu'elle trempe bel et bien dans des trucs louches. Mon instinct ne m'a pas trompé.

– Si j'ai bien interprété le peu qu'elle m'a confié, elle a eu une grosse dispute avec son père, continue Rob à voix basse. Et elle a besoin de faire profil bas pendant un moment. Alors, elle va rejoindre de la famille à l'ouest de l'État, à la frontière avec le Tennessee. Et pour ça, il lui faut un moyen de transport.

À la manière dont Rob a prononcé le mot « père », les dents serrées et le regard dur, je devine qu'il n'aime pas du tout cet homme, voire qu'il souhaiterait lui refaire le portrait à l'occasion. Forcément, ça amène d'autres questions. Est-ce que c'est un père abusif ? Pour quelles raisons voudrait-on fuir son paternel ? Parce qu'on parle littéralement d'une fuite sous couverture, là.

Mon entêtement à refuser de l'aider depuis le début me décerne tout à coup le titre de roi des connards. C'est exactement ce dont j'ai traité les personnes qui n'ont pas voulu tendre la main à ma sœur quand elle était dans la merde. Je me sens minable.

– OK, je vais le faire.

Il me faut une seconde pour comprendre que c'est moi qui viens de parler. En face de moi, le regard du patron s'adoucit. Il hoche une fois la tête avec un petit sourire, comme pour confirmer que j'ai pris la bonne décision. Et puis si j'aide Troy, la moto sera réparée plus vite, et Max pourra disparaître de ma vie plus rapidement.

Parce que c'est ce que je veux, non ? J'aurai la paix. Pourtant, je me sens autant déçu que soulagé à l'idée qu'elle parte bientôt à sept cents bornes d'ici.

– Il est comment, son hôtel ?

La question, posée à voix basse par Rob, me tire de mes pensées.

– Merdique ? je réponds sans réfléchir.

À la façon dont Rob accuse le coup, ce n'était visiblement pas la réponse qu'il attendait.

– C'est du côté des bars sur Marine Boulevard. L'hôtel ne doit pas être dégueulasse en soi, mais vaut mieux éviter qu'elle se balade toute seule dans le quartier le soir et qu'elle laisse la porte ouverte.

Surtout qu'elle est au rez-de-chaussée. Mais ça, je me garde de le lui dire. Le patron a déjà l'air de vouloir rendre son déjeuner sur son bureau encombré par des papiers.

– Tu y laisserais ta sœur ?

– Sûrement pas ! lâché-je, par réflexe.

– C'est bien ce que je pensais, marmonne Rob. Charlie, ma fille aînée, est rentrée de la fac ce week-end, et elle a repris sa chambre. J'ai proposé à Maxine de s'installer dans la *poolhouse*, mais elle a refusé. Je n'ai pas voulu insister, surtout que ma femme avait l'air soulagée qu'elle parte… Ça m'embête, parce que sa mère et moi étions amis quand on était ado, et je ne crois pas qu'elle serait ravie que je la laisse dans un motel « merdique ». Mais Maxine est adulte, ce n'est pas ma fille, comme elle me l'a bien fait remarquer, et je ne peux rien lui imposer. Ça n'empêche pas de se faire du souci quand même, hein ?

Je ne sais pas quoi lui répondre. En même temps, j'ai l'impression que s'il me balance tout ça à moi, c'est parce que je suis là et qu'il avait besoin d'une oreille compatissante. Mes conseils ne sont pas requis, surtout que je n'en ai pas.

– Ouais, ça semble compliqué…

– Voilà pourquoi j'ai des cheveux gris ! Profites-en tant que t'as pas de gosses !

– Avec un peu de chance, j'échapperai à cet enfer !

Rob rigole, et je l'accompagne, même si au fond, c'est la vérité. Je ne suis pas fait pour la vie de famille et ne le serai jamais. Adopter un chien me semble déjà insurmontable.

CHAPITRE 10

– Parlez-moi de ces rêves.

Je m'éclaircis la voix et m'agite un instant sur le canapé trop mou. Ça ne fait que cinq minutes que je suis là, et j'ai déjà envie de partir. En silence, le docteur Lee m'observe, son stylo à deux centimètres de sa feuille, prêt à noter la moindre connerie qui s'échappera de ma bouche.

– Ça a recommencé la semaine dernière… J'ai fait deux cauchemars, l'habituel et un nouveau… Tout droit sorti des studios !

Il m'adresse un regard sévère par-dessus la monture métallique de ses lunettes.

– Quand vous dites « l'habituel », c'est celui où vous revivez votre blessure en déploiement, c'est bien ça ?

Je dois avoir l'air surpris, car il ajoute aussitôt :

– J'ai fait mes devoirs et relu tout votre dossier.

– Désolé pour ça, doc !

Il a un petit geste qui pourrait aussi bien vouloir dire « Ça ne fait rien » que « J'adore revivre les divagations des désespérés qui défilent dans mon bureau », ou encore « Je me vengerai en vous facturant double tout à l'heure ».

– Oui, celui que je faisais l'année dernière.

– Et le récent ? Il date de quand ?

Je commence alors à raconter mon nouveau cauchemar. Quand j'arrive à la découverte du corps de Lili sur le sol, ma voix se brise. Je suis chez le docteur Lee, en sécurité ; pourtant, dès que j'y repense, l'angoisse me comprime la poitrine d'une main glacée. Je dois me racler la gorge pour aller au bout du récit.

Je laisse quelques secondes au psychologue pour terminer de noter tout ce que je viens de lui révéler. Il finit par relever la tête et planter son regard marron dans le mien.

– C'était quoi, cette émotion qui est remontée en parlant ?

Je prends le temps de peser mes mots, même si c'est compliqué de décrire ce qui se passe en moi.

– Je ne sais pas trop… De la peur, je pense.

– La peur de quoi ?

Je rejoue les images dans ma tête, mais les sensations sont floues, alors je commente à voix haute :

– La peur n'apparaît qu'à partir du moment où je sors du Humvee. Avant, pendant l'accident, c'est surtout de la surprise. Puis, dès que je m'engage dans la fumée sans savoir ce que je vais trouver, mon cœur s'emballe, mais je crois qu'en fait, le pire, c'est quand je découvre le visage de Lili.

– Quand vous vous rendez compte que c'est votre ami qui est décédé.

Son dernier mot me fait sursauter, comme si j'avais pris un coup dans l'estomac.

– Et cette émotion-là, c'était quoi ? enchaîne-t-il.

J'ai du mal à parler, car le poids sur ma poitrine m'empêche de respirer.

– Vous avez peur de perdre votre ami ? insiste à nouveau le docteur.

Je savais que je serais bousculé en venant ici et, pourtant, je reviens toujours. Je dois être masochiste. Parce que même si ses questions me mettent mal à l'aise, que ma gorge me brûle, je réponds :

– Bien sûr ! Moins depuis qu'il est rentré parce que, même s'il ne se passe pas deux semaines entre deux accidents sur une base militaire, il ne risque plus grand-chose.

– Avez-vous peur de le perdre d'une autre façon ? En tant qu'ami, par exemple. Vous êtes-vous disputés ? Éloignés ?

Mon regard s'évade sur le tableau derrière lui. Un voilier qui se balade sur une mer d'un bleu presque fluorescent. En ce moment, c'est là que j'aimerais être. Sur ce bateau, au milieu de l'océan, loin de ce bureau et des questions trop pertinentes de ce psychologue. Je dois me rappeler que je suis ici de mon plein gré, parce que j'en ai marre de vivre avec ce sentiment qui me comprime les poumons. Alors, je me force à prendre une inspiration et à regarder le docteur Lee, qui me détaille en silence. Comme toujours, il attend que je sois prêt à parler.

– Oui, soufflé-je, ma voix réduite au dixième de son volume habituel. Depuis qu'il est revenu, il habite avec ma sœur, et on s'est éloignés.

– Comment ça se traduit ?

Je lui raconte alors tout ce que j'ai vécu ces deux derniers mois : les messages sans réponse, les week-ends seuls, les secrets, l'impression d'être la troisième roue du carrosse.

– Ça me rend fou, parce que je souhaite juste leur bonheur à tous les deux, mais… pas ensemble, je conclus d'un ton amer. Je ne sais pas si ça a du sens. Et je me trouve minable de penser ça des personnes les plus importantes de ma vie. Vous pouvez ajouter « ingrat » et « égoïste » aussi sur votre carnet, dis-je alors qu'il finit d'écrire.

– Pourquoi ?

– Ma sœur a tout sacrifié pour moi, et maintenant, je lui en veux d'être heureuse parce qu'elle n'a plus de temps pour moi ? J'ai l'impression de faire un caprice d'enfant pourri-gâté !

– Pensez-vous que vous ressentiriez la même chose si elle était en couple avec un autre de vos amis ?

La question me prend au dépourvu, et pourtant, la réponse est limpide. Elle s'affiche sous la forme d'un mot en lettres capitales dans mon esprit.

– Non. Vous croyez…

Je déglutis, inspire un grand coup et réessaie :

– Tout ça, c'est uniquement lié à Lili ?

– C'est lui qui apparaît dans vos rêves. Pas votre sœur. Est-ce que vous avez l'impression qu'il vous a abandonné ?

Là encore, la réponse me vient instantanément. Le mot s'échappe de mes lèvres.

– Oui. Mais quand ils m'ont annoncé qu'ils étaient ensemble, ça ne me dérangeait pas. Pourquoi c'est différent, maintenant ?

– À votre avis ?

Bordel, je déteste quand il fait ça !

– Parce qu'à présent, il est cent pour cent collé à elle et qu'il n'a plus de temps pour le pauvre petit Jack qui se retrouve tout seul, déclamé-je d'un ton ironique.

Le docteur Lee affiche un léger sourire indulgent. Ça aussi, c'est un truc que je déteste.

– La solitude, c'est un sentiment que vous éprouvez souvent ?

– Tous les jours.

– Vous en avez parlé à quelqu'un, à part moi ?

– Non…

– Jack, vous êtes très sensible et vous avez tendance à refouler vos émotions parce qu'elles vous submergent. Sauf qu'elles finissent inévitablement par remonter à la surface et qu'elles se transforment alors en tsunami et vous amènent à des actes désespérés. Je suis content que vous soyez revenu me voir avant qu'on en arrive là.

Vous devriez dire à votre ami ce que vous ressentez. Je suis certain qu'il ne se rend pas compte qu'il vous a blessé. Il rentre tout juste d'un séjour de sept mois à l'étranger. Il vient de s'installer avec sa copine. Il est probablement dans une espèce de bulle en ce moment. Vous savez, comme les jeunes mariés en lune de miel. Mais il va en sortir, dans un temps qui dépend de chaque individu, et je suis prêt à parier qu'il vous cherchera à ce moment-là, parce que vous êtes son ami et qu'il n'a sans doute pas cessé de vous aimer ni de penser à vous. C'est quelque chose qu'on voit beaucoup. Et souvent, les personnes qui vivent ça n'ont pas conscience de ce qu'ils infligent à ceux qu'ils écartent de leur vie. Ce sont les premiers surpris de se faire rejeter quand ils finissent par revenir et que les autres sont passés à autre chose.

Ses mots sont étrangement réconfortants, et terriblement justes. Il suffit que je me rappelle l'incompréhension que j'ai lue sur le visage de Lili vendredi soir pour comprendre que le docteur a tapé dans le mille. *Est-ce qu'un jour Lili va vraiment me chercher ?* Mon cœur se met à battre plus vite à cette idée.

D'autant que je sais, au fond de moi, que je ne cesserai jamais de l'attendre. Il est mon ami le plus cher.

– Je ne peux pas passer à autre chose, murmuré-je. Je ne peux pas l'effacer ou le remplacer.

– Vous avez le sentiment que c'est ce qu'il fait ?

– Oui…

– Et ça vous cause de la souffrance ?

– Oui… Il me manque.

Mes yeux se mettent à me brûler, une sorte de soulagement m'envahit. Je suis content que ça soit sorti. Le psychologue acquiesce, comme s'il en avait conscience lui aussi.

– L'isolement, qu'il soit voulu ou subi, n'est pas bon pour vous. C'est là que vous commencez à ressasser. Le changement engendre chez vous beaucoup d'inconfort, mais je pense qu'en ce moment, c'est précisément ce qu'il vous faudrait. Je ne dis pas qu'il faut tout transformer, évidemment, mais commencez par de petites choses, trouvez des façons de vous sentir moins seul et de vous occuper l'esprit. Vous ouvrir à de nouvelles activités, voir de nouvelles personnes, vous faire de nouveaux amis…

– Prendre un chien, marmonné-je.

– Ça pourrait permettre d'éloigner ce sentiment de solitude que vous éprouvez… Qu'est-ce que vous avez dit ?

– J'envisage d'adopter un chien.

– Oui, par exemple ! s'exclame-t-il à ma grande surprise. Je dirais même que vous occuper d'un autre être vivant vous aiderait peut-être à chasser la tristesse et les pensées négatives. Ça pourrait être une solution, si vous en avez les moyens et l'envie. En tout cas, le plus important, c'est de rediriger votre train de pensées. Je vous conseille sincèrement de parler à votre ami et de ne pas mettre votre vie en pause en attendant qu'il revienne vers vous. D'autant qu'il y a de fortes chances que votre dynamique évolue, et c'est peut-être pour le mieux. Vous l'admirez énormément, et si j'osais…

J'opine, les sourcils froncés, pour l'inviter à continuer.

– Je pense que vous l'avez placé sur un piédestal et que vous vous sentez inférieur à lui. Le fait de vous ouvrir à de nouvelles choses pourrait vous permettre de prendre confiance en vous et de rééquilibrer votre relation. D'exister en dehors de lui. D'être vous, Jack, une personne charmante, aimante, qui a beaucoup à apporter aux autres.

Je hoche la tête pour lui montrer que j'ai compris ce qu'il veut dire, même si ça ne va pas être facile de l'admettre. Mais ce qu'il a dit éveille quelque chose en moi. De l'espoir. Si le fait de « m'ouvrir » davantage me rend plus intéressant, peut-être que Lili le remarquera. Si je m'éclate sans lui, ça lui donnera peut-être envie de revenir vers moi plus vite.

La voix du docteur Lee me coupe dans ma réflexion.

– On arrive déjà à la fin de l'heure, et il y a encore beaucoup de choses dont j'aimerais qu'on parle. Si le cœur vous en dit, je vous propose de se revoir une ou deux fois. Qu'en pensez-vous ?

– J'en pense que vous allez finir par passer plus de temps avec moi qu'avec votre femme, doc ! Vous devriez peut-être vous installer chez moi, rigolé-je. J'ai une chambre de libre !

– Ça dépend… vous cuisinez ?

– Les sandwichs, ça compte ?

– Désolé, Jack, dit-il d'un faux ton navré tout en se frottant le ventre. Dans ce cas, j'ai bien peur de devoir refuser… Et puis vous trouverez sans doute bien mieux à faire de cette pièce que de la céder à un vieil homme comme moi.

CHAPITRE 11

Troy écarquille les yeux comme des soucoupes lorsque je me plante à ses côtés dans l'atelier.

– Salut, JJ, besoin de quelque chose ?

– Je vais te filer un coup de main, pour la moto. Rob dit que je peux m'occuper des carénages pendant que tu gères la mécanique.

Le tournevis que mon collègue tenait une seconde plus tôt dans sa main s'écrase au sol dans un bruit métallique, tandis que sa mâchoire se décroche. On a du bol : il n'a pas heurté la bécane car il l'a déposée sur une plateforme hydraulique que je n'avais jamais vue au garage auparavant. Il faut dire qu'on ne s'occupait pas de deux roues, il y a une semaine.

– Tu vas bosser sur la Ducati ? répète Troy, ses yeux gris toujours arrondis de surprise, avant qu'il les plisse et penche la tête légèrement sur le côté. Qu'est-ce qui t'a fait changer d'avis ?

Je rêve ou son ton est devenu suspicieux ? Et il s'est figé sur place. On dirait un chien prêt à attaquer pour protéger son os.

– J'ai fini mon dernier projet. C'est toi qui restes le mécano principal. Moi, je suis juste là pour exécuter tes consignes. Enfin, si tu veux de mon aide…

Mon collègue me scrute encore une bonne seconde avant de se détendre. J'ai dû réussir l'examen. Quelque part, je suis sûr qu'il est content de pouvoir me commander, ce petit con.

– OK. On ira plus vite à deux.

Puisque je viens d'obtenir l'autorisation d'approcher la moto, je peux enfin explorer la bête. Je suppose que Troy l'a déjà pas mal démantelée et que la mécanique n'est pas censée être aussi apparente. Il doit manquer des protections, des caches, des fioritures. Actuellement, il n'y a même pas de selle ni de réservoir, juste un gros trou duquel dépassent des câbles et les pièces du moteur. Pourtant, l'engin reste impressionnant. En l'observant, un frisson d'excitation me parcourt. Ça m'arrive à chaque fois que j'attaque un projet, mais là, c'est plus intense. Peut-être parce que c'est différent. Le docteur Lee avait sans doute raison.

Au bout de quelques secondes, je reporte mon attention sur Troy et lui adresse un petit hochement de tête pour lui signifier que je suis prêt.

– On a plusieurs problèmes. C'est à la fois une moto accidentée et mal entretenue. Du coup, y'a des pièces cassées ou amochées, et d'autres rouillées ou grippées. Les dégâts sont plus importants de l'autre côté.

Je me déplace autour de la bécane tandis que Troy continue.

– Je suppose que la conductrice a glissé et que ça a arraché tout ce qui dépassait à gauche : poignée, repose-pied, rétro, clignotant… Le phare était cassé, le réservoir et le carter sont abîmés…

Il a déjà dû déblayer le plus gros, parce qu'effectivement, je n'aperçois que quelques rayures ici et là sur le cadre et la fourche.

– Le truc, c'est qu'ils l'ont laissée en l'état. Aucune réparation n'a été faite, déplore mon collègue dans un soupir. Ils ont dû la parquer sous un appentis et une bâche, et c'est nous qui la récupérons.

Je lâche un petit rire désabusé, car c'est ce à quoi je suis confronté tous les jours. Et encore, ils ont été sympas : ils l'ont couverte !

Je suis presque sûr que Max n'apprécierait pas le ton méprisant de mon collègue. Machinalement, je scanne le garage à sa recherche, mais il n'y a que Jarvis, un peu plus loin, en train de changer les pneus d'un pick-up bleu. Un sentiment très proche de la déception me parcourt brièvement. Qu'est-ce qu'elle fera quand elle me verra travailler sur son bébé ?

La voix de Troy me sort de mes pensées.

– Et on ne peut pas simplement tout remplacer. Déjà, parce que la M750 a été commercialisée fin des années 1990, début des années 2000, et aussi parce qu'on doit faire gaffe au budget. La bonne nouvelle, c'est que c'est ce qu'on appelle une

Young Timer : c'est un modèle ancien, mais pas trop, donc on peut encore trouver des pièces de rechange d'occasion assez facilement.

– Tu veux que je passe un coup de fil à la casse ?

Troy refuse ma proposition d'un mouvement de la main.

– Pas besoin. J'ai terminé l'inventaire et fait marcher mes contacts.

Il a l'air tellement fier que je retiens mon sourire en me mordant la lèvre inférieure. Je parie qu'il a souvent rêvé de me la sortir, celle-là ! C'est de bonne guerre. Je suis le dernier arrivé au garage, et c'est moi qui ai récupéré les projets avec le plus de challenge. Le fait que Rob m'ait engagé spécifiquement pour cette compétence et ma polyvalence n'entre sans doute pas en ligne de compte aux yeux de mes collègues.

– J'ai trouvé la plupart des pièces via mon réseau et sur eBay. Le truc, c'est qu'une bonne majorité vient d'Italie, donc à l'heure actuelle, je n'ai quasiment rien réceptionné.

– Du coup, on fait quoi en attendant ?

La façon dont Troy se redresse avant de me donner des ordres me rappelle mon caporal quand je n'étais encore que *Lance Corporal* chez les Marines. Il était plus petit que la moyenne et, à chaque fois qu'il avait quelque chose à nous dire, il se campait fièrement devant nous pour brailler ses consignes. Un autre *Motor T* avait affirmé qu'il se mettait sur ses demi-pointes. Je ne l'ai jamais remarqué parce que je m'appliquais à scruter un point droit devant moi, à côté de sa tempe, pour ne pas éclater de rire.

Troy mesure environ cinq centimètres de moins que moi et est plus chétif. Peut-être qu'il a le même genre de complexe d'infériorité. Je ne bronche pas pour ne pas le vexer mais, intérieurement, je me marre.

– La priorité, c'est de faire redémarrer le moteur, affirme-t-il. J'ai déjà tout dégagé mais, pour l'instant, je n'ai rien pu tester parce qu'il me manque le kit pour les carburateurs. Je vais continuer à nettoyer ce que je peux en attendant, et toi, tu t'occupes du réservoir.

Il s'approche de l'établi et saisit la pièce, d'un noir mat, ornée d'un logo Ducati blanc. Quand il l'agite pour me faire écouter le bruit, on dirait qu'il remue une boîte de céréales.

– Je l'ai déjà vidangé et dégraissé, mais t'entends ? Il reste sans doute de la rouille.

Je grimace machinalement. Si on laisse de la corrosion, ça risque de passer dans le moteur et de le fusiller.

– Faudrait le traiter, et il y a du boulot de carrosserie aussi, dit-il en le retournant.

Je m'approche d'un pas, mais le problème est évident : la peinture noire présente de nombreuses rayures, sûrement provoquées par des gravillons, et la tôle est enfoncée, comme si on avait creusé dedans avec un objet rond.

– Trace de genou, explique Troy avec une moue embarrassée.

Le genou de la mère de Max, qui s'est encastré dans le réservoir quand elle a glissé avec sa moto dans l'accident qui lui a coûté la vie.

– Putain… soufflé-je. Je m'en occupe.

Je m'apprête à rejoindre mon coin du garage lorsque je me rappelle les paroles du psy. Je dois expérimenter de nouvelles habitudes. Je repose la pièce sur un établi près de celui de Troy et vais chercher mon kit de dérouillage. Quand je m'installe à côté de lui, mon collègue me jette un regard étonné. Je me contente de lui sourire avant de me mettre au boulot.

Le silence – enfin, autant que peut l'être un atelier de mécanique, avec le cliquètement de tournevis et les beuglements de Jarvis qui chante – ne me dérange pas, mais je sens souvent peser sur moi l'incrédulité de Troy.

– Je ne savais pas que tu t'y connaissais en moto, commencé-je en glissant des boulons dans le réservoir.

Il se passe une bonne seconde avant qu'il s'éclaircisse la voix.

– Je ne suis pas un pro mais je roule, et mes potes aussi, alors on s'entraide pour faire l'entretien. Je me suis payé un Sportster d'occasion en super état pour quatre mille dollars, il y a deux ans.

Vu son sourire fier, il a dû faire une sacrée affaire.

Je suis en train de remplir le réservoir avec un mélange de produit antirouille et d'eau quand le grondement d'un moteur puissant se fait entendre sur le parking. Comme on laisse les portes de l'atelier grandes ouvertes à cause de la chaleur, je n'ai qu'à tourner la tête vers l'extérieur pour voir passer une moto noire et rouge.

Le garage se transforme en repère de bikers, maintenant… T'en acceptes une, et tout le reste rapplique.

Je comprends mon erreur quand le pilote retire son casque après s'être garé. De longs cheveux sombres dévalent dans son dos, et je reconnais ces jambes interminables, surmontées de ce cul rond absolument irrésistible.

On dirait que Max Turner a de nouveau récupéré la bécane du patron, et que ça la rend encore plus sexy.

D'un coup, j'ai la gorge aussi sèche que le désert afghan.

Troy finit par remarquer la direction de mon regard.

– J'ai entendu hier que Rob a prêté sa moto à Max, mais elle a toujours besoin qu'on répare celle-là.

Mon collègue a visiblement mal interprété mon expression, et tant mieux. Je n'ai pas envie qu'il répète à Max que j'étais en train de la mater. Mais putain, qu'est-ce que c'est difficile de s'en empêcher alors qu'elle avance vers nous tout en descendant la fermeture Éclair de son blouson et que le vent joue avec ses cheveux longs. On dirait une scène de film, avec l'héroïne qui évolue au ralenti, d'une démarche sensuelle. Dans une tentative complètement désespérée de ne pas me faire repérer, je reporte mon attention sur le réservoir et commence à le secouer pour décoller la rouille au moment où Max s'approche de Troy. Elle est tout près, car je ressens sa présence sous la forme d'un picotement sur tout le côté droit de mon corps.

– Bonjour, Max, déclame ce bouffon comme si c'était le meilleur moment de sa journée.

– Salut, Troy. Des nouvelles des colis ?

– Non, ma bel…

Il s'interrompt brusquement dans un gargouillement qui laisse penser qu'il vient de s'étouffer avec sa salive. J'ai envie de sourire mais je reste concentré sur la pièce que j'ai dans les mains comme si c'était le plus bel objet au monde. Je ne vois rien, je n'entends rien et, surtout, je ne me fous pas de la gueule de mon collègue qui a dû se prendre un regard assassin.

« Ma belle ».

Il cherche les emmerdes, lui aussi…

– Euh, je veux dire, non, je n'ai encore rien reçu, Max. Mais la journée n'est pas finie !

– Ouais… Salut, Jack.

Impossible de continuer à l'ignorer. Je tourne la tête vers la droite et surprends son regard interrogateur posé sur l'objet entre mes mains.

– Salut, Max…

– Attends, c'est mon…

– Le réservoir de ta moto, ouais, complété-je sans parvenir à dissimuler totalement mon amusement.

Rob n'a pas dû lui annoncer la nouvelle. C'en est d'autant plus drôle.

– Qu'est-ce que tu fais ? demande-t-elle d'un ton soupçonneux en s'approchant de moi.

Elle n'est plus qu'à dix centimètres de mon flanc, entre Troy et moi, quand je consens à la regarder. Ses yeux sombres plongent dans les miens, comme si elle cherchait à connaître tous mes secrets, et son parfum lourd envahit mes narines. Putain, ce qu'elle sent bon…

Je résiste à l'envie de me pencher pour respirer ses cheveux ; à la place, je hausse bêtement les épaules.

– Bah tu vois bien, je m'occupe du dérouillage. Là, je le secoue pour décoller la corrosi…

– Tu bosses sur ma moto, maintenant ? me coupe-t-elle, incrédule.

– Depuis ce matin. J'assiste Troy sur tout ce qui ne concerne pas la mécanique.

Derrière elle, je repère du coin de l'œil mon collègue sourire fièrement, sans doute parce que j'ai employé le verbe « assister ». Ça me donne envie de rire, mais face à Max, ce n'est pas une bonne idée, alors je préfère me mordre la lèvre pour m'en empêcher.

– T'as changé d'avis ? bafouille-t-elle d'un ton incertain, entre la question et l'affirmation.

– Y'a que les cons qui ne changent pas d'avis, non ?

Elle ouvre sa jolie bouche pour dire quelque chose, mais un mouvement dans mon dos retient son attention. C'est Rob qui vient de débarquer dans l'atelier.

– Bonjour, Maxine !

– Bonjour, *Robert*, réplique-t-elle d'une voix mordante tout en lui jetant un regard noir.

– Oh ! oui, *Max* ! Tu peux t'installer dans mon bureau, si tu veux. Il est libre.

– À plus.

J'ai l'impression qu'elle a dit ça pour nous tous, mais c'est moi qu'elle observe en s'éloignant vers le fond du garage.

CHAPITRE 12

En fin de journée, je plonge mon regard dans une paire d'yeux ambrés et ronds comme des billes.

– Allez, mon pote, grimpe là-dedans.

Pour toute réponse à mon geste vers la banquette arrière de la Porsche, le berger allemand tourne la tête en direction de la voiture puis m'observe à nouveau en émettant un faible gémissement.

Je soupire en implorant le ciel couvert de Caroline du Nord. *Merde, je me suis peut-être un peu emporté en prenant un animal...* Quoi qu'en dise le psy, je ne suis pas fait pour tout ça : je n'arrive même pas à faire entrer mon chien dans la voiture cinq minutes après l'avoir adopté !

Mais quand je reporte mon regard sur lui, son malaise évident déchire quelque chose à l'intérieur de ma poitrine. Il a l'air heureux d'être enfin sorti du refuge, si j'en crois sa queue qui remue frénétiquement, mais il n'ose pas monter dans ma caisse. Ça se devine aux coups d'œil anxieux qu'il donne à Pamela.

Et là, juste comme ça, je comprends. J'ai envie de me frapper le front tellement c'est évident, mais je me retiens pour ne pas effrayer cet animal déjà bien trop traumatisé.

Je me penche à sa hauteur et le caresse doucement sur le cou. Il me laisse faire, comme ce midi quand je suis revenu pour le promener autour du refuge. Ma gorge se serre sur une boule d'émotion face à cette preuve de confiance.

– Écoute, Loki. Ton précédent maître était un connard, et la dernière fois que t'as pris la voiture, il t'a abandonné ici, et c'est dégueulasse. Mais si je te demande d'entrer dans la mienne, c'est pour te ramener chez moi. Enfin, chez nous, maintenant. Tu verras, c'est pas un palace, et t'auras pas accès à un jardin, mais on sera bien, tous les deux. À condition que tu grimpes là-dedans. Et puis, franchement, tu crois que beaucoup de chiens sont montés à l'arrière d'une beauté comme celle-là ? Tu imagines la classe que tu auras ? Juste pour ça, ça vaut le coup de tester, non ?

De mon autre main, je désigne le sol entre la banquette et les sièges avant.

– Allez, Loki, grimpe.

Un dernier regard, et le berger avance avec hésitation vers Pamela. Il met une patte à l'intérieur, puis une deuxième, et se retourne vers moi. Je l'encourage d'un sourire qui doit être convaincant puisqu'il finit par monter dans le véhicule. Il renifle la banquette et les sièges.

– C’est bien, mon pote ! Allez, couché.

Il me lance un dernier coup d’œil indécis avant de s’allonger sur le sol et de déposer sa tête sur ses pattes.

Le trajet se fait calmement. Je me force à ne pas trop faire gronder le moteur et à conduire doucement pour ne pas brusquer mon nouveau compagnon. Quand on arrive devant l’immeuble et que je coupe le contact, il se rassoit et commence à observer avec attention autour de lui.

– Ouais, c’est ta nouvelle maison ! dis-je en farfouillant dans le sac où j’ai rangé la laisse que j’ai achetée au refuge.

Je sors, bouge mon siège et accroche la longe dans la boucle du harnais que la soigneuse m’a aidé à mettre sur mon chien.

Mon chien, putain…

Je vais devoir m’y habituer, même si je sais déjà en observant Loki descendre prudemment de la voiture que lui et moi, ça sera jusqu’à ce que la mort nous sépare. Je ne suis sans doute pas prêt à faire une telle promesse à une femme – et je ne le serai peut-être même jamais – mais avec Loki, je n’ai aucun doute. Quand je regarde au fond de ses yeux, je comprends. Je perçois sa peine comme si c’était la mienne. On ne m’a pas jeté comme une vieille chaussette, mais je sais ce que ça fait de se sentir seul au monde.

Sauf que maintenant, on est deux.

Il nous faut de longues minutes pour atteindre l'appartement, car Loki a besoin de tout renifler sur son passage. En tout cas, rien ne pouvait me préparer à la surprise qui m'attendait quand j'ai ouvert la porte. L'émotion me serre à nouveau la gorge. Contre le comptoir de la cuisine se trouvent un énorme paquet de croquettes et un panier pour chien. Je n'ai pas trop de doute sur l'identité de notre bienfaitrice, mais s'il restait la moindre hésitation, elle disparaît quand je m'approche du bar et découvre une gamelle en aluminium, un paquet d'os à mâcher et un post-it sur lequel il est noté d'une écriture ronde « Bienvenue, Loki ! Jack, les croquettes sont pour le chien !!! ».

Je soupire alors qu'un petit sourire étire mes lèvres. Chiara se moquera de cet épisode jusqu'à ma mort. Quand j'avais sept ans, je faisais semblant d'être un labrador pour jouer avec le chien de notre voisine, et un jour, il se pourrait que j'aie goûté sa bouffe…

L'agacement s'efface quand je cherche celui qui a droit à cet accueil en fanfare et que je le découvre assis dans l'entrée, les yeux balayant l'espace autour de lui d'une manière inquiète et curieuse.

– Viens, Loki ! m'exclamé-je gentiment.

Il s'avance, lentement, comme si le sol était fait de lave, et quand il est à portée de bras, je lui flatte doucement le flanc.

– C'est bien, mon pote. C'est chez toi, ici. Tu peux explorer autant que tu veux.

Dans la demi-heure qui suit, nous faisons ensemble le tour de l'appart, puis je l'emmène faire une balade autour de la résidence.

Je dîne au comptoir de la cuisine, avec le regard pesant de Loki sur moi. Il a grignoté quelques croquettes avec prudence dans la gamelle flambant neuve que je lui ai posée à l'angle du bar puis s'est assis sur ses pattes arrière à deux bons mètres, et depuis, il ne m'a pas quitté des yeux, sauf pour scruter brièvement mon sandwich. Je lui propose un morceau de jambon, qu'il accepte prudemment, puis il se rassoit à bonne distance, en se léchant pourtant les babines comme s'il mourait d'envie d'en réclamer encore sans en avoir le droit.

Ce salopard de Livingstone a tellement bousillé cet animal ! Si je l'avais devant moi, sa propre mère ne pourrait pas le reconnaître, après que j'aie fini de lui régler son compte.

Après le repas, je m'installe devant la télé pour jouer à la console et j'ai la surprise de voir Loki s'approcher sur le tapis. Il s'allonge lentement à côté du fauteuil, là où il peut m'observer, tout en restant loin. Il ne lui faut que quelques minutes pour fermer les yeux et se détendre.

Et, bizarrement, même s'il ne fait que dormir à un mètre de moi, je me sens déjà moins seul. Alors, je me perds dans mon jeu. C'est le coup sur la porte qui me fait sursauter et lâcher ma manette, tandis que Loki bondit sur ses pattes et scrute le battant en émettant un faible grondement.

Je me lève et suis si surpris de découvrir Lili dans le couloir que je dis n'importe quoi.

– Tu t'es perdu ?

Alors que Lili cille légèrement, je prends conscience que mes paroles sont sorties méchamment et je m'en veux. La culpabilité me laisse un goût amer sur la langue.

– Tu as besoin de quelque chose ? me corrigé-je plus gentiment, même si l'étonnement de le voir là s'entend clairement dans ma voix.

Je ne pensais pas le trouver sur le pas de ma porte, surtout que Chiara a répondu « De rien, on vous laisse vous acclimater » lorsque je l'ai remerciée pour le matériel et les croquettes.

Les yeux marron de Lili quittent brièvement les miens pour se perdre derrière moi, puis il me dévisage à nouveau.

– Je voulais rencontrer la bête, mais si c'est pas le bon moment, je repasserai…

– Non, y'a pas de problème… Entre.

Je me décale, et après un dernier regard prudent vers moi, Lili s'avance.

– Voici Loki.

Le berger allemand se tient à côté du comptoir, sur ses quatre pattes et les yeux rivés sur le nouvel arrivant, sans doute pour évaluer la menace. Quand Lili s'approche, un grognement bas lui échappe, et je me rappelle les informations que m'a données

Chiara. Avec ses cheveux courts et sa haute silhouette musclée, Lili doit douloureusement lui évoquer son enfoiré d'ancien maître.

– Penche-toi, dis-je calmement.

Sans discuter, Lili se baisse lentement sans quitter du regard l'animal, qui continue à gronder de plus en plus fort.

– Il est impressionnant, murmure-t-il.

– Ouais, et il rêve de bouffer du Marine.

– Ce trou du cul de Livingstone…

J'acquiesce même s'il ne me regarde pas. Chiara a dû le mettre au courant.

Après avoir refermé la porte sans un bruit, je m'avance délicatement vers les deux êtres qui se jaugent. Je dépasse mon pote pour m'arrêter près d'un tabouret de bar.

– Loki, viens, commandé-je doucement mais fermement.

Au bout de quelques secondes d'hésitation, il finit par obéir à mon ordre et s'assoit à deux lames de parquet de distance. Ses yeux ne quittent plus l'inconnu qui a osé troubler notre soirée, mais il a au moins arrêté de gronder. Je le caresserais bien pour le rassurer, si je ne craignais pas de mettre mes doigts en danger. J'ai besoin de mes deux mains intactes pour bosser.

– Loki, voici Lili. C'est mon, euh… ami.

Mon hésitation entre le mot « ami » et « beau-frère » a duré une microseconde. Même si ce n'est pas encore le cas, je sais que ce n'est qu'une question de temps. Dire « le copain de ma sœur » aurait été plus exact, mais un chien ne fait de toute façon pas la distinction. En tout cas, Lili a entendu mon incertitude. Ses poings se sont serrés le long de ses cuisses, et son visage s'est renfrogné. Ça ne dure qu'une seconde avant qu'il retrouve une expression neutre, celle qui cache toutes ses pensées, sauf pour celles et ceux qui savent les déchiffrer. Là, par exemple, à la crispation de ses épaules, je devine qu'il est confus et déçu. Ce n'était pas mon intention, et maintenant, je me sens encore plus mal.

Bien joué, crétin.

Je reprends la parole dans un silence tendu :

– Loki, tu n'as rien à craindre de Lili. Il ne te fera jamais de mal. D'ailleurs, il préférerait sûrement qu'on aille casser la gueule de tes anciens bipèdes !

– Je t'aiderais même à enterrer le cadavre de ce connard, confirme Lili d'une voix pleine d'animosité.

– Tu vois, Loki, on couvre tes arrières ! Tu fais partie de la famille, maintenant.

Le chien délaisse Lili pour plonger son regard si intelligent dans le mien, comme s'il voulait s'assurer que je lui raconte bien la vérité. Je lui souris en retour, en priant pour qu'il me fasse confiance, mais Loki finit par reprendre son observation du trouble-fête.

Comme je sens que ça va durer un moment, je m'assois sur le tabouret le plus proche, et Lili m'imite en s'appuyant sur le dossier du fauteuil.

Cela confirme ce que je soupçonnais. Il n'est pas vraiment là pour Loki – enfin, *pas seulement*. Ses yeux sont dirigés vers le berger mais ils ne le voient pas. Lili réfléchit, et mon chien n'est pas au cœur de sa réflexion.

Comme pour me donner tort, Lili se racle la gorge.

– Je ne pensais pas que t'étais aussi sérieux avec cette idée d'adoption. Je veux dire, tu l'as mentionné vendredi, et quatre jours après, il y a un chien chez toi.

Je hausse les épaules. Je n'ai pas envie d'évoquer ma séance chez le psychologue car je devrais lui révéler la raison pour laquelle j'y suis allé en premier lieu, et ça ne ferait que l'inquiéter. J'ai la nausée rien qu'en pensant aux regards déçus et réprobateurs, presque paternels, qu'il avait posés sur moi après mon « accident ». Malgré tout, je ne peux manquer la note d'amertume dans son ton, comme s'il pensait que j'avais envisagé depuis longtemps de prendre un animal et que je le lui avais volontairement caché.

– Ça s'est juste fait comme ça. Tu connais ma sœur. Ça a dû être la première chose qu'elle a faite hier matin, en arrivant au refuge. Elle ne t'a pas dit qu'elle m'a demandé d'y passer le midi pour me présenter Loki ?

Lili secoue la tête, les yeux emplis de ressentiment.

– J'ai juste craqué devant sa bouille et son histoire. J'y suis retourné ce midi pour le promener un peu et je sais pas, j'ai rappelé dans l'aprèm. Parfois, ça ne s'explique pas…

Mon ami acquiesce, comme s'il comprenait ce que je voulais dire, mais des questions semblent se bousculer dans son regard. J'ignore quoi ajouter alors je me tais dans un silence qui se prolonge jusqu'à ce que l'arête du comptoir dans mon dos devienne vraiment inconfortable. Lorsque je remue pour trouver une meilleure position, le regard de Lili quitte le chien pour se diriger vers le canapé, comme s'il envisageait d'aller s'y installer. La manette de la console est toujours sur le coussin, là où je l'ai laissée avant d'aller lui ouvrir la porte.

– T'étais en train de jouer ? dit-il d'une voix rauque.

– Ouais. Au dernier Zelda.

Une lueur intéressée s'allume dans son regard quand il reporte son attention sur moi. Les mots sortent tous seuls de ma bouche :

– Tu veux essayer ?

Lili acquiesce avec un sourire sincère en se levant. Je l'imite, bien que j'aie l'impression que quelque chose de bizarre plane dans l'atmosphère. Avec mes insomnies de l'année dernière, j'ai pris l'habitude d'aller me coucher tard et de dormir peu. Lili, par contre, se couche toujours relativement tôt en semaine. Il n'est pas du genre à vouloir jouer à la console après 22 heures…

La bulle de béatitude dont parlait le docteur aurait-elle déjà éclaté ?

Putain, si c'est le cas, je vais commencer à me demander s'il ne serait pas un peu voyant, et faire gaffe à tout ce qu'il dit…

Lili est assis sur le canapé quand je le rejoins. Sur l'écran, un énorme « *Game over* » rouge s'affiche. J'étais tellement surpris de recevoir de la visite que j'ai dû oublier de mettre le jeu en pause et me faire tuer pendant qu'on réchauffait le parquet en observant Loki. D'ailleurs, celui-ci m'emboîte le pas prudemment et finit par se coucher sur le tapis, près du fauteuil, à la place où il était tout à l'heure.

Je relance le jeu, montre rapidement les commandes à Lili et lui tends la manette. Durant les minutes qui suivent, nous ne faisons que parler du jeu. Je lui donne les instructions, et une fois qu'il a complété une quête, il me repasse la manette.

– Il est pas mal.

On dirait qu'il ne le pense pas vraiment, car sa voix sonne creux. Il y a à peine quelques mois, notre relation était fluide. Ça coulait de source. Je commençais une pensée, il la finissait. Parfois, on n'avait même pas besoin de parler, un coup d'œil nous suffisait pour communiquer. Comment en est-on arrivés là ?

Un élan de courage me pousse à poser la question qui me brûle les lèvres depuis tout à l'heure :

– Et si tu me disais vraiment pourquoi t'es monté ce soir ?

Il écarquille les yeux de surprise puis fronce les sourcils. Il n'est pas si difficile à déchiffrer qu'il le pense ; en tout cas, pas pour moi.

Il prend une grande inspiration, comme pour rassembler ses esprits, avant de répondre.

– Ta sœur… Elle a commencé à fouiller Craigslist[10] en long, en large et en travers pour un meuble à la con… Et elle voulait mon avis à chaque annonce. Mais qu'est-ce que j'en ai à foutre, moi ? Une chaise, c'est une chaise, putain ! Alors, j'ai prétexté une envie *irrépressible* de rencontrer Loki.

Je sais à quel point Chiara peut être bornée et insupportable quand elle a une idée en tête. Je le plains, parce qu'il vit avec elle et qu'il doit s'en accommoder au quotidien. Mais, merde, c'est lui qui l'a choisie… J'essaie de réprimer mon fou rire ; vraiment, je fais de mon mieux. Je commence à pouffer doucement en serrant les lèvres, mais ça monte en moi, et à un moment, j'explose de rire.

– Ouais, marre-toi ! balance Lili d'un ton amer en ponctuant sa remarque d'un coup de poing léger sur mon bras.

Du coin de l'œil, je remarque que Loki s'est levé et scrute maintenant Lili avec insistance. Il me faut une bonne seconde pour comprendre que mon chien essaie d'interpréter le geste de mon ami. Menace ou pas ? Est-ce qu'il me défendrait, si c'était le cas ? Bizarrement, je prends ça comme un signe

10. Équivalent du site *Leboncoin*.

qu'une relation de confiance est en train de se créer entre nous, et la joie inonde ma poitrine. Je finis par rigoler :

– Me frappe pas, sinon mon chien va te bouffer.

Lili risque un regard vers le berger et lève les mains en guise d'excuse.

– Désolé, Loki, je ne toucherai plus ton maître. Putain, quand je pense que t'as adopté un chien…

Quand je peux reprendre mon souffle, j'essuie le dessous de mes cils humides.

– T'as pas besoin d'excuses pour venir. Et s'il te faut une échappatoire, envoie-moi un message et je ferai semblant d'exiger ta présence.

Il me sourit en retour, et c'est comme si on enlevait un poids de ma poitrine.

– D'ailleurs, on ne devait pas se caler le circuit, ce week-end ? me rappelle-t-il. J'ai besoin de deux jours entre mecs.

Il a à peine fini sa phrase que je suis déjà debout afin de récupérer mon ordinateur. Nous passons les trente minutes suivantes à réserver le créneau puis à chercher un hôtel sur place.

Alors qu'on a largement dépassé son heure habituelle de coucher et qu'il est sur le point de partir, j'ai soudainement envie de lui confier un truc, quelque chose qui va le faire jubiler.

– Au fait, j'ai commencé à bosser sur la moto…

Il est en train d'enfiler ses baskets, mais le sourire qu'il m'adresse vaut bien dix mille volts.

– J'en étais sûr ! Qu'est-ce qui t'a décidé ?

J'enfonce mes mains dans les poches de mon short en haussant les épaules, le temps de réfléchir.

– Je sais pas. La nouveauté ? lancé-je sans conviction. Rob y tenait vraiment. Mais je ne fais que du débosselage, du nettoyage, de la peinture, des trucs comme ça. Troy s'occupe de toute la mécanique, et c'est lui qui chapeaute le projet.

Lili m'adresse un regard incrédule, probablement pour illustrer ce qu'il pense de mon collègue. Puis une lueur joyeuse s'allume dans ses pupilles, et je sais qu'il va me charrier dans la seconde.

– Et la motarde, tu commences à la travailler quand ?

– Jamais.

La rapidité de ma réponse lui fait lever les sourcils et écarquiller les yeux.

Max Turner est sexy, et il ne fait aucun doute que je suis attiré par elle. Je ne peux pas nier les réactions qu'a mon corps quand elle est dans les parages – mon cœur bat plus vite, mes yeux la suivent où qu'elle aille, ma respiration s'accélère, ma bouche s'assèche – mais je ne peux pas non plus oublier tout le reste. C'est ce qui fait que je ne tenterai rien avec elle.

– Elle va se barrer à l'autre bout de l'État dès que les réparations seront terminées, expliqué-je posément. C'est une femme compliquée, et pour couronner le tout, elle ne m'aime pas beaucoup. Je vais pas m'emmerder la vie pour un plan cul. En plus, j'en ai déjà un qui marche bien.

Mes arguments doivent avoir du sens, car Lili opine. Depuis qu'on se connaît, j'ai toujours préféré voir régulièrement la même fille, sans m'engager dans une relation sérieuse pour autant, aux coups d'un soir. Max Turner n'entrera jamais dans ce schéma.

– Comme tu veux, mec. Loki, content de t'avoir rencontré. Prends bien soin de ton maître. Et toi, on se voit vite, affirme-t-il en me désignant de l'index comme s'il me menaçait.

Quand la porte se referme, je la scrute plusieurs secondes sans bouger en pensant aux événements de la journée. Ça devait être un mardi banal dans la vie ordinaire de Jack Johnson, mais finalement, je suis sorti du bureau du psychologue avec une liste de choses à faire, j'ai commencé à bricoler une bécane, j'ai adopté un chien, et ma relation avec mon meilleur ami semble enfin se remettre sur les rails.

Pas mal. J'ai hâte de voir ce que demain me réserve.

CHAPITRE 13

Après avoir ouvert les yeux sur la pâle lueur de l'aube, je m'étire. Soudain, un bruit, comme un craquement d'os, attire mon attention au bord du matelas. Un instant plus tard, un museau surmonté d'oreilles triangulaires apparaît dans mon champ de vision. Loki pose précautionneusement sa gueule sur le lit, comme s'il souhaitait déterminer ma réaction. Un sourire s'épanouit sur mes lèvres.

– Bonjour, mon pote ! T'as pioncé sur la moquette ?

Ça me met en joie parce que, petit à petit, je gagne sa confiance. Chaque pas dans la bonne direction a un goût de victoire olympique.

Je me lève et enfile ma tenue de sport sous le regard de Loki qui détaille le moindre de mes mouvements. Il finit par me suivre dans l'entrée et m'observe tandis que je lace mes baskets. Puis son expression s'éclaire lorsque j'attrape son harnais et la laisse.

– Ça te dit de courir un peu ?

Le rythme frénétique auquel sa queue fend l'air vaut toutes les réponses du monde. Nous voilà donc partis pour un petit tour d'une heure, même si Loki parcourt une distance bien plus importante que moi puisqu'il a la fâcheuse tendance de sprinter devant moi et de revenir sur ses pas pour me rejoindre.

Après une douche et un petit-déjeuner, je m'assure que Loki a de l'eau et des croquettes en quantité. Je me dirige vers la porte d'entrée, et instinctivement, il me suit dans le couloir et s'arrête sous le portemanteau pour regarder son harnais.

– Tu ne peux pas venir avec moi, je vais au boulot. Mais je reviens à midi pour te sortir. En attendant, repose-toi, amuse-toi avec ta balle, ajouté-je en montrant le jouet rouge pétant à côté du panier qu'il n'a pas encore utilisé. On se revoit tout à l'heure.

Quand je referme la porte sur lui, j'ai un pincement au cœur devant son expression triste.

***

Alors que j'inspecte le cadre de la Ducati en me demandant comment je vais m'y prendre pour retirer toute la rouille et les rayures, mon téléphone vibre dans ma poche. Ce ne sont pas les numéros de la casse ou d'un client qui s'affichent sur l'écran mais le nom de ma résidence. Je décroche en fronçant les sourcils.

– Monsieur Johnson, c'est le concierge. Je suis désolé, mais vos voisins nous ont appelés pour signaler du bruit dans votre appartement. Pouvez-vous venir ?

Je soupire en laissant tomber ma tête vers l'arrière.

– Ouais… Je serai là dans quinze minutes.

Qu'est-ce que Loki a foutu ? Dans quel état vais-je retrouver mon appartement ?

Et, plus important encore : qu'est-ce que je vais faire ? Si je ne peux pas le laisser à la maison quand je bosse, où vais-je le mettre ?

Je me sens tout à coup con de ne pas y avoir pensé avant. Ça me conforte dans l'idée que je ne suis pas fait pour les décisions impulsives, et encore moins pour prendre soin d'un autre être vivant que moi. Malgré tout ça, il est hors de question que je le ramène au refuge. On n'est une équipe que depuis hier, mais je me suis déjà attaché à lui. En plus, je lui ai promis qu'il ne foutrait plus les pattes là-bas.

Réfléchis, Jack !

Une solution se dessine dans mon esprit en observant l'atelier autour de moi, mais j'ai besoin de l'autorisation du patron avant de prendre une énième décision spontanée.

Au fur et à mesure que je m'approche du bureau de Rob, je distingue deux voix engagées dans une discussion houleuse qui me parvient par bribes.

– … ne peux pas rester là-bas…

– … irai où ? …

– … *poolhouse* ! … déjà proposé !

– Lauren… tellement contente ! … temporaire…

Je finis par les apercevoir à travers la paroi vitrée du box. Max, installée dans un des fauteuils destinés aux clients, a les bras croisés sur sa poitrine et secoue la tête comme si ce que Rob lui disait depuis l'autre côté du bureau la faisait profondément chier. Je ne peux pas voir son visage, mais celui du patron est écarlate. Ouais, *ça chauffe*.

– Écoute, Max, majeure ou pas, responsable de toi ou non, je ne te laisserai pas dormir dans cet endroit plus longtemps, crie Rob à voix basse alors que je suis sur le seuil de la porte. Combien de fois tu vas m'appeler au milieu de la nuit parce qu'un groupe de motards t'a réveillée en sursaut ?

– Je me suis plantée, ça arrive, non ? Il n'y a pas de chapitres[11] affiliés ici, je ne crains rien. C'était juste une bande de cons qui faisaient ronfler leurs moteurs.

– Ah bon ? Alors, pourquoi tu as flippé ? Tu n'es pas en sécurité dans un endroit comme celui-là ! Ce n'est qu'une question de jours avant qu'il t'y retrouve, et tu le sais !

Je devrais retourner dans le garage, m'éloigner au maximum de cette conversation qui ne me concerne pas, même si je meurs d'envie d'en savoir plus. Mais je n'ai pas le choix, il faut que je passe chez moi et trouve une solution. Alors, je profite du fait que Max ne réplique rien pour m'approcher

11. Les chapitres sont des divisions locales d'un club de bikers.

davantage de la porte ouverte et me racle la gorge pour attirer l'attention de Rob.

– Désolé de te déranger, patron, j'ai un problème urgent…

Il me fait signe de parler en me jetant un regard aussi alarmé qu'interrogateur, tandis que Max se retourne sur son fauteuil pour me dévisager. Elle a l'air agacée que j'aie surpris leur dispute.

– Est-ce que je peux amener mon chien à l'atelier ?

Les yeux du patron se chargent d'étonnement sous ses sourcils levés.

– T'as un chien, toi ?

– Ouais, c'est récent…

Je me passe une main sur la nuque, alors que le regard de Max brille d'amusement et qu'un sourire en coin se forme sur ses lèvres pulpeuses.

– Mais il ne supporte pas de rester tout seul chez moi, donc je me demandais si je pouvais venir avec lui. Il se tiendra bien.

– C'est quelle race ? s'enquiert Rob, l'air intrigué.

– Un berger allemand, lâché-je avec réticence.

Putain, il va sûrement me dire que je ne peux pas l'amener parce qu'il va effrayer les clients…

Sauf qu'un léger sourire se dessine sur son visage.

– Pas de problème. Tant qu'il n'abîme rien et qu'il ne saute pas sur les clients, je n'y vois pas d'inconvénient.

Il marmonne quelque chose qui ressemble à « Au contraire » en zyeutant Max. Il y a vraiment un truc louche, mais je préfère ne pas m'en mêler et profiter de cette réponse positive pour aller chercher Loki.

***

Quand je me gare devant mon immeuble, mon cœur accélère dans ma poitrine, alors que des images de mon appartement dévasté défilent dans ma tête. Je monte les escaliers à toute allure, mon cœur palpite sous mes côtes. Plus j'avance vers ma porte, plus l'angoisse presse mon estomac. Pourtant, quand je peux enfin distinguer les bruits qui parviennent de mon appartement, c'est une autre émotion qui m'envahit.

Loki n'est pas en train de retourner mon logement… il pleure. Je me dépêche d'ouvrir et le découvre allongé sous le portemanteau, le museau sur ses pattes, triste à mourir. Puis il me remarque et il se redresse d'un bond, sa queue battant furieusement l'air et ses gémissements se transformant en de petits jappements de joie.

– Je suis désolé de t'avoir laissé, murmuré-je en me penchant à sa hauteur.

Je l'ai adopté pour combattre ma solitude, alors qu'en réalité, il la déteste autant que moi. Je commence à croire que Chiara avait raison : on est faits l'un pour l'autre.

Comme s'il me comprenait, Loki s'approche de moi, la gueule ouverte, et me lèche la main. Ma gorge se serre, et il me faut plusieurs minutes pour être à nouveau capable de respirer normalement.

– Allez, viens, je t'emmène au garage !

Inévitablement, nous faisons une entrée remarquée dans l'atelier. Rob a dû mettre mes collègues au courant, car ni Troy ni Jarvis ne semblent étonnés de me voir revenir avec un chien, même si leurs yeux s'écarquillent légèrement en découvrant la bête. Je suis presque sûr que Troy s'est décalé de quelques centimètres quand nous sommes passés à côté de lui pour rejoindre le vestiaire. Je laisse Loki à l'entrée de la pièce en lui ordonnant de rester assis le temps que j'enfile ma combinaison, mais quand j'en ressors, je trouve le berger en bonne compagnie. Max lui flatte doucement le flanc en souriant, tandis que Loki remue la queue de plaisir.

En une semaine, je n'ai jamais vu Max aussi aimable avec personne. Avec les gens, elle semble toujours sur ses gardes, un masque impassible sur son visage. C'est dommage, parce que quand elle sourit comme ça, elle est belle au point de faire se contracter quelque chose dans ma poitrine.

J'aimerais qu'un jour elle me sourie de cette façon, alors que de toute évidence, il gèlera en enfer avant ça. La preuve, dès que son regard rencontre le mien, son sourire s'évanouit jusqu'à disparaître.

– Alors tu l'as adopté, dit-elle d'un ton circonspect.

J'opine en haussant les épaules parce que ce n'était pas une question et que j'ignore totalement ce qu'elle attend de moi.

– Pourquoi ?

Je hausse les épaules encore une fois. Je n'ai aucune envie de lui raconter ma vie, et encore moins d'expliquer à une femme que je trouve sexy que je me sentais seul. Même si, comme je l'ai affirmé à Lili hier soir, je ne tenterai rien avec elle.

En attendant que je réponde, elle reporte son attention sur Loki, et un doux sourire se forme à nouveau sur sa bouche parfaite. Mon souffle reste emprisonné dans mes poumons.

C'est peut-être pour ça que je raconte des conneries.

– Pour choper plus de nanas. On dirait bien que ça marche…

Cette fois-ci, quand elle ravale son sourire, un orage se réveille dans ses yeux noirs.

– Tu vas me faire croire que les petites blanches ne se précipitent pas déjà à tes pieds avec ton look cliché d'Américain ? balance-t-elle d'une voix ironique en se redressant.

Je ricane parce que je n'ai aucune idée de ce qu'elle veut dire. Je réfléchis rarement à mes tenues.

– De quoi tu parles ?

Elle roule les yeux au plafond et soupire, comme si elle gâchait son temps avec moi. Pourtant, elle avance d'un pas, nous plaçant à cinquante centimètres l'un de l'autre. À nos pieds, Loki s'est assis et nous détaille alternativement.

– Tu sais : grand, blond, iris bleu ciel, mâchoire carrée, sourire de star et silhouette athlétique. Le gendre parfait qu'on peut présenter à ses parents.

Cette fois-ci, j'éclate spontanément de rire, parce qu'à part la dernière partie, sa description est fidèle, et je ne peux rien y faire.

– Franchement, si tu veux jouer à ça, je pense que ton héritage américain remonte certainement bien plus loin que le mien.

Ses yeux s'arrondissent de surprise, et une lueur de méfiance les traverse.

– Ça veut dire quoi ? demande-t-elle d'une voix chargée de colère.

– T'as des origines amérindiennes, non ?

Prise au dépourvu, elle cille puis elle s'approche suffisamment près pour m'offrir une vue plongeante sur son décolleté, et plus particulièrement sur ses seins qui suivent le rythme de son souffle rapide. Peut-être que ce genre d'intimidation marche avec les autres, mais pas avec moi.

– Qu'est-ce que ça peut te foutre ? T'as envie de casser de l'Indien ?

C'est quoi, cette réflexion ? Je recule d'un pas pour mettre de la distance entre nous. Max croise alors les bras sur sa poitrine et me détaille comme si j'avais moi-même tué ses arrière-grands-parents. Elle doit être de mauvaise humeur ce matin, car c'est la deuxième fois qu'elle se prend la tête avec quelqu'un en moins d'une heure…

Et là, je pige.

Cette dispute qu'elle essaie de provoquer entre nous, c'est un écran de fumée. Tout ce qu'elle veut, c'est m'énerver suffisamment pour que j'oublie sa précédente altercation de la matinée et, surtout, la discussion que j'ai surprise. J'aurais pu me faire avoir, si elle était plus subtile. C'est peut-être pour ça que je décide de mettre les pieds dans le plat.

– Alors, t'es toujours dans ce motel pourri ?

– En quoi ça te regarde ? répond-elle, alors que la colère dans ses yeux se transforme en contrariété.

– En rien, mais ça a l'air d'emmerder le patron…

– Rob n'est pas mon père, et puis je dois bien loger quelque part en attendant de pouvoir récupérer ma bécane. Mon budget n'est pas illimité, et je dois payer les pièces, donc ça ne laisse pas beaucoup de choix. Enfin, si vous pouviez vous magner, ça m'arrangerait quand même.

Encore une pique, mais ça ne m'atteint pas. C'est juste de la provocation, pour que personne ne creuse le sujet qui fâche. Chacun sa tactique. Moi, ça a toujours été le silence, tandis que Lili affiche sa façade neutre. Une fois qu'on l'a identifiée, c'est plus facile de voir derrière les apparences.

– Pourquoi ? Tu n'y es pas en sécurité ? C'est ton père qui te recherche ?

Je suis conscient que je pousse peut-être un peu trop ma chance et que je risque de m'en prendre une.

Le temps d'une fraction de seconde, son armure se fissure, et une pointe de tristesse mêlée à de la peur traverse son regard sombre, rapidement remplacée par de la bravade.

– Rob ferait mieux d'utiliser sa salive pour vous forcer à vous bouger le cul au lieu de bavasser dans mon dos. C'était rien ! Je me suis méfiée de mecs qui faisaient les cons sur le parking et j'aurais jamais dû appeler Rob pour ça. Je n'étais sans doute pas très bien réveillée. Dès ce soir, je vais demander à changer de chambre. T'es content ? crache-t-elle, ses yeux plissés en deux fentes meurtrières.

Non, je ne le suis pas. Surtout qu'elle a esquivé mes questions. N'importe qui aurait flippé dans une telle situation, même quelqu'un d'aussi grande gueule. Je voudrais pouvoir l'en convaincre. Plus que jamais, je comprends la frustration du patron, qui ne sait plus quoi faire.

Une réponse à cette situation apparaît en lettres rouges dans mon esprit.

– J'ai une chambre de libre dans mon appart.

Devant moi, Max ouvre de grands yeux. Même sa mâchoire semble se décrocher. Je n'aurais jamais cru la voir si déstabilisée. Elle a l'air de se demander si elle m'a bien entendu, alors je répète :

– Je peux te prêter une chambre.

– Qu'est-ce que tu veux ? m'interroge-t-elle d'un ton suspicieux.

– Rien ! Tout ce que je dis, c'est que dans mon appartement, il y a une pièce que personne n'utilise.

C'était la chambre de Chiara avant qu'elle emménage avec son copain. Y'a aucun piège ! T'as besoin d'un endroit où loger pendant quelques semaines sans que ça te pompe tout ton fric ni que ça te mette en danger, et il se trouve que j'ai justement une chambre libre. Alors, si tu la veux, elle est à toi.

Elle me toise pendant de longues secondes. Sur son visage se succèdent l'incompréhension, la méfiance, le doute et tellement de questions. Elle finit par détourner le regard vers le bout de ses bottes. Pour la première fois depuis que je l'ai rencontrée, elle paraît vulnérable.

– Je ne sais pas, murmure-t-elle, les yeux toujours rivés sur le sol.

– Y'a pas d'urgence. Prends le temps d'y réfléchir. Si tu veux en discuter avec Chiara, je te donne son numéro. Allez, viens, Loki. On va bosser.

Quand je m'avance dans le couloir mon chien sur les talons, Max n'a pas bougé d'un cil. Elle a l'air si désemparée que j'ai presque envie d'y retourner et de… je ne sais pas. Je ne crois pas qu'elle puisse être réconfortée aussi facilement. On dirait qu'elle est certaine qu'aucun geste n'est désintéressé. Mais j'ai le sentiment que c'est à elle de faire ce bout de chemin, alors je continue vers l'atelier.

CHAPITRE 14

À la pause de midi, je m'assois au soleil pour manger mon sandwich tout en surveillant du coin de l'œil Loki qui renifle chaque centimètre carré du parking. On a assisté au départ de Max sur sa moto, il y a cinq minutes. Évidemment, elle m'a complètement ignoré. Je ne sais pas si elle m'en veut à cause de ma proposition ou si elle est juste de mauvaise humeur. Peut-être qu'elle a juste besoin de faire un tour pour réfléchir.

Au bout de dix minutes, Troy et Jarvis se laissent tomber à côté de moi.

– Belle bête ! commente Troy en déballant son repas. Tu l'as depuis longtemps ?

– Hier.

Troy me jette un regard incrédule avant d'éclater de rire en découvrant que je suis sérieux. Jarvis, concentré sur son téléphone, se contente d'un petit sourire.

– C'était un genre de coup de tête.

Troy opine en mâchant, comme si tout ça avait du sens.

– Je n'avais pas envisagé qu'il n'aimerait pas rester tout seul en appartement. J'espère que ça ne vous dérange pas que je l'amène ici avec moi.

– Non, t'inquiète, mec, il a l'air bien éduqué, répond Jarvis. Et puis comme ça, on pourra le lâcher sur les clients trop chiants, du genre le vieux Smith avec ses « On est vraiment obligés de changer les plaquettes de frein ? ». Bah non, t'as qu'à te planter dans le décor, ça nous fera des vacances !

On éclate de rire tous les trois. Je me rends compte que ça me fait du bien de partager des moments comme ça avec mes collègues. Pourquoi me suis-je autant isolé ces derniers temps ? Je n'ai pas mangé avec eux depuis des lustres, et c'est là que je comprends que c'est aussi la première fois que je m'autorise une vraie pause déjeuner depuis des semaines. J'ai pris la sale habitude de grignoter un truc vite fait, entre deux couches de peinture ou d'apprêt, quand je n'oublie carrément pas de m'alimenter. C'est peut-être plus simple d'ignorer la tempête dans ma tête lorsque je suis occupé…

Pendant qu'on finit notre repas, Jarvis raconte encore quelques anecdotes sur ses clients. Visiblement, c'est lui qui tombe sur les plus pénibles.

– Regarde, T ! s'exclame Jarvis, me sortant de mes pensées. Tu pourrais faire un truc comme ça.

Il tend son téléphone vers Troy qui s'approche de l'écran. Du peu que j'en distingue, ça ressemble à une vidéo de mécanique. Le visage de mon collègue s'éclaire de plus en plus, avant qu'il rende son portable à Jarvis.

– Carrément ! J'ai commencé à filmer la réparation de la Ducati pour la mettre sur ma chaîne, m'explique-t-il d'une voix tendue.

Je ne comprends pas pourquoi ça l'emmerde autant. Peut-être qu'il voulait garder ça secret ? Le seul truc que je trouve à répondre, c'est :

– T'as une chaîne ?

– Ouais… Jusqu'à présent, c'était juste des petits tutos de mécanique basique, mais ce projet mérite qu'on en parle.

C'est vrai qu'il y a du beau boulot et que ça pourrait intéresser les connaisseurs. Je hausse les épaules.

– Sans doute.

– Ça t'emmerde que je filme ce que tu fais et, au besoin, que tu l'expliques en *face cam* ?

C'est donc ça qui le travaillait ? Moi, je m'en fiche, il peut tout enregistrer. Ça ne me viendrait pas à l'idée de faire la même chose, mais si ça lui plaît…

– Non, pas de problème.

– Merci, mec ! s'exclame-t-il avec un sourire chargé de soulagement.

J'appelle Loki d'un sifflement. Il est temps de s'y remettre. En entrant dans l'atelier sur les pas de mes collègues, je sens un sourire s'épanouir sur mes lèvres, sourire qui disparaît aussitôt en voyant Rob me faire signe de venir.

– Ouais ? dis-je d'un ton prudent en entrant dans le box vitré.

Rob s'est assis sur le coin de son bureau en m'attendant. Ses sourcils se froncent un instant, avant qu'il ouvre la bouche.

– Maxine m'a touché un mot de la proposition que tu lui as faite.

Sachant qu'elle ne m'en a pas reparlé à moi, c'est gonflé. Elle est allée directement me balancer au patron, comme si on était à la maternelle. Mon étonnement et ma déception doivent se lire sur mon visage, car Rob fait un geste de la main en secouant la tête.

– J'ai voulu reprendre la conversation que tu as surprise tout à l'heure, et c'est là qu'elle me l'a dit. Est-ce qu'elle a accepté ?

– Non… Avant que tu m'engueules, sache que j'ai proposé ça sans arrière-pensée, juste parce que j'ai une chambre de libre, mais je comprends parfaitement si tu trouves que je vais trop loin.

Une lueur d'étonnement passe dans les yeux du patron.

– Pas du tout ! En fait, je voulais te remercier. Si elle me laissait, j'en ferais plus pour elle, mais elle a tellement l'habitude de ne pouvoir compter que sur elle-même… Elle a grandi dans un environnement difficile, et depuis qu'elle n'a plus sa mère, je ne peux qu'imaginer ce qu'elle vit.

J'ai la chance d'avoir eu une famille aimante jusqu'à mes quinze ans. Même après l'accident de mes parents, ma sœur s'est battue pour que je ne manque de rien. Mais quand Lili raconte les trucs qui lui sont arrivés en foyer et en famille d'accueil, ça fait froid dans le dos. Pourtant, je ne pense pas que Rob fasse allusion à ce genre d'enfance.

Ça a beau être terriblement indiscret, j'ai envie de lui poser la question. Rob le devine parce qu'il continue sans me laisser le temps de le faire.

– Elle ne voudrait sûrement pas que j'en parle dans son dos, mais j'estime que tu as le droit de savoir dans quoi tu t'embarques. Son père est sans doute à sa recherche en ce moment, et ça me rassurerait énormément qu'elle loge chez quelqu'un qui sait se battre et qui possède un chien d'attaque.

Nous regardons tous les deux Loki, qui m'attend assis sagement de l'autre côté de la paroi vitrée, l'air tout sauf menaçant.

En entendant ces mots, l'instant où j'ai rencontré Max me revient en mémoire. Je me souviens de cette sensation de danger qu'elle dégageait déjà. Une drôle d'émotion traverse ma poitrine, alors que je me répète une nouvelle fois que l'impulsivité ne me réussit décidément pas. *Dans quel merdier me suis-je encore fourré ?*

– Pourquoi son père la cherche ? Elle est majeure, elle peut se barrer où ça lui chante…

– Pas dans le milieu duquel elle vient. Une fille appartient à son père et ensuite à son compagnon, à condition que celui-ci ait été dûment approuvé par son paternel. Mais tu connais Maxine…

Plusieurs pensées se bousculent dans mon esprit. Tout d'abord, j'ai envie de dire que non, je ne la connais pas vraiment. Et en même temps, je voudrais corriger Rob parce que je sais qu'elle n'aime pas qu'il l'appelle Maxine.

– … Tu crois réellement qu'on peut la considérer comme la propriété d'un club ? continue Rob avec un sourire narquois.

– Un club ? répété-je, alors qu'une intuition me saisit.

Confirmant que je suis sur le point de trouver tout seul la réponse à ma question, le patron incline la tête en signe d'encouragement. Et effectivement, aussitôt, toutes les pièces du puzzle « Max Turner » s'assemblent. La moto, les « chapitres affiliés » dont elle parlait plus tôt, son père qui la cherche, sa terreur face aux motards…

– Un club de bikers.

– Son père en est le président, chuchote Rob. Et je suppose qu'il est déterminé à la retrouver, elle et la moto.

Des bikers… Voilà un monde que je ne connais pas. Il faut dire que je ne m'étais jamais intéressé aux motos avant aujourd'hui. Instinctivement, des images d'hommes aux cheveux longs, couverts de tatouages et vêtus de cuir de la tête aux pieds sur de grosses machines noires me viennent à l'esprit. Des clichés tout droit sortis de films ou de séries, en somme, même si je me doute qu'ils sont bien plus que ces quelques stéréotypes.

Je passe machinalement une main dans mes cheveux, et un épi me tombe devant les yeux. Je le chasse brusquement, comme si cette putain de mèche était responsable de tout ce merdier. J'ignore à qui j'en veux le plus : au père de Max d'être un si gros connard, à Max elle-même d'avoir dérangé ma vie, à Rob de m'avoir entraîné là-dedans ou à moi de prendre des décisions aussi stupides ?

Quoi qu'il en soit, je suis maintenant au bord de la falaise et ne peux plus reculer. Je lui ai proposé de l'héberger sans savoir tout ça et, si je retire mon invitation, je deviendrai l'enfoiré de l'histoire, celui qui laisse une jeune femme dans un motel pourri avec, à ses trousses, les hommes de main d'un club de bikers. Mais je suis aussi toujours soumis au code de justice militaire : si je fais la moindre connerie, je me ferai taper dessus aussi bien au civil qu'au militaire. Est-ce que j'ai vraiment envie de me retrouver au milieu de tout ça ?

Je lis dans les yeux du patron qu'il comprend mon dilemme.

– Lauren a peur, pour nous et nos enfants. Elle ne veut pas qu'on se retrouve mêlés à ça et elle est persuadée que j'en fais déjà trop.

Ce qui explique sans doute pourquoi sa femme n'a plus voulu héberger Max. Avec ces arguments, je comprends mieux sa position, même si je ne la défends pas.

– Ils ne savent pas qu'elle est ici ? demandé-je, même si je me doute de la réponse.

On ne serait pas là à discuter bien tranquillement si c'était le cas.

– Non, confirme Rob d'un mouvement de tête. Son père ne doit pas se rappeler mon existence. J'étais ami avec sa mère avant leur mariage, et après ça, on ne s'est plus parlés que par intermittence. En toute franchise, j'ai été surpris que Maxine me demande de venir la récupérer avec un camion de dépannage. Même si elle est sous le radar pour le moment, ça ne veut pas dire qu'elle peut s'éterniser ici. Juste le temps que vous finissiez la moto, et ensuite, elle pourra rejoindre sa famille, avec qui elle sera en sécurité.

– Pourquoi elle n'y va pas dès maintenant ? On lui ferait livrer la bécane plus tard.

Rob fait un petit geste de la tête qui prouve que cette solution a déjà été envisagée, et rejetée.

– Son père fait sûrement surveiller son grand-père. Elle attend son feu vert. Entre-temps, elle est aussi bien ici, là où on peut garder un œil sur elle.

Ça fait beaucoup à digérer, à tel point que je suis incapable de dire quoi que ce soit. Je me contente d'acquiescer.

Je suis conscient que je suis en train d'accepter beaucoup de choses – loger Max étant le cadet des problèmes. Je m'engage également à la surveiller et à la protéger. Un sentiment de justesse m'étreint la poitrine. Ce sont des valeurs pour lesquelles je me suis déjà battu. Des valeurs de Marines.

– Ceci dit, reprend Rob, j'attends quand même de toi que tu te conduises correctement avec elle.

Je m'apprête à protester, quand il m'arrête d'une main levée devant lui :

– Je suis peut-être moins en forme que toi mais, si tu lui fais du mal, je me rappellerai comment me servir de mon Glock.

– C'était pas mon intention, mais message reçu, boss.

Les pensées continuent de se bousculer dans ma tête pendant que je reprends machinalement le ponçage du cadre tubulaire de la Ducati pour faire disparaître les vestiges de la mort d'une femme. Je me demande à quoi a ressemblé la vie de Max. Grandir sans sa mère est déjà dur, mais dans un milieu aussi spécial que celui des bikers, ça doit être complètement délirant.

– Hé ! JJ ? T'en es où avec le réservoir ?

Troy vient d'interrompre le fil de mes pensées. Quand je relève la tête, Max se tient à ses côtés, derrière la moto. J'étais si concentré que je ne l'ai même pas entendue revenir. Ses yeux noirs inexpressifs plongent dans les miens, d'une façon qui paraît presque forcée, comme si elle se contrôlait pour n'afficher aucune émotion. Si elle veut, on peut jouer à ça. Je détourne le regard pour scruter mon collègue, campé fièrement sur son flanc droit, en bon chef de projet qu'il est.

– Il est dérouillé et nettoyé. Je l'ai mis dans un bain de décapeur chimique pour virer la peinture.

Troy opine et sourit.

– Ça veut dire qu'on pourra peut-être faire l'essai moteur demain ou après-demain, affirme-t-il joyeusement à Max, qui ne lui prête aucun intérêt.

C'est toujours moi qu'elle observe. Il y a une tension à couper au couteau entre nous – enfin, encore plus que d'habitude. J'ai l'impression qu'elle me passe au scanner pour voir ce que je cache sous ma peau et, dans un sens, je peux le comprendre. Je ne suis pas sûr qu'elle sache à qui faire confiance dans sa vie, tandis que moi, j'ai le sentiment de trop en savoir sur elle maintenant. Ça me gêne. Rob n'aurait pas dû me dévoiler tant de choses. Je suis censé prétendre que rien n'a changé, alors que mon regard est fatalement différent. Ça me met dans une position inconfortable, et je déteste ça.

Je reprends mon papier à poncer et me replonge dans cette tâche à la fois fastidieuse et machinale, que mes mains peuvent accomplir sans que ma tête intervienne. J'entends en bruit de fond la conversation entre Troy et Max.

L'arrivée de la réceptionniste me permet de faire une pause et de me dégourdir les doigts. Elle ne vient pas souvent dans l'atelier mais, quand elle passe par là, elle a généralement des trucs à manger.

– Hé ! Tricia, qu'est-ce qui t'amène ? dis-je joyeusement alors qu'elle s'approche de moi avec un tissu sombre entre les mains.

Ses yeux bleus pétillent, et elle sourit tellement que les rides au coin de ses paupières sont encore plus marquées que d'habitude.

– Il paraît que tu as un adorable chien !

– Et moi qui croyais que tu venais me rendre visite, répliqué-je en posant ma paume sur mon cœur. Le voilà.

Je lui désigne Loki, couché là où il peut me surveiller du coin de l'œil sans manquer tout ce qui se passe sur le parking.

Quand Loki comprend que Tricia est ici pour lui, il se redresse sur ses pattes et se met à battre joyeusement de la queue. Le rythme s'emballe encore plus lorsqu'elle lui gratte le cou. S'il continue comme ça, il va finir par s'envoler.

– Oh ! oui, c'est un bon garçon, ça ! s'exclame Tricia d'une voix de bébé en le flattant encore.

Je ne peux m'empêcher de pouffer, parce que mon chien, malgré sa stature imposante, est un véritable aimant à affection.

– Tu le laisses se coucher sur le sol ? me demande-t-elle, la voix teintée de reproche.

Je fais un geste devant moi pour lui désigner les alentours.

– Je fais gaffe qu'il ne s'allonge pas dans une flaque d'huile ou d'essence, mais tu veux que je le mette où ?

C'est là qu'elle déplie le tissu qu'elle tient dans les mains et qui ressemble à une couverture usée.

– J'ai trouvé ça à la réception. Ça pourrait lui faire un panier d'appoint.

Elle installe le plaid entre deux établis, dans un coin – relativement – propre, et elle lui apporte aussi ses gamelles d'eau et de croquettes.

Elle arrive à le faire se coucher sur le tissu, mais dès qu'elle repart, Loki se lève et se remet exactement où il était. Poli et accommodant, mais obstiné. Je lâche un léger rire dans ma barbe. Quand je relève les yeux vers le cadre de la Ducati, maintenant couvert de petites zones à nu qui contrastent avec le noir mat, je croise le regard de Max. Assise sur un tabouret à côté de l'établi de Troy avec son ordinateur portable sur les genoux, elle se marre elle aussi. Ainsi, la méfiance dans ses yeux semble moins prononcée.

C'est peut-être pour ça qu'au moment où je me change, après ma journée de boulot, elle apparaît dans le vestiaire d'un pas silencieux. Elle ne s'arrête qu'à cinquante centimètres de moi, jette un regard autour d'elle comme pour vérifier qu'on est seuls, et murmure :

– C'est OK.

Sur le coup, je crois avoir mal entendu. Elle l'a dit tellement bas que j'ai un doute, surtout que son attitude reste prudente, comme si elle n'était pas sûre qu'accepter soit la bonne décision. Mais quand elle plonge vraiment son regard dans le mien, j'y lis sa détermination, et une menace qui me fait déglutir avec difficulté.

– Tu veux me suivre jusque chez moi ? proposé-je à voix basse.

– Non, faut que j'aille chercher mes affaires. Je te rejoindrai là-bas.

Je lui donne l'adresse et, en quelques secondes, je me retrouve à nouveau seul dans le vestiaire. Je pourrais presque croire avoir rêvé ce moment, s'il ne restait dans l'air un soupçon de son parfum. Alors, je me dépêche de récupérer mes clés et je marche à grandes enjambées vers Pamela, Loki sur les talons.

Ce n'est qu'une fois au volant que je me rends compte que mon frigo était vide ce matin, et que je ne sais pas ce que Max mange. Et si elle était végane comme Chiara ? Une émotion m'étreint la poitrine à l'idée que Max me considère comme un hôte à chier.

– Mon pote, un arrêt au supermarché s'impose.

En à peine trente minutes, je suis de retour chez moi, les bras chargés de nourriture en tout genre – même végane. Le soulagement m'envahit quand je déboule dans l'immeuble vide et que je ne trouve pas Max en train de poireauter devant ma porte.

Après avoir déposé les courses, je me précipite dans la chambre d'amis. La pièce est propre et rangée, il me reste simplement à faire le lit. Alors que je lisse le drap, un drôle de sentiment me noue la gorge en réalisant que Max va dormir dans ce lit, cette nuit et les suivantes. Une émotion qui me rend à la fois nerveux et impatient, et sur laquelle je préfère ne pas m'attarder.

Je lui fournis simplement une pièce pour pioncer, le temps que Troy et moi réparions sa moto et qu'elle puisse mettre les voiles. Pas besoin de s'emballer en imaginant qu'elle va s'allonger là, ou qu'elle va se laver dans cette baignoire et utiliser les serviettes que je sors du placard. Tout ça, c'est une simple bonne action que je fais pour la dépanner, rien de plus. Rien qui justifie que mon cœur batte plus vite et que mon estomac se contracte. *Ce n'est rien.*

Je quitte précipitamment la deuxième salle de bains et m'empare de l'aspirateur pour nettoyer la cuisine et le salon. Ce n'est pas vraiment sale, mais ça m'occupe les mains en attendant qu'elle arrive. Lorsque je débranche l'appareil, un jappement attire mon attention dans l'entrée, où Loki est assis. Est-elle déjà là ? Je n'ai pas entendu sonner par-dessus le grondement de l'aspirateur. Quand j'ouvre la porte, il n'y a personne dans le couloir.

– T'as cru entendre quelqu'un ? demandé-je à Loki, mais son regard quitte le mien pour scruter sa laisse, et il se met à gémir à nouveau. Oh ! mon pote, t'as besoin de sortir ? Merde…

Ce n'est pas vraiment le bon moment, Max va sûrement arriver d'une minute à l'autre, mais je n'ai pas d'autre choix. Je prends quand même dix secondes pour griffonner un mot sur un post-it et le coller sur le battant.

Loki cavale comme un fou dans l'escalier, preuve qu'il était temps d'y aller, et je dois tirer sur la laisse au rez-de-chaussée.

– Un instant !

Peut-être qu'il a compris, car il s'assoit à côté de moi sans protester. Il pousse quand même un petit gémissement en attendant que la porte s'ouvre. Au bout d'une seconde, je suis déjà sur le point de frapper à nouveau lorsqu'enfin Lili apparaît, torse nu, un pantalon de jogging noir porté bas sur ses hanches. Un sourire étonné vient relever les coins de sa bouche.

– Salut, mec ! Hé ! Loki !

– Salut, désolé, la bête est pressée. Quelqu'un risque de venir chercher ça, dis-je en lui tendant le double de la clé que j'ai fait faire pendant les courses. Tu comprendras.

Lili hausse les sourcils, une multitude de questions dans les yeux, mais il récupère quand même l'objet sans un mot. Juste avant de sortir, je me retourne vers lui et lance par-dessus mon épaule :

– Et mets un T-shirt !

Son éclat de rire me parvient, alors que la porte se referme sur moi et que Loki s'élance vers la liberté.

CHAPITRE 15

Lorsqu'on revient de notre promenade, une moto rouge et noire est garée devant l'immeuble. Mon cœur commence à tambouriner dans ma poitrine.

Elle est arrivée.

On monte les escaliers, et dès l'instant où j'ouvre la porte, des voix féminines me proviennent du fond de l'appartement. Je ne suis visiblement pas le seul à les avoir reconnues, car Loki se met à battre furieusement de la queue, et j'ai à peine le temps de détacher sa laisse qu'il file en direction des chambres, son harnais toujours en place. Alors que je range mes baskets dans le meuble à chaussures, je devine le moment exact où il les rejoint au piaillement de Chiara : « Oh ! t'es là, mon tout beau ! Fais-moi un câlin ! »

Est-ce qu'elle dit pareil à Lili quand il rentre du boulot ?

Je pouffe tout seul. Quand elles reviennent dans la cuisine, mon rire meurt sur mes lèvres en croisant le regard sombre de Max. Son visage ne montre qu'un intérêt poli, mais je l'ai suffisamment observée ces derniers jours pour commencer à lire entre les lignes. Sa posture est rigide, le petit sourire qu'elle affiche n'atteint pas ses yeux, et elle joue du bout des doigts avec la couture de son jean. Elle est embarrassée, gênée. Est-ce que Chiara en a trop fait avec son bavardage inutile, ou est-ce la situation qui la gêne ?

Mon nom qui résonne dans la bouche de ma sœur me fait revenir à la réalité.

– … compte pas trop sur Jack pour ça.

– Pour quoi, exactement ?

Les grands yeux emplis d'amusement de Chiara se braquent sur moi.

– Pour lui faire la cuisine !

Je ne peux malheureusement qu'approuver avec une légère grimace. Toute l'expérience culinaire de ma vie d'adulte se résume à faire la queue au mess, avaler des MRE[12], assembler des sandwichs et commander de la bouffe à emporter.

– T'as de la chance, Max n'est pas végane. Oui, j'ai posé la question pour toi.

– Merci, Maman, répliqué-je d'un ton sarcastique.

Je soupire en secouant la tête et m'adresse cette fois-ci à Max :

– Fais pas gaffe. Elle est toujours comme ça. Faut qu'elle compense sa taille par l'espace qu'elle occupe. Remets-la juste à sa place quand elle dépasse les limites.

---

12. *Meals ready-to-eat* : rations militaires.

Il me semble voir frémir le coin des lèvres de Max, alors que Chiara plisse les yeux d'indignation.

– Heureusement que je me mêle quand même de tes affaires pour accueillir tes invités ! J'ai montré tout l'appart à Max. De rien.

Je ne peux m'empêcher de rire.

– Je ne t'avais rien demandé. J'ai juste laissé la clé à Lili. Et puis tu peux faire tes réclamations à Loki : c'est lui qui n'arrivait plus à se retenir.

Chiara baisse les yeux vers le chien qui se tient à sa gauche, la queue battant toujours l'air comme un métronome.

– Non, je ne pourrai jamais t'en vouloir, à toi… T'es bien trop mignon.

Elle relève le visage vers moi, et pendant un instant, je crois qu'elle va continuer à se plaindre, mais à la place, son regard devient plus sérieux.

– Ça va, l'adaptation ?

– Ça roule, déclaré-je prudemment en haussant les épaules. Le concierge m'a appelé ce matin parce que Loki pleurait, donc je suis venu le chercher et l'ai gardé avec moi au garage.

Je suis sûr que Chiara va m'engueuler parce que j'aurais dû le savoir, mais elle lâche un simple « Oh… » contrarié en secouant la tête vers le sol. Quand elle me détaille à nouveau, elle a l'air navrée.

– Désolée, j'ai oublié de te le dire. Les bergers allemands n'aiment généralement pas rester seuls. Ça ne va pas poser de problème avec ton patron ?

– Non, il est d'accord.

Je me rappelle le regard que Rob a échangé avec Max et ne peux m'empêcher de la chercher instinctivement des yeux. Elle se tient toujours à la droite de Chiara, silencieuse. Le contraste entre elles deux me frappe à nouveau. L'une est petite et mince, l'autre grande et ronde. L'une est vêtue d'un T-shirt blanc rentré dans un jean large, l'autre ne porte que du noir ajusté. L'une a de grands yeux bleus limpides, l'autre des iris sombres et mystérieux. L'une me sourit avec bienveillance, l'autre me jauge avec prudence.

L'une est solaire, l'autre est l'incarnation de la nuit.

L'une est un pilier de ma vie, l'autre ne sera que de passage.

C'est cette pensée qui me force à détourner les yeux et à reporter mon attention sur ma sœur, qui me dévisage sérieusement. *Qu'est-ce qu'elle a lu sur mes traits, encore ?*

– Je vais te laisser t'installer, dit-elle gentiment à Max. On se voit très bientôt ?

Elle nous regarde, Max et moi, comme si elle nous incluait ensemble en tant que… Je n'arrive même pas à formuler l'idée tellement elle est absurde. Quoi ? *Un couple ?*

Les maths et moi, on ne s'est jamais bien entendus, mais il y a un truc donc je suis sûr : pour Max et moi, 1 + 1 = 2. On sera toujours distincts l'un de l'autre.

Ça ne fera jamais 1 + 1 = 1.

Après le départ de Chiara, Max se retranche dans sa chambre, sous prétexte de devoir déballer ses affaires.

Sa chambre, putain… Est-ce que je vais finir par m'y faire ?

Ce n'est que maintenant qu'elle est là, dans mon appartement, que je comprends tout ce que ça implique. Le docteur Lee va péter un câble quand je vais lui raconter tout ça à ma prochaine séance. Lui qui voulait que je sorte de ma zone de confort… Il ne doit pas s'imaginer que je puisse débarquer à mon prochain rendez-vous avec un projet professionnel aussi éloigné de mes habitudes, une colocation et un chien.

D'ailleurs, Loki est toujours planté près du couloir, son regard jonglant entre moi et la pièce dans laquelle Max a disparu. Il est tout aussi intrigué que moi par la nouvelle habitante.

– Bienvenue au club. Tu peux aller voir Max. Vas-y…

Il me lance un dernier regard puis s'aventure dans le couloir. Deux secondes plus tard, je l'entends gratter doucement à la porte et gémir. Un léger grincement, et la voix suave de Max résonne contre les murs :

– Entre.

La porte se referme sur eux, et me voilà de nouveau seul dans ma cuisine.

Finalement, ce n'était peut-être pas un si gros changement que ça.

Et pour cause, les minutes passent. Je m'occupe avec tout ce que je peux : j'allume la télévision sur une chaîne d'info en continu, puis je zappe jusqu'à tomber sur une série débile. Quand j'attrape mon téléphone pour consulter mes mails, je me retrouve le doigt au-dessus de la barre de recherche avec l'irrépressible envie de taper « club de bikers ».

Les premiers résultats ne m'apprennent rien que je ne sais déjà. Comme tout le monde, j'ai entendu parler des *Hells Angels* ou des *Bandidos* en regardant la télévision. Au bout de dix minutes, je découvre que les clubs de bikers se divisent en deux catégories.

Il y a d'abord ceux reconnus par *l'American Motorcyclist Association.* Ceux-là regroupent des passionnés de moto et profitent d'une ambiance bon enfant. Hommes, femmes et personnes de couleur y sont les bienvenus sans distinction, puisque c'est l'amour de la moto qui rassemble ces gens.

Et il y a les autres, les hors-la-loi, ceux qu'on nomme souvent les « 1 % » et qui revendiquent fièrement leur refus des lois de la société civile. Ils obéissent seulement à celles de leur club. Ils ne sont apparemment pas tous engagés dans des activités criminelles, comme l'explique le site que je parcours avec les yeux grands ouverts et la gorge desséchée, mais il n'est pas rare que le trafic de drogues ou la prostitution constituent leurs sources de revenus. Mon regard tombe ensuite sur un paragraphe intitulé « Sexe et race ».

J'ai besoin de prendre une grande inspiration avant de poursuivre ma lecture. Les mots « objets sexuels », « propriété » ou « discrimination raciale » me sautent aux yeux. J'ai du mal à aller au bout de ces quelques lignes. L'exploitation du corps des femmes y est donc monnaie courante, et ces dernières doivent donner l'entièreté de l'argent qu'elles récoltent au club. Comment imaginer que Max, cette femme au caractère si trempé, ait grandi dans un milieu aussi misogyne ? Ou peut-être bien qu'elle s'est justement construite de cette façon en réponse à son environnement ?

Évidemment, il reste la possibilité que le club dont le père de Max est le président fasse partie de la première catégorie, les 99 % qui respectent la loi. Mais quelque chose, peut-être la peur que j'ai lue dans les yeux de Rob cet après-midi, m'empêche de me reposer sur cette éventualité.

J'approfondis ma recherche en ajoutant les mots « Turner » et « Caroline du Nord », mais je n'apprends rien de plus : il y a beaucoup de Turner dans l'État, et tout autant de clubs de bikers.

Le grondement de mon estomac me tire de la transe dans laquelle j'étais plongé ces dernières minutes. Je vais devoir prendre mon courage à deux mains et affronter Max.

Au bout d'une minute – ou cinq –, je lève mon cul du canapé et m'avance dans le couloir silencieux. Ma gorge est sèche, et mon cœur tambourine si fort dans ma poitrine que je me demande si elle ou Loki peuvent l'entendre.

Mais qu'est-ce qui m'arrive, bon sang ? On dirait que j'ai peur de toquer à la porte d'une des chambres de *mon* appartement. Certes, celle qui l'habite désormais est sexy et dégage une impression sulfureuse, pendant que son père traîne sans doute dans des trucs louches. Mais ce n'est pas une raison. Je suis un Marine, bordel de merde !

Je prends une grande inspiration et frappe une fois sur le battant de bois blanc.

– Ouais ? dit une voix étouffée par le mur. Tu peux ouvrir.

J'obéis sans perdre de temps. Max est assise en tailleur au milieu du lit, son ordinateur portable devant elle, et Loki couché sur le tapis. Il remue la queue en me regardant. Il faut deux bonnes secondes à Max pour délaisser son clavier et relever les yeux vers moi.

Ça fait vraiment bizarre de la voir là. Sa silhouette sombre détonne au milieu des couleurs claires de la chambre. Mais ça va bien au-delà de ça : l'énergie qu'elle émet semble vibrer sur une fréquence opposée à la pièce. Peut-être parce qu'inconsciemment, j'associe encore cet endroit à Chiara et à cette période noire qu'on a vécue ensemble. C'est peut-être ça dont j'ai besoin, finalement. De nouveaux souvenirs. Une couche d'un noir différent pour effacer toutes les aspérités.

Max a toujours ses doigts près de son clavier et attend visiblement que je parle, le regard interrogateur et légèrement agacé. Je me racle la gorge avant de pouvoir sortir une phrase.

– J'allais me préparer à bouffer. J'ai fait des courses en rentrant, donc si tu veux te joindre à moi, il y a largement de quoi faire pour deux.

– J'ai mangé avant d'arriver, fait-elle d'un ton un peu brusque.

Puis ses yeux reviennent à son écran, et ses sourcils se froncent en découvrant ce qu'elle y trouve. Une poignée de secondes m'est nécessaire pour comprendre que je suis congédié, comme ça, sans un mot.

Cette cohabitation va être *beaucoup* plus simple que je ne le pensais. On va rester chacun dans son coin jusqu'à ce qu'elle dégage de là, probablement sans jamais s'être adressé la parole plus de trente secondes.

La colère me serre la gorge, ainsi qu'un sentiment qui ressemble à de la déception.

– Comme tu veux, murmuré-je avant de faire un pas en arrière dans le couloir.

En me voyant repartir, Loki se lève et me rejoint.

– Tu peux fermer la porte, s'il te plaît ?

En bon petit soldat, je m'exécute. Mais je devrais me montrer reconnaissant : après tout, elle a dit « s'il te plaît ».

Après avoir mangé et m'être douché, je finis sur le canapé, une manette à la main, Loki allongé à côté du fauteuil. Comme hier. Et sans doute comme tous les jours à venir.

Seule différence notable : j'ai mis un casque pour filtrer le son du jeu vidéo et ne pas déranger ma gracieuse locataire. Je ne voudrais pas gâcher son expérience client dans mon humble logement par les bruits de mes loisirs.

Un coup sur l'épaule, plutôt fort d'ailleurs, me fait sursauter. Je découvre Max, debout derrière moi, les yeux chargés d'exaspération. Je repousse le casque sur une oreille.

– T'es vraiment bouché ! gueule-t-elle. Ça fait trois fois que je me répète.

– J'avais mon casque. Tu sais, ça coupe les sons de l'extérieur pour diffuser ceux du jeu.

On se dévisage méchamment par-dessus mon épaule pendant quelques secondes.

– Tu voulais quoi ? je finis par demander d'un ton mordant.

– Tourne ta foutue planche d'un quart vers la droite et vers l'avant. Et après, tu la colles sur la roue, et ça devrait y aller tout seul.

Il me faut un moment pour comprendre qu'elle essaie de m'aider à résoudre le casse-tête sur lequel je bute depuis dix bonnes minutes. Quand je suis ses consignes, que le mécanisme fonctionne et que je suis récompensé par une petite musique triomphante, je me sens con.

– Merci.

Derrière moi, Max soupire bruyamment.

– Ne pas visualiser dans l'espace, ce n'est pas gênant pour un mécano ? Comment tu fais pour remonter des moteurs ? Merde, tu bosses sur ma moto !

Je sens un sourire étirer malgré moi les coins de ma bouche. Quand je me retourne vers elle, je constate qu'un léger rictus danse aussi sur la sienne.

– Je ne touche pas à la mécanique de ta bécane, tu te rappelles ?

– Ça vaut mieux.

Max m'observe avec un faible agacement – comme d'habitude, en réalité. C'est là que je remarque qu'elle porte un tas de vêtements noirs dans les mains et que son visage semble subtilement différent. Je dois avoir l'air bête à la dévisager ainsi mais j'ai besoin de comprendre. Quand je tombe sur les taches de rousseur qui parsèment son nez et le haut de ses joues, une drôle de sensation m'envahit. Je n'arrive plus à détacher mon regard de ces marques marron sur sa peau dorée. J'ai envie de les suivre du bout du doigt, une à une.

Je n'aurais jamais imaginé que Max cachait des taches de rousseur sous son maquillage, mais je comprends pourquoi elle le fait. Elles ne collent pas avec son image de dure à cuire. Elles la rendent plus réelle, plus tangible, plus accessible. Et tellement belle…

Cette fille va me tuer…

Je dois rassembler toute ma volonté, comme lors de mes entraînements chez les Marines, pour détourner les yeux et les poser sur les vêtements qu'elle tient.

Elle comprend sans doute ma question implicite car elle demande :

– Je peux utiliser ta machine à laver ?

– Bien sûr. C'est là, dis-je en indiquant du doigt la mini-buanderie.

– Chiara m'a déjà montré. Ce que je voulais surtout savoir, c'est si je peux m'en servir maintenant.

– Ouais, vas-y.

– Merci.

Elle s'éloigne, et immédiatement, Loki se lève pour lui emboîter le pas.

Évidemment, je la suis des yeux. Je ne peux pas faire autrement, comme si ses foutues taches de rousseur m'avaient jeté un sort. Max a troqué son jean contre un short, le genre de bas en lycra que les filles mettent pour courir. Il moule si bien ses longues cuisses rondes et ses fesses bombées que mon corps réagit d'une façon inappropriée.

Le temps que Max farfouille dans la buanderie, je respire profondément pour tenter de me calmer et de faire disparaître mon érection, sans succès. Quand je l'entends refermer le hublot de la machine à laver, je m'empresse de changer de position. J'avance mes coudes sur mes genoux jusqu'à être quasiment plié en deux. C'est vraiment inconfortable, mais au moins, elle devra s'approcher de très près pour apercevoir ma gaule.

Et si elle le fait… Je préfère ne pas y penser et me concentrer sur le jeu.

Quand Max revient dans le salon, mes yeux sont rivés sur la télévision et mes doigts dansent sur les commandes, comme si de rien n'était. Pourtant, je suis obligé de m'interrompre en la voyant hésiter à la lisière du tapis.

Elle prend une grande inspiration qui tend le tissu de son large T-shirt sur ses seins, et heureusement que ses paroles me font l'effet d'une douche froide, sinon je ne répondrais plus de rien.

– Je ne veux pas de ta charité.

– Je sais, répliqué-je alors que j'ignore si elle parle de la chambre, du repas que je lui ai proposé tout à l'heure ou du fait que je la laisse utiliser ma machine à laver.

Dans le fond, ça n'a pas d'importance. C'est un tout. Chiara et Max se ressemblent finalement beaucoup plus que je ne le pensais. Elles considèrent systématiquement une main tendue comme de la pitié. J'ai déjà rassuré Chiara quelques mois en arrière, je peux aussi le faire avec Max.

– Ce n'est pas de la charité. Je te rends juste service. C'est tout.

Max secoue la tête en scrutant le tapis puis soupire.

– Je ne suis pas à l'aise avec tout ça, dit-elle en montrant l'ensemble de l'appartement. Je ne comprends même pas pourquoi tu le fais.

Avec tout ce que je viens de lire, c'est le contraire qui m'aurait étonné. Elle a sans doute grandi dans un environnement où tout ce qui peut être exploité ou détourné l'est. Comment pourrait-elle me faire confiance ?

– Je n'ai pas d'intentions cachées et je n'attends rien de ta part, si c'est ça qui t'inquiète, affirmé-je avec toute la conviction dont je suis capable. Si tu préfères, je peux demander à Chiara et Lili de faire de la place dans leur pièce supplémentaire, mais elle n'est pas meublée, et en plus, tu ne supporteras pas de les entendre baiser comme des lapins. Personne ne le pourrait.

Ça a au moins le mérite de la faire rire.

– Qu'est-ce qu'on pourrait faire pour que tu te sentes plus à l'aise ?

– J'ai pas l'habitude d'obtenir des choses sans… contrepartie, admet-elle d'un ton gêné.

– Quand ma sœur vivait là, on avait mis en place un pot commun pour payer les factures et les courses. On peut faire pareil.

– Ça me va, répond Max au bout de quelques secondes de silence.

– Vendu.

– Autre chose. Je préfère que tes collègues ne sachent pas que je crèche ici. Ils pourraient se faire des idées.

Croire qu'elle couche avec moi, par exemple. Et à la façon dont elle le dit, c'est-à-dire avec répugnance, cette activité est très loin sur sa liste de priorités.

Message reçu. En même temps, ça s'accorde bien avec les miennes, non ? Alors, pourquoi je me sens comme… déçu ?

– J'avais pas l'intention de leur en parler, rétorqué-je d'un ton trop confiant qui dissimule à peine ce que j'éprouve.

Elle est déjà sur le point de se sauver dans sa chambre lorsqu'une question s'échappe de mes lèvres.

– Qu'est-ce qui t'a décidée, finalement ? À accepter ma proposition ?

Quand elle se tourne vers moi, ses yeux semblent scintiller. Elle déglutit avant de répondre :

– Tu l'as adopté, dit-elle en désignant Loki qui a repris sa place au pied du fauteuil.

Je lâche un faible rire dans un souffle, alors que mes sourcils se froncent.

– Ça veut dire quoi ? Que je ne peux pas être un *serial killer* parce que j'ai adopté un chien ?

Mes paroles la font rire, et ses traits se transforment à nouveau. Maintenant, elle a l'air désinvolte. Plus je passe de moments en sa compagnie, plus je gratte de couches de peinture. Est-ce que j'aurai suffisamment de temps pour poncer jusqu'au véritable métal dont elle est faite ? Je ne sais pas, mais j'aimerais bien. C'est une personne qui vaut le coup d'être connue, à condition qu'elle veuille bien me montrer son vrai visage.

– Parce que c'est *ce* chien ! finit-elle par répondre d'une voix émue. Tu savais qu'il était cabossé, qu'il te faudrait de la patience pour l'apprivoiser et tu l'as choisi quand même.

– J'adore les choses abîmées. C'est ma spécialité.

Elle remue doucement la tête en me regardant, alors que diverses émotions se succèdent dans ses yeux sans que j'aie le temps de les déchiffrer.

– Je me disais bien qu'il devait y avoir quelque chose d'intéressant sous ta façade de pub Ralph Lauren.

Cette fois-ci, j'éclate carrément de rire. À la façon dont elle insiste sur le sujet, mon apparence doit vraiment la déranger. Une sensation étrange me court le long de la colonne vertébrale en pensant qu'elle m'observe autant que moi je la détaille. J'aime plaire, comme n'importe qui, et je sais que mes quatre années chez les Marines ont modelé mon corps d'une manière qui invite les femmes à se retourner sur mon passage ; mais il y a quelque chose d'excitant à l'idée que je puisse exercer une attraction sur *elle*.

Parce que moi, je suis indubitablement attiré par *elle*, ce qui est à la fois grisant et complètement stupide.

– Bonne nuit, Jack.

A-t-elle déjà prononcé mon prénom avant ce soir ? Je ne me rappelle plus, mais en tout cas, ça sonne comme la première fois.

– Bonne nuit, Max.

CHAPITRE 16

C'est le grand moment.

Nous sommes rassemblés, Max, Troy, Rob et moi autour de la Ducati, en attendant que Max fasse tourner la clé dans le neiman.

Hier, Troy a enfin reçu ses précieux colis et, depuis, il a mis les gaz : il a installé les joints sur les carburateurs et les a remontés sur le moteur, puis il a fait le jeu des bougies à l'électrode avant de les replacer, et il a changé la batterie *et* la courroie. C'est ce que j'avais dit à Lili : quand il le veut, Troy peut vraiment se bouger le cul et faire du bon boulot. Il a seulement besoin d'une motivation, et une jolie motarde entre visiblement dans ses critères.

Nous retenons tous notre respiration au moment où Max actionne la clé et appuie sur le bouton de démarrage.

Pendant un instant d'incertitude, dans le silence tendu et presque solide autour de nous, j'ai l'impression d'être dans une bulle hors du temps et du monde. Puis le ronronnement des cylindres résonne dans l'atelier. Un flottement, le temps qu'on comprenne tous que ce qu'on entend est bien réel. Et…

– *Yeah* ! braille gaiement Troy à ma gauche, en me présentant son poing pour qu'on se félicite.

De l'autre côté de la moto, Max s'est tournée vers Rob, et celui-ci la secoue par les épaules, le visage animé par la joie. Même elle s'est autorisée un sourire, un vrai, un de ceux qui fendillent sa carapace et me coupent le souffle. Ça ne dure qu'une seule seconde, avant qu'elle laisse ses yeux parcourir le reste de la bécane et qu'elle prenne conscience du boulot qu'on a encore à fournir pour qu'elle puisse partir avec. Son sourire s'efface.

Quand Max reporte son attention sur nous, Troy lui tend ses bras ouverts, comme si elle était du style à lui offrir un câlin pour le remercier. Il a un sacré culot… et ça m'agace. Un tiraillement de jalousie me mord la poitrine, car je ne me permettrais jamais une telle familiarité, surtout pas avec elle.

Depuis hier soir, j'ai davantage conscience des limites à ne pas franchir. C'est une cliente, la petite protégée de Rob, une fille de bikers et ma colocataire : beaucoup de raisons qui m'invitent à refouler ce que je ressens et réprimer cette envie de lui sourire parce qu'elle se rapproche de son objectif. Mais tout cela se mêle au regret de la voir se barrer un jour.

Dans un soupir, Troy finit par lever les bras au-dessus de sa tête pour lui taper dans les paumes, ce qu'elle accepte à contrecœur si j'en crois sa posture rigide. À mon grand étonnement, elle se tourne ensuite vers moi, les mains toujours hautes. J'approche mes paumes avec un petit sourire en coin et laisse nos peaux se toucher tandis qu'elle plonge ses yeux sombres dans les miens. Comme souvent, l'intensité de son regard me déstabilise et me donne l'impression d'être aspiré dans un trou noir.

Malgré moi, mes doigts se crochètent légèrement sur ses phalanges, prolongeant le contact. Elle pourrait me repousser, arracher brutalement ses mains, mais elle ne le fait pas. À la place, elle fait doucement glisser ses paumes sur les miennes pour se dégager et une fois que l'air tiède du garage a remplacé sa chaleur, ma peau se met à picoter faiblement. Je sens le même feu se répandre sur mes joues alors je baisse les yeux vers la moto pour masquer ma réaction.

Troy a dû remarquer mon regard car, dans l'instant qui suit, il émet un claquement de langue.

– Ouais, on a encore du taf ! Je vais me pencher sur ce problème de fuite d'huile sur la fourche, et toi, tu fais quoi ? Réservoir, ou tu finis le cadre ?

– Je vais commencer à débosseler le réservoir, déclaré-je en évitant le regard de Max que je sens peser sur moi. Je continuerai le cadre pendant les temps d'attente.

Satisfait, Troy acquiesce, comme si sa question était un test que je viens de réussir. J'ai envie de lever les yeux au ciel. Je ne suis pas motard mais je connais mon métier.

– Bien joué, les gars, nous félicite Rob en passant avant de rejoindre son bureau.

– C'est reparti ! s'écrie Troy avant de se tourner vers l'établi.

J'en fais de même et, alors que je m'empare du réservoir dont le métal est maintenant complètement à nu, j'entends dans mon dos les pas de Max qui s'éloignent.

Seulement là, je peux respirer librement à nouveau.

***

Pendant la pause de midi, mes collègues et moi décidons de nous asseoir sur le bitume, à l'ombre du bâtiment, pour dévorer nos sandwichs. Jarvis et Troy ont les yeux perdus sur le portable du premier. Ils regardent une vidéo que je suis incapable de suivre de là où je me trouve. De toute façon, j'ai toujours un œil qui traîne sur Loki, en totale liberté dans le parking.

– Elle est bonne, cette meuf… mais j'aime pas sa tête.

– Tu peux critiquer sa tronche autant que tu veux, elle te filerait même pas l'heure ! se moque Troy.

– T'es apparemment moins con que ton pote, tranche une voix féminine derrière nous.

Mon cœur se met à tambouriner dans ma poitrine, comme à chaque fois qu'il reconnaît ce timbre suave. Et effectivement, quand on se retourne tous les trois d'un seul mouvement, Max se tient debout derrière nous, une canette de soda à la main et la bouche pincée de désapprobation. Ses yeux menacent mes collègues.

Un raclement de gorge ramène mon attention vers Troy, qui affiche maintenant un visage écarlate et une expression contrite.

– Tu veux t'asseoir avec nous ? ose-t-il tout de même.

– Pas si vous continuez à commenter le physique de femmes qui ne vous ont rien demandé.

Sous le regard tranchant de Max, Troy rapetisse à vue d'œil. Je n'aimerais pas être à sa place, surtout que c'est en réalité Jarvis qui s'est permis la remarque. Ceci dit, il ne fait pas le fier non plus. À mon avis, il essaie même de se faire oublier en restant silencieux. C'est une bonne tactique face à Maxine Turner.

Mes collègues échangent un regard prudent alors que Max avance. Ses prunelles sombres accrochent les miennes une seconde, par-dessus les têtes de mes comparses, et mon cœur accélère. Mais quand elle s'accroupit finalement sur le sol, à côté de Troy, c'est un pincement de déception qui arrête sa course folle. Au contraire de ce dernier, dont l'expression penaude s'est transformée en un sourire radieux.

– T'as vu, on avance sur ta moto ! Tu vas pouvoir la récupérer en deux-deux ! commence-t-il d'un ton enthousiaste.

Et même si Max lâche un « Ouais » pas convaincu, Troy ne perd pas son large sourire. Je devrais admirer sa persistance au lieu d'analyser la façon qu'il a de détailler Max, allant de ses longues jambes étendues devant elle à son visage si particulier, ses yeux étirés…

Et plantés dans les miens.

Merde. J'étais en train de faire *exactement* la même chose.

Mal à l'aise, je détourne le regard et cherche Loki, que je ne trouve pas immédiatement. Mon cœur accélère à nouveau, mais ce n'est plus le même sentiment qui l'anime. Où est passé mon chien ? Je siffle un coup bref puis crie son nom, d'une voix que j'espère stable. L'instant d'après, il apparaît entre deux voitures et trottine joyeusement vers moi. Le soulagement m'envahit. Sauf qu'il voit Max et vient s'allonger à côté d'elle. Le contentement en moi se transforme en une émotion qui me fait éclater de rire. Max a raison : j'ai bien choisi cet animal. Et visiblement, on a les mêmes goûts en matière de femmes.

Quand je croise à nouveau le regard de notre colocataire, ses yeux brillent d'amusement, et sa bouche est relevée en un petit rictus. Elle aussi a remarqué que mon chien la préfère à moi. C'est de bonne guerre.

– T'as eu d'autres motos ?

La voix de Troy nous oblige, tous les deux, à rompre cet échange visuel pour reporter notre attention sur lui. Max fronce les sourcils un instant, comme si elle devait fournir un effort pour se rappeler sa question, puis elle répond sèchement :

– J'ai piloté une Harley Iron 883.

– Sympa ! Pourquoi tu n'es pas venue avec ?

Si je n'étais pas en train de regarder Max à ce moment-là, je n'aurais pas vu la pointe de douleur qui traverse ses yeux sombres, ni son faible tressaillement. Ça passe très vite, mais c'était bel et bien là. Elle reprend son expression impassible.

– En fait, elle n'était pas vraiment à moi. Je l'ai laissée à son vrai propriétaire et j'ai récupéré celle qui m'appartenait.

J'en déduis, sans certitude, que la moto qu'elle utilisait appartenait au club de son père et que Max pouvait l'utiliser gracieusement. D'après ce que j'ai lu, je croyais que les femmes n'avaient pas le droit de rouler avec les hommes, mais après tout, la compagne du président avait sa propre moto, alors peut-être que c'était différent dans son club.

Et là, Troy tente une sorte de coup de poker qui pourrait s'avérer gagnant… ou dévastateur.

– Et personne ne pouvait te réparer la Ducati à… D'où tu viens, déjà ?

Je me tends parce que, que je le veuille ou non, je suis aussi intéressé par la réponse. Mon souffle se bloque même dans ma gorge, de peur de manquer ses mots.

– De Fayetteville, confie-t-elle à Troy.

Mais c'est moi qu'elle observe, comme pour guetter ma réaction. Est-ce que j'étais censé le savoir ? Cette question en appelle d'autres qui me mettent beaucoup plus mal à l'aise : est-ce qu'elle sait que Rob m'a parlé d'elle ? Est-ce qu'elle a deviné que j'ai fait des recherches sur son passé ? Voilà pourquoi je déteste qu'on me confie des pseudo-secrets : on ne sait jamais comment réagir quand les gens apprennent que vous êtes au courant.

– Si, bien sûr qu'il y a des réparateurs de moto, continue-t-elle. Mais je tiens vraiment à cette bécane et je voulais quelqu'un à qui je peux faire entièrement confiance… Et Rob est un vieil ami de la famille…

Troy acquiesce comme si tout ça avait du sens alors que, même pour moi qui suis dans la confidence, ça n'est pas limpide. J'imagine qu'elle ne pouvait pas s'adresser à un garage de Fayetteville sans risquer de se faire repérer par son père. En plus de tout ça, je ne sais toujours pas pourquoi il la cherche à ce point.

– Tu préfères rouler seule ou en groupe ? Tu fais partie d'un club ?

À la mention de ce dernier mot, Max se tend si fort que je suis surpris de ne pas entendre ses os craquer. Je collerais bien une claque à l'arrière du crâne de Troy pour avoir posé une question aussi stupide, mais il ne peut évidemment pas savoir ce qu'il a dit de mal. Il n'y a que moi qui le peux, pour la seule et unique raison que le patron a joué les commères avec moi.

Le teint blême, Max se contente de secouer la tête, mais ça ne décourage pas Troy pour autant :

– Si ça te dit de rouler avec de la compagnie, tant que tu es ici, tu pourrais te joindre à mes potes et moi quand on sort en balade.

– On verra, lâche Max en haussant les épaules et en grattant machinalement le dos de Loki, le regard fuyant.

Est-ce qu'on peut être jaloux de son chien ? Parce qu'on dirait vraiment que c'est ce que j'éprouve en voyant les doigts de Max s'enfoncer dans le pelage de Loki.

– Jack, c'est vrai que t'as jamais fait de moto ?

Ils sont tous les trois tournés vers moi, même Jarvis a levé les yeux de son téléphone.

– Ouais. L'occasion ne s'est jamais présentée, et je suis bien dans ma caisse.

Juste après avoir passé mon permis, j'utilisais la voiture de Chiara. Et de toute façon, ma sœur avait déjà deux boulots pour nous faire vivre, on n'aurait jamais pu trouver le fric pour une moto. Moi, j'avais un job d'appoint dans un garage après les cours, mais l'argent me servait à acheter les pièces pour Pamela. Une fois qu'elle a été en usage, je n'ai jamais voulu descendre de mon trésor.

– Avec la bagnole que t'as, ça se comprend ! confirme Jarvis alors que Troy hoche la tête. Pamela est une bombe !

– Pamela ? T'as donné un nom à ta voiture ? s'étonne Max, les yeux arrondis d'amusement.

Gêné, je me passe une main sur la nuque.

– Ouais… C'est une tradition familiale…

Je comprends que ça puisse choquer. C'est débile, quand on y pense. Je me rappellerai toujours la tête de Lili quand Chiara lui a annoncé qu'elle avait surnommé sa Jeep « Jennifer ». Mais cette tradition a commencé avec Papa, et rien que pour ça, Chiara et moi ne sommes pas prêts à y renoncer.

– Pourquoi Pamela ? demande doucement Max.

– Parce que mon père avait un faible pour Pamela Anderson, dis-je d'une voix ténue dans laquelle je ne parviens pas à masquer mon chagrin.

Elle hoche la tête une fois, et la compréhension tacite brille dans son regard. Peut-être se souvient-elle que j'ai commencé la restauration de la Porsche avec mon père. En tout cas, j'ai la certitude qu'elle saisit l'importance qu'on peut donner à de simples objets ou à des traditions bizarres. Ce ne sont pas juste une bagnole et une moto. Ce sont des témoignages d'amour.

La seconde d'après, une lueur de défi a remplacé la pitié dans ses yeux. Elle se poste devant moi :

– Debout !

Comme je ne me lève pas tout de suite, elle est obligée d'exprimer sa pensée.

– C'est l'heure de ta première leçon de moto.

Et c'est comme ça que je me retrouve à enfourcher la moto de Rob, sur le parking du garage, avec mes collègues qui se moquent gentiment de moi et Max qui me toise à côté de l'engin. Je loue sa tentative de me changer les idées mais je doute que me ridiculiser soit vraiment la meilleure solution. Elle m'a déjà expliqué les différentes commandes et donné des milliards de consignes qui me sont, en toute franchise, entrées par une oreille et sorties par l'autre. Je suis bien trop perturbé par sa proximité – quand elle se penche sur le guidon pour me montrer le frein, l'embrayage et la poignée d'accélération, par exemple – et je n'ai *rien* écouté.

– Va jusqu'au bout du parking et reviens.

Je dois avoir l'air estomaqué, parce qu'elle soupire :

– C'est en ligne droite, tu vas aller à 10 km/h maximum. Ça va bien se passer.

Son assurance est contredite par la pointe de doute dans ses yeux. Qui essaie-t-elle de rassurer ? Moi ou elle ? Après tout, ce n'est même pas sa moto. Elle doit penser à la même chose que moi, car un petit sourire vient relever les coins de ses lèvres sensuelles. Mon souffle se coupe dans ma poitrine.

– De toute façon, si tu l'abîmes, c'est toi qui devras la réparer, me chambre-t-elle. Souviens-toi : serre bien les genoux autour de la moto et détends le haut de ton corps. C'est ton regard qui détermine où va l'engin, donc tu ne regardes *jamais* par terre. Sinon, tu vas où ?

– Par terre, répliqué-je du tac au tac.

– Pour avancer, tu relâches doucement l'embrayage tout en accélérant régulièrement. Bon, de toute façon, tu conduis une boîte manuelle, tu sais passer des vitesses. On y va ?

Mais son regard se perd sur moi, et ses sourcils se froncent au-dessus de ses jolis yeux qui parcourent mon torse recouvert d'un simple débardeur. J'ai rabattu les manches de mon bleu de travail pour les attacher autour de ma taille lorsqu'on est sortis prendre l'air. Et à la façon dont elle détaille mes pectoraux et mes bras nus, je ne le regrette pas. *Putain, qu'est-ce que je raconte ?* Je ne devrais pas vouloir qu'elle m'observe de cette façon, et pourtant, mon cœur ne peut s'empêcher d'accélérer quand une légère rougeur se forme sur le haut de ses pommettes, là où se cachent ses foutues taches de rousseur. Son regard aussi se fait plus lourd. Je peux presque sentir chaque endroit de mon corps qu'elle observe et j'ai envie de rester comme ça pour l'éternité. Malheureusement, toutes les bonnes choses ont une fin, et elle finit par ramener ses yeux dans les miens :

– Ne prenons aucun risque. Remonte tes manches, je vais te prêter mon casque, dit-elle avant de détaler comme si elle avait le feu à son cul bombé.

Moi, le blanc-bec, je fais peur à Max Turner !

J'éclate une nouvelle fois de rire alors qu'une sensation de bien-être envahit cette poitrine qu'elle a détaillée avec tant d'envie il y a quelques instants.

Le casque est un peu serré, mais il est imprégné de l'odeur de Max. Et malgré tout, je réussis à rejoindre le bout du parking sans caler. J'ai juste légèrement posé le pied par terre en me sentant perdre l'équilibre et – j'avoue – avoir regardé une fois au sol, parce que Loki a essayé de me suivre avant que Max le rappelle.

Lorsque j'arrête la moto à côté de Max, elle arbore un sourire satisfait. La froideur a quitté son regard. L'air se charge d'électricité quand ses yeux se posent sur les miens à travers la fente du casque.

– Pas mal ! dit-elle finalement avec douceur.

– J'ai une bonne prof.

Tandis que je retire mon casque, elle suit mes doigts des yeux. Je passe une main dans mes cheveux pour les discipliner et, l'espace d'un instant, j'ai envie que ce soit elle qui me touche. Mais trop vite, son regard revient dans le mien.

– Ça t'a plu ?

Je n'ai pas besoin d'y réfléchir à deux fois avant de répondre, dans un sourire :

– Oui !

Je suis récompensé par un demi-sourire de sa part, et mon cœur accélère d'un coup.

– Ça te dirait de remettre ça ?

Ai-je vraiment envie d'apprendre à conduire une moto ? L'idée ne m'avait pas traversé l'esprit avant aujourd'hui, mais je dois bien admettre que ça me tente. Et surtout, si je suis complètement sincère, je serais prêt à beaucoup de choses pour faire naître ce sourire sur sa bouche.

J'acquiesce en descendant de l'engin, ce qui m'amène près d'elle, très près même. Ses yeux si foncés se rivent aux miens, et elle opine à son tour, sérieuse.

Un accord vient d'être scellé, même si j'ai l'impression qu'il n'implique pas seulement quelques leçons de moto.

Nous finissons par rejoindre les autres. Ils sont en train de regarder une vidéo sur une voiture de luxe, une qu'on ne pourra jamais s'offrir avec nos salaires de mécano.

– Putain ! siffle Troy. Je vendrais un rein si ça suffisait pour me payer cette bagnole. Ou la meuf qui la montre.

Jarvis lui donne un coup de coude, mais c'est trop tard. Max l'a entendu, et son regard se charge de cette colère froide et méprisante qu'elle maîtrise si bien.

– Tu sais, Troy, quand je t'ai dit que t'étais qu'à moitié con, fallait pas prendre ça pour un challenge, lâche-t-elle d'un ton coupant.

Mon collègue blêmit et s'excuse, alors que je ne peux retenir un rire. Les yeux de Max quittent leur victime et se posent sur moi. L'espace d'un instant, j'ai l'impression que je vais en prendre pour mon grade, mais elle m'adresse un clin d'œil complice, si rapide que je pourrais l'avoir rêvé, avant de toiser à nouveau Troy. Je ne le plains pas ; il l'a bien cherché.

CHAPITRE 17

La moto rouge et noire est déjà parquée devant l'immeuble quand Loki et moi revenons du boulot, mais l'appartement – tout du moins, la pièce commune – est vide. Je suppose que Max s'est de nouveau enfermée dans sa chambre. Ces derniers jours, je la croise plus au garage que dans le logement que nous partageons.

Après une douche rapide, je m'installe sur le canapé, face à ma console. Je joue quelques minutes avant que mon ventre décide qu'il est grand temps de manger. Je commanderais bien une pizza… mais dois-je en prendre une pour Max ? Si oui, qu'est-ce qu'elle aime ?

Un nouveau grondement ne me laisse plus le choix. J'attrape mon téléphone sur la table basse et, tout de suite, je découvre un SMS que je n'avais pas entendu arriver et dont la lecture me fait lâcher un juron. Je dois absolument parler à Max… et tout de suite.

Pourtant, devant sa porte, j'hésite. Quel sujet vaut-il mieux aborder en premier pour avoir le temps d'aller au bout de ma phrase ?

Je frappe brusquement avant de perdre courage. Comme hier, elle me crie d'ouvrir. Je la retrouve sur son lit, son ordinateur portable sur les genoux, et de la même façon qu'hier, une drôle de sensation me tord les entrailles en la voyant là, chez moi.

– J'allais me commander une pizza. Tu en veux une ?

Elle me jette un coup d'œil rapide avant de revenir à son écran.

– Non, j'ai déjà mangé. Mais merci.

Je n'avais pas beaucoup d'espoir, vu la manière dont elle m'a remballé hier. Pourtant, le plus dur reste encore à faire. Je me balance d'un pied sur l'autre en me demandant comment formuler la chose quand ses yeux noirs se plantent dans les miens.

– Y'a autre chose ? m'interroge-t-elle d'un ton suspicieux. Il faut vraiment que je finisse ça pour pouvoir facturer le client. J'ai besoin de cash.

– Tu sais que lundi, c'est *Memorial Day* ?

Surprise, elle a un petit mouvement de recul, ses sourcils se fronçant en une question.

– En quoi ça me concerne ?

– Puisque c'est férié, un pote va me rendre visite ce week-end. Il arrive demain soir.

Comment j'ai pu oublier Brown, son mètre quatre-vingt-quinze et ses cent kilos, est un mystère. Enfin, j'ai bien une idée : j'ai été plutôt occupé ces derniers jours avec Max, Loki et Lili, mais ce n'est pas le moment de s'appesantir sur la question. Le fait est que Brown débarque demain et que j'avais complètement zappé. Heureusement qu'il m'a rappelé l'heure d'atterrissage de son avion, sinon il aurait poireauté longtemps à l'aéroport…

– Ça veut dire quoi ? Tu as besoin de récupérer la chambre ? lâche Max d'une voix ambiguë.

– Non ! Je lui filerai la mienne. Je voulais juste te prévenir.

– Je peux retourner au motel…

– Max, la coupé-je. Même si tu n'es pas là du week-end, Brown ne dormira pas dans cette pièce. C'est *ton* lit, maintenant. Je ne le prêterai à personne d'autre tant que tu seras dans les parages.

Une émotion passe dans ses pupilles sombres avant qu'elles se mettent à briller d'un mélange de malice et de provocation.

– Et si c'est moi qui l'y invite ?

Cette idée me tord l'estomac d'une main d'acier, mais je me force à hausser les épaules d'une manière nonchalante.

– Dans ce cas, ça sera ton problème, affirmé-je négligemment alors que les mots me brûlent la langue. Et sinon, il y aura pas mal d'animations un peu partout dans Jacksonville, donc si tu veux te joindre à nous, tu es la bienvenue.

Elle acquiesce, mais ce n'est pas pour confirmer qu'elle viendra : elle veut juste me faire savoir qu'elle m'a entendu. Sans en attendre plus, je recule, ferme la porte et ne fais pas attention au profond soupir qui parvient à mes oreilles.

Lorsqu'elle débarque dans la cuisine un peu plus tard, je m'attends à ce qu'elle disparaisse aussi vite dans sa chambre. Mais elle se sert un verre d'eau, s'approche du fauteuil pour donner une grattouille à Loki qui s'est dressé sur ses pattes en la voyant… et s'assoit.

Je dois vraiment avoir l'air estomaqué, parce qu'elle me jette un coup d'œil moqueur par-dessus l'écran de son ordinateur portable qu'elle vient d'ouvrir sur ses genoux. Ce truc ne la quitte jamais. Comme elle me dévisage, je me sens obligé de dire quelque chose :

– Le Wi-Fi ne marche plus dans ta chambre ?

Elle lâche un petit ricanement pour montrer son amusement ou dissimuler sa contrariété, allez savoir.

– Pourquoi ? Ça t'emmerde que je travaille ici ? T'as peur que je découvre à quel point t'es mauvais à ton jeu ?

C'est à mon tour de ricaner.

– Non, parce que je suis plutôt bon, en fait !

J'hésite un court instant avant de lui demander :

– Sur quoi tu bosses ?

Quelque chose passe dans ses yeux étirés, surprise ou satisfaction. Cette fille est une énigme à elle-même.

– Je crée des sites Internet, révèle-t-elle enfin en tournant dans ma direction l'ordinateur sur lequel s'affiche une page de navigateur en construction.

Je sens mes paupières s'écarquiller malgré moi. Je ne m'étais jamais interrogé sur le métier de Max Turner, mais c'est évident qu'elle a une vie, un gagne-pain qui lui permet de payer les pièces de sa moto. Je crois que j'ai fini par la voir comme une sorte de valkyrie ou d'amazone envoyée pour botter le cul des mecs trop entreprenants. Dans tous les cas, une créature hors d'atteinte pour moi.

Ce rappel à la réalité me fait l'effet d'une claque à l'arrière de la tête sans que je comprenne pourquoi.

– Tu ne t'attendais pas à ça, constate-t-elle à voix basse.

– Pas vraiment. Je pensais que t'étais une sorte d'instructrice de moto BDSM, entièrement de cuir vêtue, qui torturait au fouet les pauvres gars sur des bécanes.

Ça a au moins le mérite de la faire éclater de rire, même si je la sens tout autant amusée que vexée par ma remarque. Son visage se détend, ses yeux pétillent, quelque chose de lumineux et de chaud s'échappe d'elle et… ça la rend tellement belle que je me mets à sourire, moi aussi.

Tout en riant, elle tape une instruction sur son clavier et me montre à nouveau son écran. C'est un site qui vend des accessoires de moto.

– C'est moi qui l'ai fait, annonce-t-elle d'une voix rayonnante qui porte toute sa fierté.

Je saisis l'ordinateur qu'elle me tend et passe quelques minutes à naviguer sur le site, qui est beau et bien construit. Les textes sont très convaincants.

Même si je ne fais pas de moto, je serais capable de me payer un de ces blousons en cuir tant ils sont judicieusement présentés. Quand je le lui dis, une légère rougeur apparaît sur le haut de ses pommettes saillantes. Je suis sur le point de lui redonner son ordinateur, lorsque l'adresse de la boutique m'interpelle et me rappelle la question que Troy lui a posée ce midi.

– Fayetteville, alors ?

Une lueur méfiante passe dans ses yeux, et je la sens se fermer, comme si on rabattait le couvercle d'une boîte contenant une ampoule. Toute la lumière qui émanait d'elle est aspirée dans un trou noir, et je retrouve la Max habituelle, sombre et froide.

– Ouais. Tu ne le savais pas ? Rob ne t'a pas tout raconté de ma vie ?

Le moment que j'avais redouté vient d'arriver. Je soupire un bon coup, d'une façon que j'espère équivoque.

– Non, il ne m'a pas dit grand-chose.

Ses yeux se chargent d'une question orageuse à laquelle je préfère répondre avant qu'elle la crache.

– Juste que tu t'es disputée avec ton père et que tu vas rejoindre de la famille.

– Il n'a rien balancé sur mon paternel ? sonde-t-elle d'un ton suspicieux.

– Juste qu'il est président d'un club de bikers.

Face à moi, Max accuse le coup. Ses épaules s'affaissent, et sa bouche se tord en une grimace. J'ai terriblement envie de tendre la main et de la poser sur son bras à la peau cuivrée pour la rassurer, mais je ne le fais pas. Je ne suis pas son ami, juste un garagiste-hôte. Une tornade d'émotions se succède sur son visage, et je dois lutter pour ne pas m'approcher d'elle.

Vu sa réaction à la simple mention du club, j'imagine le pire sur ce qu'elle a vécu là-bas. Qu'a-t-elle été forcée de donner ? Quelle a été sa contribution au collectif ? Les phrases que j'ai lues hier soir – « abusées physiquement et sexuellement » – me donnent envie de rendre ma pizza sur le tapis.

– C'était comment ? m'entends-je demander prudemment.

Quand elle relève les yeux vers moi, j'y lis de la tristesse, mais *surtout et essentiellement* de la colère.

– Tu crois que c'est cool ? Comme dans les films, hein ? Tu sais ce que c'est d'être la fille du président ?

Je remue doucement la tête, sans la quitter des yeux ni prononcer un mot. Je ne sais pas quoi faire d'autre.

– Ça le serait peut-être si j'étais un homme, mais je ne suis que « la fille de Benny ». J'appartiens à mon père et à son foutu club alors que je n'ai même pas le droit d'en être membre. Je ne peux pas porter leurs couleurs, sauf si j'accepte de devenir la propriété d'un membre et qu'on l'écrive blanc sur noir sur mon blouson. Et encore, il faudrait que mon père me donne officiellement au mec. Même si je pilote mieux que certains des gars

– voire que la plupart –, je ne peux pas participer aux virées. Tout ce que je suis autorisée à faire, c'est la potiche, mais sans trop me faire remarquer. Et pourquoi ? Parce que je suis une femme, et métisse par-dessus le marché, ce qui me situe au rang de moins que rien.

Elle termine essoufflée, les joues rouges, la poitrine encore secouée par sa tirade, mais les larmes qui menacent d'éclater dans ses yeux me confirment que tout ça la touche beaucoup plus que ce qu'elle veut montrer. Elle a simplement appris à masquer ses véritables émotions avec de la rage et de l'indifférence, des réactions sans doute mieux acceptées dans le milieu où elle a grandi.

Je me demande comment elle a pu le supporter aussi longtemps. Malgré ce qu'elle vient de confesser, je suis rassuré qu'elle n'ait pas été maltraitée. Enfin, c'est ce qu'elle laisse entendre, mais comment réellement savoir ?

– C'est pour ça que t'es partie ?

Elle secoue la tête une fois mais n'ajoute rien de plus. Même si ça blesse une partie de moi qu'elle ne m'accorde pas sa confiance, je la comprends. On ne se connaît pas assez. Alors, au bout de plusieurs secondes de silence, je reprends ma manette et me replonge dans un environnement sur lequel j'ai un semblant de contrôle.

Je suis surpris d'entendre sa voix éclater quelques minutes plus tard :

– Mon père a décidé de me refiler en cadeau au second du *chapter* des *Hells Angels* du coin, pour sceller leur alliance.

Sur le coup, je crois avoir mal compris. *Quel père ferait un truc aussi dégueulasse ?*

– Le mien, apparemment ! dit-elle d'une voix étranglée, les yeux débordants de larmes.

Je ne comprends que j'ai lâché ces mots à voix haute seulement lorsqu'elle se lève et se précipite vers sa chambre dans une bourrasque de son parfum enivrant, sans me laisser le temps de répliquer.

– Max ! appelé-je en me maudissant de ma stupidité.

Seul le claquement de sa porte me répond.

Bien joué, crétin !

Maintenant, je comprends mieux l'inquiétude de Rob. Si le père de Max a besoin d'elle pour ses affaires, il ne lâchera pas son précieux atout avant d'avoir mis la main sur elle. Tout ça prouve qu'elle n'est pas une « moins que rien » comme elle le pense. Au contraire. Plus je la côtoie et échange avec elle, plus je me rends compte de sa valeur inestimable. Je ne la fréquente que depuis quelques jours mais je sais qu'elle est intelligente, débrouillarde, assurée, courageuse. Elle mérite de vivre une vie où on la reconnaît pour elle-même, pour sa juste valeur.

J'espère qu'elle trouvera sa place à l'avenir, même si une partie de moi regrette déjà de ne pas être là pour le voir de mes propres yeux.

CHAPITRE 18

Elle est là. Je n'en reviens pas.

Après notre échange d'hier, et le fait qu'elle m'ait de toute évidence évité au garage, je ne m'attendais pas du tout à ce que Max accepte de nous accompagner ce soir, mais elle est bel et bien là.

D'ailleurs, elle détonne un peu au milieu de mes potes, dans sa tenue entièrement noire, le visage sérieux, assise entre Chiara et Gableston autour d'une table du Smithy's. Les yeux du *boot* lui sont pratiquement sortis de la tête quand on la lui a présentée, et depuis, il ne peut pas s'empêcher de lui jeter des petits regards en coin. Mais ce n'est rien en comparaison des longues œillades que lui adresse Harris, le *Hollywood Marine* qui partage la chambre de Gableston dans les baraquements, si bien que celui-ci le traîne partout. Même là où il n'est pas le bienvenu.

Et je ne parle pas de l'expression que m'a servie Brown quand je lui ai annoncé qu'on avait de la compagnie en le ramenant de l'aéroport :

– Comment ça, *une* coloc ?

– Je la dépanne. C'est une connaissance de mon patron, et elle a besoin d'un logement le temps qu'on répare sa moto. C'est l'affaire de quelques semaines.

Une lueur malicieuse a chassé la surprise dans les yeux bleus de Brown.

– Putain, je pars à peine six mois, et pendant ce temps-là, tu te mets aux deux-roues et tu te retrouves avec une nouvelle coloc.

– Et un chien.

– Ouais, y'a ça aussi ! s'est marré Brown de ce rire qui le secoue tout entier. Tu peux pas t'empêcher de jouer les bons samaritains, hein ?

– Probablement pas…

En passant la porte de l'appartement, j'ai quand même douté un instant. *Est-ce que Max allait daigner sortir de sa chambre ?* Peut-être que Brown ne la croiserait pas de tout le week-end et qu'il m'accuserait d'avoir des hallucinations ou de m'inventer une vie… Bon, déjà, Loki ne m'a pas fait mentir en m'accueillant en grande pompe – enfin, jusqu'à ce qu'il aperçoive Brown et qu'il recule vers le canapé en grognant. En suivant mes indications, mon pote s'est baissé pour se rendre moins inquiétant, et c'est là que Max est apparue dans la cuisine. Ses yeux m'ont balayé rapidement avant de se river sur Brown, comme pour évaluer la menace. Je me suis mordu la lèvre pour retenir un sourire.

– Max, je suppose ? a dit Brown, toujours recroquevillé. Moi, c'est Johnny. Tu m'en veux pas si je me lève pas pour me présenter ? D'habitude, j'ai de meilleures manières, mais je préfère ne pas me faire bouffer par ce molosse.

– Pas de problème, a répondu Max alors que les coins de sa jolie bouche se sont relevés en un léger sourire.

Merde ! Brown est arrivé à la faire sourire cinq minutes après l'avoir rencontrée, et en quatre phrases par-dessus le marché. Je ne savais plus si j'étais agacé, étonné ou jaloux. Et immédiatement, j'ai repensé à la remarque de Max sur le fait de l'inviter dans son lit, et un nœud s'est resserré dans mon estomac. Malgré moi, je me suis retrouvé à détailler la façon dont Max l'observait. Est-ce qu'il l'attirait ? Ses yeux sombres posés sur lui étaient aussi neutres et détachés que d'habitude. Ce n'est que lorsque Loki s'est calmé et que Brown s'est redressé qu'un éclair de surprise a traversé ses pupilles noires. Sa carrure ne laisse personne indifférent, et si Max a paru impressionnée l'espace d'une seconde, elle a rapidement repris son expression distante. Le soulagement m'a envahi malgré moi.

Bref. Lorsqu'on a retrouvé Gableston et Harris au Smithy's, elle s'est pratiquement installée en face de moi. Maintenant, son regard se pose partout, sauf sur moi.

Je suppose qu'elle m'en veut ou qu'elle est gênée de ce qui s'est passé hier soir, mais je ne sais pas quoi faire pour rattraper le coup. Alors, je laisse couler.

– Salut, petite Johnson !

Cette voix familière me tire de mes pensées. Je sais déjà qui je vais trouver derrière la chaise de Chiara et, lorsque je croise le regard de Lili, j'y lis la même exaspération. Rodriguez, c'est ce gars qui n'en a rien à foutre et dont les conneries finissent toujours par retomber sur les autres. C'est typiquement celui qui va gerber sur tes affaires, oublier de préparer son paquetage parce qu'il était trop bourré ou perdre son fusil sur le pas de tir et obliger tous les autres à le chercher alors qu'on a juste envie de rentrer.

Celui pour lequel sont pensés les inspections, les listes interminables et les briefings de sécurité qui durent quatre heures.

Ce gars-là, quoi.

Rodriguez commence à baratiner ma sœur, à la demander en mariage pour la millième fois, alors que celle-ci l'envoie balader.

– Putain, Rodriguez ! intervient Lili en mettant son bras autour des épaules de Chiara. Il te faut quoi pour piger qu'elle est avec moi ?

Je les laisse s'engueuler, parce qu'une autre personne attire mon attention. Chrissie m'adresse un grand sourire et un salut de la main, et je lui décoche un clin d'œil en retour. Qu'est-ce qu'elle fait avec ce branleur ? La question doit se lire sur mon visage, car elle me désigne discrètement de la tête l'autre femme du groupe qui accompagne ce type, une blonde que j'ai déjà vu traîner avec elle. Elle me fait ensuite le signe de l'appeler, et j'acquiesce, avec un sourire en coin. Ça ne dure qu'une minute, mais ça suffit pour que Lili ait le temps de dégager Rodriguez et que le calme revienne à notre table. Enfin, à peu près.

Quand je reporte mon attention sur mes amis, je remarque trois choses : à ma droite, Lili arbore un petit sourire qui ne me dit rien qui vaille ; à ma gauche, Brown a le sourcil levé de surprise, et en face de moi, les yeux de Max sont chargés d'interrogations et de mécontentement.

***

Nous avons à peine le temps de boire une bière que nous nous dirigeons vers Lejeune Memorial Gardens. On n'est clairement pas les seuls à avoir eu cette idée car on doit se garer loin, ce qui me laisse largement le temps de ressasser avant qu'on rejoigne le monument.

D'habitude, c'est plutôt joli. Il y a des fleurs de toutes les couleurs et une grande fontaine ronde aux multiples jets d'eau. Ça n'empêche pas ma gorge de se serrer à chaque fois que mes yeux se posent sur les immenses panneaux vitrés marqués des lignes dorées qui représentent tous ceux qui ont donné leur vie pour notre pays. Et ces listes sont partout. Les victimes de Beyrouth, du Viêt Nam, de la Seconde

Guerre mondiale, du 11 septembre. Tous nos frères Marines qui ont laissé leur peau en mission.

Ce soir plus particulièrement, ma gorge me brûle, peut-être parce que le visage de Mitchell est récemment revenu hanter mes rêves. La sensation empire lorsqu'on me colle une chandelle dans les mains. On honore nos morts avec une putain de veillée aux bougies, comme si ça pouvait les ramener. J'avance en suivant les pas de mes potes, sans vraiment avoir conscience d'où je vais. Mon esprit repasse les mêmes images en boucle : les yeux écarquillés par la peur de Mitchell en comprenant qu'il n'en reviendra pas, la vague rouge sur son torse, la poigne glacée qui s'est refermée sur mes entrailles en pigeant que j'étais le prochain dans le viseur.

Une main me serre doucement mais fermement l'épaule.

Mes yeux rencontrent ceux de Lili, pleins d'inquiétude, de compassion et de compréhension. Il est le seul du groupe à pouvoir comprendre pourquoi ma bouche est aussi sèche que dans le désert, à quel point le poids sur mes poumons est lourd. Je n'oublierai jamais. Et lui non plus. Je lis la question dans son regard, mais j'ai beau déglutir, je suis incapable de parler. Alors, j'acquiesce.

Ouais, je vais bien.

Enfin, autant que je peux l'être.

Il hoche la tête lui aussi. Il a tué au moins un mec ce jour-là, un nom sur une autre putain de liste, et je sais que ça lui pèse sur la conscience. On en est revenus, tous les deux, mais on a quand même laissé là-bas une part de nous qu'on ne récupérera jamais. Pourtant, ça ne nous viendrait pas à l'esprit de fuir cette journée et ce lieu. Même si on se passerait bien d'un foutu jour férié.

Quand je parviens à détacher mes yeux des siens, je remarque qu'on s'est arrêtés près de la statue de l'aigle, du globe et de l'ancre. Chiara est en train d'expliquer un truc à Max en montrant la sculpture. Même si la nuit commence à tomber, je ne peux manquer le regard interrogateur que me lance ma colocataire. Moi aussi, je traîne mes casseroles, mais sa charge à elle est déjà bien assez pesante pour que je me déleste de mes problèmes sur elle. Alors, je détourne la tête et cherche Brown. Quand il mime le geste de boire, je prends une grande inspiration :

– T'as raison. Il est temps de faire passer tout ça.

Quand on arrive au bar, les guitares hurlent déjà et le chanteur s'époumone sur une chanson de *System of a down*. Comme le concert a commencé depuis un moment, il y a du monde sur la piste et devant le long comptoir surmonté de néons verts et bleus. On doit jouer des coudes pour avancer dans la masse de corps transpirants qui sautent sur place au rythme de la batterie. Heureusement que nous avons un atout de taille : Brown. C'est lui qui déblaie le chemin devant nous grâce à sa carrure de Goliath.

On arrive à trouver un petit endroit – presque – vide à la droite de la scène, proche du bar. Lili et Gableston partent nous chercher des bières, et on se laisse tous entraîner par la musique. Chiara est la première à se déchaîner, bras en l'air, tête qui bat le rythme, bonds de vingt centimètres. Ça ne me surprend pas car c'était typiquement le genre de musique qui faisait trembler les murs de sa chambre d'adolescente. Elle ne tarde pas à se tourner vers moi et à me tendre les bras. Je me retrouve bientôt à pogoter avec elle. Rapidement, on est rejoints par Brown et Lili, qui nous refile des bouteilles de bière. Les basses résonnent dans ma poitrine et finissent par chasser la tristesse. Ne reste plus que l'euphorie communicative de la foule, ce sentiment de faire partie d'un tout plus grand que soi.

Je profite d'un moment plus calme pour avaler une gorgée de bière et me tourne vers Max, qui danse à un mètre de moi. Ses yeux sont clos, sa tête et ses épaules suivent le rythme, sa bouche se referme sur le goulot de sa bouteille, et quand elle rejette la nuque en arrière pour boire, j'ai l'envie subite de m'approcher et de remonter la ligne de son cou avec mes lèvres.

Comme si elle l'avait deviné, elle ouvre les yeux sur une émotion brûlante qui fait scintiller ses iris sombres. Elle semble tellement à sa place, là, toute en noir, dans cette pièce où pulsent les vibrations des guitares et où la pénombre est rayée de lumières jaunes.

Je suis en pleine admiration lorsque je sens peser sur moi un regard mauvais. Harris. Monsieur Hollywood n'est pas ravi de ce qu'il a lu sur mon visage, comme s'il avait des vues sur Max. Ça provoque un drôle de nœud dans mon estomac ; c'est peut-être pour ça que j'adresse à celle-ci un signe pour qu'elle rejoigne notre petit groupe. Un léger sourire se dessine sur ses lèvres pulpeuses.

Elle avance dans ma direction de son pas assuré mais lent, en accord avec le rythme de cette ballade. J'en profite pour plonger avec délice dans son regard étiré. Dès qu'elle est proche de moi, je fais tinter ma bouteille contre la sienne.

– À la tienne, coloc, glissé-je juste contre son oreille pour me faire entendre par-dessus la musique.

Elle sent bon, mélange de son parfum capiteux et de l'odeur sucrée de ses cheveux lâchés. J'aspire une grande bouffée de sa saveur avant de me reculer.

Et là, je découvre son sourire, doux et empli d'autre chose… de désir, peut-être ? En tout cas, ses yeux brillent comme deux obsidiennes polies. Je dois rassembler toute ma volonté pour ne pas combler l'espace entre nous, surtout que la musique, plus langoureuse, nous invite naturellement à nous rapprocher.

– Je suis désolé, pour hier…

Une émotion lourde traverse rapidement ses yeux sombres avant qu'elle secoue brièvement la tête.

– Ce n'est pas de ta faute… Le sujet est sensible pour moi. J'ai surréagi.

Je ne peux qu'imaginer ce que ça fait d'être privé à ce point de sa liberté, de sa vie même, et j'ai envie de m'avancer vers elle pour la consoler quand malheureusement – ou heureusement – la grosse voix de Brown perce notre bulle.

– À mon avis, ils ne vont pas tarder à rentrer, ces deux-là, affirme-t-il avec un geste du menton derrière moi.

Il a raison. Chiara et Lili sont littéralement soudés de la bouche à l'abdomen, et si j'en crois la façon dont les doigts de mon pote sont crispés sur le T-shirt de ma sœur, il lutte pour ne pas la désaper, là, devant tout le monde. C'est peut-être à cause de la bière, des émotions lourdes qui me collent à la peau ce soir ou du regard sombre de Max devant moi, mais je me sens moins agacé que d'habitude par leur petit spectacle.

– Ils ne sont pas sortables, soupiré-je avant de retrouver l'expression moqueuse de Max. Tu veux vraiment covoiturer avec eux ? Parce que, vu comme ils sont partis, ça va être interdit aux moins de dix-huit ans tout le trajet.

Max lâche un ricanement, contenant sûrement de l'attendrissement et de l'amusement.

– C'est plus sûr de rentrer avec vous, confirme-t-elle.

Comme un fait exprès, à la fin de la chanson, Lili pousse Chiara vers la sortie en nous lançant un « À plus ! » qui nous fait éclater de rire.

Quand le concert se finit, nous nous dirigeons à notre tour vers le parking. Il me semble même intercepter un regard jaloux de la part de Harris quand Max se dirige vers Pamela. Quelque chose s'étend dans ma poitrine, de la fierté ou de la joie. Sûrement parce que le gars qui repart avec la Porsche et la fille, c'est moi.

Et ce sentiment se renforce quand mes yeux rencontrent dans le rétroviseur ces iris noirs qui me donnent à la fois la sensation de rapetisser et de m'envoler de légèreté.

CHAPITRE 19

De retour d'un long footing, Brown, Loki et moi trouvons Max attablée au comptoir de la cuisine devant son petit-déjeuner. Ça fait bizarre de la voir là, illuminée par la douce lueur du jour et pas encore parée de son armure noire d'amazone. Elle paraît plus paisible, plus abordable. Surtout quand Loki se précipite vers elle et qu'elle lui adresse un grand sourire qui étire tous ses traits. Ça me donne envie de saisir son visage entre mes paumes et de compter chacune de ses foutues taches de rousseur.

– Hé, lancé-je.

Elle se tourne vers moi en affichant toujours ce putain de sourire, et je ne sais plus ce que j'allais dire. Sûrement « Bonjour ». À la place, je balance le premier truc qui me passe par la tête :

– Les gars nous proposent d'aller à la plage. Tu veux te joindre à nous ?

Une question se forme dans ses yeux à mon évocation des « gars ». Un instant, je me demande si lui préciser que ça inclut Gableston et Harris l'aiderait à se décider, mais je préfère taire cette information. Je n'aurais même pas dû en parler tout court et juste laisser supposer que c'était avec nous. Avec *moi*. Et c'est là que je me rends compte que je débloque complètement, parce que je n'ai pas le droit de m'approcher de cette fille, de toute façon.

– D'accord, finit-elle par dire, et mon cœur menace d'exploser dans ma poitrine.

J'espère qu'elle ne sait pas déchiffrer mes émotions comme Brown, parce que mon ami me scrute, le visage penché sur le côté et les sourcils froncés. C'est pourquoi je lâche :

– Je vais me doucher vite fait pendant que tu bois ton café.

En me dirigeant vers ma chambre, j'ai bien conscience d'avoir fui tel un gosse pris en défaut, mais je ne peux pas le laisser découvrir que je suis sur le point de merder encore une fois.

***

Quand on débarque à Onslow Beach, Harris nous attend de pied ferme, mais surtout avec son visage de séducteur dès le moment où il repère Max. Moi aussi, j'ai retenu un sourire lorsqu'elle nous a rejoints dans la cuisine, dans son T-shirt court qui s'arrête juste sous sa poitrine et son short en jean. Et toute cette peau cuivrée entre les deux. J'ai presque failli demander à Chiara de me laisser la place du milieu dans la Jeep, pour être à côté de

Max, mais il ne faut pas déconner. Il n'y a qu'un mini-gabarit qu'on peut caser là.

Après avoir salué Gableston et les Marines de son peloton, je m'approche de Harris. Il m'adresse un sourire aimable qui ne me donne pas d'autre choix que d'être sympa avec lui. Après tout, il vient de débarquer et tente simplement de s'intégrer. Ce n'est pas de sa faute s'il lorgne Max. Je peux le comprendre.

– Ton adaptation se passe bien ?

Il soupire en faisant glisser une main sur son visage.

– Ouais… La vie est différente ici, en ville et dans la base. C'est plus relax à Pendleton. La semaine dernière, je me suis fait engueuler parce que j'ai voulu entrer dans le *PX*[13] en short de basket… Et puis c'est vachement humide, comparé à la Californie. La bonne nouvelle, c'est que comme il n'y a pas grand-chose à faire à Jacksonville, je ne risque pas de dilapider ma paie en un week-end.

– Tu oublies les clubs de striptease, lancé-je, une pointe d'ironie dans la voix.

– Un bon point pour Jacksonville ! Mais les étudiantes californiennes vont quand même me manquer.

---

13. Appelé aussi *commissary*, *exchange* ou MCX. Économat. Magasin interne à une base militaire qui vend des produits sans taxe où seuls les militaires et leurs bénéficiaires peuvent s'approvisionner.

Tu n'y pensais pas tant que ça, hier soir, quand tu draguais Max, ai-je envie de lui rétorquer. Mais même moi, je sais que ça serait mesquin. Ce gars est à plus de quatre mille kilomètres de sa dernière affectation.

– J'ai connu plein de mecs qui partaient s'entraîner à Pendleton ou à Twentynine Palms, mais c'est la première fois que j'entends parler d'un transfert entre Pendleton et Lejeune dans ce sens.

– C'est moi qui ai demandé une mutation. Je voulais m'éloigner tout en restant sur le continent américain.

Ma surprise doit se lire sur mon visage, car il poursuit avec un sourire désabusé :

– Ma femme – enfin, mon ex-femme – m'a trompé avec un de ses collègues, un civil, et après, elle a commencé à sortir avec mon sergent, qui vient de divorcer. Bref, j'avais plus envie de voir leurs gueules, ni à l'un ni à l'autre.

Je ne m'attendais pas du tout à ça et, d'un coup, je m'en veux de l'avoir critiqué dans son dos. La culpabilité et la honte m'envahissent. J'ai été con. *Encore une fois.*

– Oh ! mec, désolé. Ça craint !

– Ça ne fait que deux semaines que je suis là, mais je me demande si je ne devrais pas me porter volontaire pour un déploiement, n'importe où. Juste pour changer complètement d'environnement et penser à autre chose. J'ai l'impression que mettre notre continent entre moi et toute cette merde, ce n'était finalement pas assez.

Quelque part, je ne serais pas mécontent de ne plus voir sa gueule à lui non plus, mais j'ai conscience que mes prétextes sont égoïstes. C'est pourquoi je m'écrie :

– Ne fais pas ça !

– Pourquoi ? s'exclame Harris, intrigué.

– Le seul type que je connais qui s'est porté volontaire pour un déploiement l'a regretté dans le mois qui a suivi. Attends, il va te l'expliquer lui-même. Lili !

À quelques mètres de là, mon pote se retourne et, après s'être excusé, vient dans notre direction alors que Harris me demande :

– Pourquoi tu l'appelles « Lili » ?

– C'est la moitié de son prénom, expliqué-je en haussant les épaules. Lili, tu peux détailler à Harris pourquoi c'est une mauvaise idée de se porter volontaire pour le prochain déploiement ?

– Non, mec, ne fais pas ça ! s'exclame spontanément Lili.

Les sourcils de Harris jaillissent au-dessus de ses lunettes de soleil, peut-être parce que Lili lui a donné exactement la même réponse que moi. Il lui explique alors les circonstances de sa rencontre avec Chiara. Je ne peux pas m'empêcher de rigoler en repensant au jour où il est allé la chercher. Harris me regarde comme si j'étais cinglé.

– Et tu laisses un Marine sortir avec ta sœur ?

J'éclate de rire devant son incrédulité.

– On voit que tu ne connais pas ma frangine. Ne te fais pas avoir par son apparence. Elle mesure peut-être un mètre vingt, mais c'est la femme la plus déterminée que je connais. Elle est bornée, et Lili ne peut rien lui refuser. Donc, tu vois, j'ai retourné la situation mille fois dans mon esprit et, finalement, je me suis dit qu'on allait tous s'éviter des migraines à brasser de l'air pour rien. Et j'ai laissé faire un truc qui aurait de toute façon fini par arriver.

La main de Lili atterrit sur mon épaule, qu'il serre brièvement. Une lueur de reconnaissance traverse ses yeux. Je commence à comprendre qu'il est conscient de ce que ça m'a coûté – que ça me coûte encore – de les voir ensemble. Mais il y a des choses qu'on ne peut pas arrêter, comme une voiture de course lancée à pleine vitesse ou, plus simplement, leur relation. La seule façon de limiter les dégâts, c'est de s'écarter du chemin.

Malgré tout, la sympathie que j'ai pu ressentir pour Harris ne dure pas. Il suffit qu'il s'attarde un peu trop longtemps dans l'océan avec Max pour que je lui souhaite de demander une affectation à Guam ou Hawaï, peu importe, tant que la base est loin d'ici.

À cause des gouttes d'eau qui la parsèment, la peau brune de Max scintille comme si elle était couverte de diamants. Avec ses cheveux mouillés plaqués à l'arrière de sa tête et ce putain de bikini

– noir, bien sûr ! – qui lui remonte haut sur la taille et qui plisse sur son décolleté avantageux, elle a l'air de venir des années 1950 et d'être une sorte de Marylin Monroe gothique. Elle me coupe le souffle.

– T'es dans la merde, mec ! chuchote la voix de Brown, un brin amusé.

– De quoi tu parles ?

Je la quitte des yeux à contrecœur pour toiser mon pote, allongé nonchalamment, les coudes sur sa serviette à côté de moi.

– D'elle, précise-t-il avec un coup de menton vers la mer. T'es hypnotisé.

– Je surveille mon chien.

Par chance, Loki est assis sur la plage, là où les vagues viennent s'échouer, son regard rivé sur Max et Harris, comme s'il guettait le moindre geste violent pour sauter à la gorge de ce dernier. *Bon chien !*

– Bien sûr ! réplique Brown qui n'a évidemment pas mordu à l'hameçon. Quand est-ce que tu comptes passer à l'attaque avec Max ?

– Jamais. J'ai promis à mon patron de ne pas la toucher.

Les sourcils de Brown se soulèvent par-dessus la monture de ses lunettes de soleil.

– C'était une promesse à la con, si tu veux mon avis.

– Ça tombe bien, je ne te l'ai pas demandé.

En mon for intérieur, je suis vexé, car chaque minute qui passe me fait regretter d'avoir ouvert ma grande gueule ce jour-là.

Non, ce n'est pas entièrement vrai. Je ne supporterais pas de savoir Max dans ce motel merdique, et en même temps, ça devient réellement dur de lutter contre l'attirance qu'elle exerce sur moi et que j'ai envie de penser réciproque.

– De toute façon, la question ne se pose pas. C'est Harris qui lui plaît, balancé-je d'un ton coupant que je ne reconnais pas moi-même.

Ça fait bien trente minutes qu'ils sont partis nager tous les deux, et ils ont passé la majeure partie de la journée à discuter – de moto, selon les bribes que j'ai interceptées. J'ai comme l'impression que Harris ne regrette plus vraiment ses étudiantes californiennes.

– Ah bon ? s'amuse Brown. Alors pourquoi c'est toi qu'elle mate ?

Un coup d'œil vers l'océan m'apprend qu'en effet, le visage de Max est tourné dans notre direction.

– Et avant que tu me trouves une autre excuse bidon, je ne parle pas de maintenant en particulier, mais de façon générale. Elle a toujours les yeux qui traînent sur toi, et c'est pareil pour toi. D'où ma question. Quand est-ce que tu te bouges ?

Je hausse les épaules, car ma réponse n'a pas changé.

– Jamais. Elle part dans deux semaines, trois au maximum. Je ne vais pas compliquer encore plus les choses pour du cul avec une fille que je ne reverrai plus.

– Justement ! Tu t'en fiches, que ça complique tout. Tu ne la reverras pas.

En théorie, il a raison. Mais en pratique, je sens bien que les choses pourraient mal tourner, *pour moi*.

– Mais je vois mon patron tous les jours, et je tiens à garder mon boulot.

– Il n'en saura rien, commence-t-il mais il doit lire sur mon visage que je campe sur ma position parce qu'il souffle. Fais comme tu veux… Mais je pense que tu le regretteras.

Encore une fois, je hausse les épaules. C'est ma vie, mes choix. Je veux juste essayer de ne pas me tirer une balle dans la cuisse si ça merde. De toute façon, vu la tension qui s'échappe de Brown, il peut bien me prodiguer ses conseils non sollicités, il n'a pas l'air franchement plus heureux que moi.

– Et toi, comment ça va ?

Il ouvre la bouche pour parler, mais je le devance.

– Ne me réponds pas « bien » avant de changer de sujet comme hier, parce que je sais que tu mens. Alors ?

Cette fois-ci, c'est lui qui soupire. Il se redresse pour s'asseoir complètement, comme si c'était une conversation trop sérieuse pour une posture nonchalante.

– Je ne sais pas, avoue-t-il d'une petite voix qui ne lui ressemble pas. Je croyais que rentrer chez moi m'aiderait à trouver ma place, mais la vérité, c'est qu'ils ont tous avancé sans moi et que je sais encore moins où elle est, ma place. Mon père a embauché des gars pour gérer ses bateaux, ma mère a son équipe au restaurant, mes sœurs font leur vie, mes…

Il cherche le mot, sourcils froncés, et ça semble presque douloureux de le dire à voix haute :

– … anciens amis aussi. Je suis parti pendant quatre ans, et personne ne m'a attendu. Je ne leur en veux pas, ajoute-t-il après une petite pause. Dans le fond, j'ai demandé l'avis de personne avant de m'engager et de tous les laisser là. Je suis même content qu'ils se réalisent. C'est juste que je ne sais pas où je me situe dans ce tableau. Je ne pensais pas que ça serait si dur de trouver sa voie en revenant au civil. On n'a pas tous ta chance ! conclut-il avec un sourire et une tape sur mon bras.

– Ma chance ? répété-je dans un ricanement.

Mes couilles sont tellement dorées que j'ai adopté un chien pour me sentir moins seul et que l'unique constante dans ma vie, ce sont les rendez-vous avec le bon vieux docteur Lee. Pourquoi ? Parce que mes cauchemars sur la mort sont de retour. J'ai presque l'impression d'avoir gagné au loto ! Ça doit se lire sur mon visage, car la bouche de Brown se plisse de désapprobation.

– Je sais que tu te bats avec des merdes que je ne peux même pas imaginer et que ta vie n'est pas aussi facile que ce que tu laisses entendre. Je suis désolé, mec. Mais on t'a déjà répété que t'as pas à tout gérer seul. Tu nous as nous, dit-il avec un discret mouvement de la tête vers Chiara et Lili qui reviennent trempés et enlacés vers le groupe. Et tu pourrais aussi avoir la fille, si tu te bougeais le cul.

Max et Harris sortent de l'eau au même moment. Je préfère ne pas répondre. À la place, je suis la progression de Max. Il y a quelque chose chez elle qui m'attire irrésistiblement, et ce n'est pas uniquement dû à son corps aux rondeurs alléchantes, à son visage aux traits si particuliers ou à sa voix suave. C'est aussi son caractère rebelle et cette force qu'elle dégage. Elle pourrait déplacer des montagnes par la seule volonté de son esprit de fer.

Quand elle regagne sa serviette, elle s'assoit dos à la mer, face à moi, et mon cœur se met à battre violemment dans ma poitrine. On dirait presque qu'elle essaie de donner raison à Brown, que je sens se rengorger sur ma gauche. *Ils veulent me tuer ou quoi ?* Chiara dirait que c'est comme se voir proposer du gâteau au chocolat alors que t'es au régime.

Le regard sombre de Max parcourt mon torse, comme si elle essayait d'en mémoriser chacun des reliefs, puis ses yeux se figent sur le dessin au-dessus de mon cœur.

– L'aigle, le globe et l'ancre. Ce sont les emblèmes des Marines, dit-elle avec un coup d'œil vers ma sœur.

C'est ce dont elles devaient discuter devant la statue hier soir.

Puis Max détaille rapidement les quelques autres gars autour de nous, sûrement pour voir si c'est un rite de passage qu'on arbore tous.

– Tout le monde n'est pas assez con pour se faire un *motto tattoo*. Seulement les crétins de *boots* désœuvrés…

– Et bourrés, ajoute Brown en désignant le sien, sur l'omoplate.

– Et *totalement* bourrés, corrigé-je avec un sourire entendu.

Je n'ai que peu de souvenirs de cette soirée mais je me rappelle de la sensation qu'on a en se réveillant avec une gueule de bois et un tatouage sur le torse.

– Vous l'avez fait ensemble ? demande Max avec une pointe d'amusement.

– Ouais.

– Vous vous connaissez depuis longtemps ?

– *Echo company, Second Recruit Training Battalion, Marine Corps Recruit Depot Parris Island*, déclare Brown de sa grosse voix.

Un instant, Max a l'air perdue, puis Chiara roule des yeux vers le ciel.

– Tu pourrais parler anglais, Johnny ! Ça veut dire qu'ils se connaissent depuis le *bootcamp*, ajoute-t-elle pour Max qui lui adresse un signe de tête reconnaissant.

– Et le reste ? Le fusil, la botte, le casque et le numéro ? Johnny ne les a pas, insiste Max.

Involontairement, je me fige et j'entends même quelqu'un retenir bruyamment son souffle. Ma gorge se contracte tellement que j'en ai du mal à déglutir pour parler. La raison pour laquelle mon tatouage diffère de celui de Brown, c'est parce que, si on est sortis en même temps du *bootcamp*, nos expériences ont divergé après ça. Heureusement pour lui.

C'est la voix éraillée de Lili qui répond :

– C'est une *Battle Cross*[14]. Quand on perd quelqu'un sur le terrain, on met son casque sur son fusil, on le plante dans le sol avec ses bottes devant, en hommage.

– Oh ! lâche Max, l'air ébranlée. Et c'est son numéro d'identification ?

Je devine que les mots lui ont échappé, à la manière dont sa main s'est levée vers sa bouche comme pour les rattraper. Ça ne me dérange pas. Il vaut mieux qu'elle sache avec qui elle vit. D'autant que Chiara a également envie d'entendre, vu la façon dont elle est penchée vers nous. À l'inverse de Max, elle n'a jamais osé poser la question, alors que je me doute que ça la démange.

– Non, dis-je d'une voix tendue. C'est le mien.

C'est le cadavre de Mitchell qu'on a ramené, et celui de Smith qui baignait au milieu d'une mare de sang dans les chiottes le lendemain ; mais je suis aussi en partie mort ce jour-là. Ce n'est pas parce

14. Ou *Battlefield Cross*, littéralement « croix du champ de bataille ».

que mon corps va bien, que je peux marcher, parler et respirer, que je ne suis pas blessé quand même. C'est mon esprit qui n'est pas revenu intact. Et je lis dans les yeux de Max, encore plus sombres et impénétrables que d'habitude, qu'elle a compris à quel point je suis brisé.

– Et toi, Lili ? T'as fait ton tatouage avec eux ? intervient la voix de Harris.

Je pourrais le remercier pour son interruption, qui a pour but évident de nous éloigner de ce sujet difficile pour tout le monde, mais c'est la suite qui remet mon cœur en marche :

– *Flynn*, corrige mon pote. Y'a que Jack qui m'appelle Lili. Non, je me suis fait tatouer à Okinawa…

On sent dans son ton que, ce qu'il veut dire, c'est que je suis le seul à avoir le droit de le surnommer Lili. Un sourire s'étend sur mes lèvres, et je me redresse, peut-être pour montrer que je suis digne de cet honneur, pendant que mon meilleur ami raconte son expérience dans l'échoppe du tatoueur qui ne parlait pas anglais.

Le regard de Max pèse sur moi tout le reste de l'après-midi. La sensation ne s'arrête qu'une fois que nous sommes revenus à la maison, lorsque nous la voyons passer dans le salon vêtue de sa tenue de motarde pour aller dîner chez Rob. À peine a-t-elle claqué la porte que Brown se tourne vers moi, sa bouteille de bière à deux centimètres de sa bouche qui s'étire :

– T’es tellement dans la merde ! se marre-t-il.

– Ta gueule ! Allez, on se bouge.

Je descends du tabouret de bar et me dirige vers l’entrée. Rien de tel que quelques verres pour oublier les emmerdes.

CHAPITRE 20

Je rêve. Ou alors, je suis sur un bateau, car tout à coup, le sol tangue. Non, pas le sol, le support sur lequel je suis allongé. Il s'enfonce brusquement, et en réponse au mouvement soudain, la nausée me remonte dans la gorge. Je prends une grande inspiration, et avec l'apport d'air, l'écœurement reflue. *Quelle putain d'idée de boire autant d'alcool !*

Une douce odeur fruitée s'infiltre dans mes narines. J'ouvre légèrement les yeux sur le plafond qui oscille au-dessus de moi. Une bonne seconde m'est nécessaire pour parvenir à focaliser mon regard, et enfin, je tourne la tête pour plonger dans… les iris sombres de Max.

Max ?

Attends, je suis où ? Ne me dis pas que je suis allé dans sa chambre ? Non… Je reconnais la sensation de mon sac de couchage sur mes jambes et le dossier du canapé sur ma droite. C'est *elle* qui m'a rejoint là.

J'ouvre plus grand les paupières malgré la migraine qui me vrille les tempes.

– Max ? chuchoté-je, parce que l'obscurité qui recouvre la pièce me force instinctivement à baisser la voix. Tout va bien ?

Il doit y avoir le feu ou un truc du genre. Je ne vois pas d'autre raison pour laquelle Max serait assise sur le rebord du canapé, au beau milieu de la nuit. De panique, mon pouls fait une embardée. Je suis sur le point de me relever brusquement quand elle prend la parole, sur le même ton que moi :

– Calme-toi, tout va bien.

Ça ne m'apprend toujours pas ce qu'elle fout là. D'autant qu'elle a l'air légèrement agacée. Enfin, Max semble irritée en permanence, mais quelque chose d'autre se dégage d'elle en ce moment.

– Qu'est-ce qui se passe, alors ?

Son regard s'enfuit vers la droite, et elle mordille sa lèvre inférieure si pulpeuse. J'ai envie de glisser mon pouce dessus et de tirer doucement pour éviter qu'elle ne se blesse, puis d'apaiser la marque de ses dents avec ma langue.

Oh ! merde ! Je suis vraiment bourré.

– Rien, je me suis levée pour boire un verre d'eau et je t'ai vu étendu là, comme si t'étais en train d'y passer. Puis t'as ronflé comme un gros porc, et j'ai compris que tu cuvais juste ton whisky.

– J'ai pas ronflé, protesté-je.

Enfin, je ne pense pas. Je n'*espère* pas. J'ai vécu quatre ans avec des mecs qui n'auraient pas hésité à me le balancer en pleine tronche, voire à filmer la scène pour faire des vues sur TikTok. À condition qu'ils ne soient pas dans un état pire que le mien, bien sûr.

– T'as dû confondre avec Loki. D'ailleurs, il est où ?

– Là, répond Max en désignant le fauteuil sur lequel, en effet, mon chien s'est confortablement installé.

Instinctivement, je roule des yeux vers le plafond, mais la nausée ressurgit. Mauvaise idée numéro deux.

– Loki, descends ! ordonné-je à voix basse.

Brown a habituellement un sommeil de plomb, mais ce n'est pas une raison pour hurler. D'autant que je ne m'en sens pas la force. D'un pas réticent, Loki quitte le fauteuil et s'allonge sur le tapis au pied du siège.

Je reporte alors mon regard sur Max et prends le temps de la détailler. Elle porte son pyjama habituel, un débardeur noir et, si je le devine bien, son minuscule short. Sauf que mes veines contiennent plus d'éthanol que de sang, et j'ai beaucoup de mal à m'empêcher d'avoir envie de faire courir mes doigts sur toute cette peau nue.

– Tu t'inquiétais pour moi ? murmuré-je avec un petit sourire.

Elle souffle fort et secoue la tête, mais le geste semble exagéré, me donnant envie de sourire davantage.

– Te fais pas d'idée, blanc-bec. Je passais juste par là. Je m'en tape que tu fasses un coma éthylique.

Je laisse échapper un léger rire qui lui fait froncer les sourcils.

– Mais non, tu t'en fous pas… Sinon, qui va s'occuper de ta moto ?

– Troy, rétorque-t-elle d'un ton mordant.

– Je croyais qu'il n'était pas aussi bon que moi, rappelé-je avec un rictus toujours plus grand. Et puis tu seras débarrassée de nous plus vite, si on bosse à deux sur les réparations.

Elle acquiesce, et ça me rappelle que dès que la Ducati sera prête à reprendre la route, Max disparaîtra de nos vies comme elle y a déboulé, dans un éclair noir. À cette idée, ma gorge se comprime. Je dois déglutir une boule de la taille d'une balle de golf pour libérer ma trachée. On dirait presque que cette pensée gêne Max elle aussi, car elle remue doucement sur le canapé, et sa cuisse nue se presse contre mon flanc. Malgré le coton qui recouvre mon torse, je perçois nettement la chaleur de son corps et j'ai besoin de toute la volonté du monde pour ne pas bouger ma main qui repose sur mon ventre et caresser sa jambe sur toute sa longueur.

– Alors, c'est peut-être que je t'ai manqué, ce soir ? plaisanté-je.

Je devrais arrêter de flirter quand je suis bourré. Ça ne me réussit pas. La preuve, vif comme la foudre, son regard noir revient dans le mien pour me laisser lire tout son mépris. En réponse, je lâche un petit rire qui rend son œillade encore plus assassine.

– J'avais tellement envie de traîner avec une bande de soûlards comme vous ! balance-t-elle d'un ton sarcastique.

– T'as raison, t'aurais pas aimé…

Dans ses yeux, la lueur condescendante se transforme en curiosité.

– Vous avez fait quoi ? demande-t-elle d'une façon qui se veut détachée mais qui laisse deviner son intérêt.

– On a joué au bowling avec d'autres Marines. Enfin, on a bu des bières en lançant une boule de temps en temps, jusqu'à ce qu'on ne distingue plus la piste. Puis on est allés au pub et on a fini par rejoindre Troy et ses potes. Il a *beaucoup* parlé de toi, d'ailleurs…

Une question lui fait plisser les paupières sur ses beaux yeux en amande. Je ne l'ai pas croisée depuis qu'elle a quitté l'appartement, hier soir. Brown et moi sommes rentrés très tard, pas aussi bourrés que ce soir, mais tout de même, et quand on a émergé, avant de se rendre au bowling, Max avait déjà déserté.

Ça ne veut pas dire pour autant que je ne sais pas ce qu'elle a fait. Cet après-midi, le club de motards du coin organisait une virée dans le comté d'Onslow en hommage aux prisonniers de guerre et disparus au combat. Troy y a participé, et selon ses dires, Max également.

Évidemment, je n'ai pas pu m'empêcher de m'inquiéter, parce que quelqu'un du club aurait pu la reconnaître et la balancer à son père. Troy m'a regardé bizarrement quand je l'ai pressé de questions, mais il m'a rassuré sans le savoir : les bikers locaux sont majoritairement des vétérans de l'armée ou des forces de l'ordre, et c'est peut-être naïf de ma part, mais je ne peux pas imaginer ces personnes collaborer avec une bande de hors-la-loi. De plus, Troy a parlé d'un événement familial, avec des enfants et des motardes. Ici, personne ne voit d'objections à ce que des femmes pilotent des motos, et je me demande si Max s'est plu dans cet environnement. Si elle pourrait envisager de s'y intégrer…

– Ça veut dire quoi ?

La voix de Max me ramène au présent.

– Tes talents de pilote pendant votre balade l'ont énormément impressionné.

L'alcool a apparemment ramené mes capacités de réflexion à zéro, c'est pourquoi les mots suivants sortent tous seuls de ma bouche, et je ne prends conscience de ce que je dis que lorsque Max écarquille les yeux :

– Si t'es partante, il est prêt à te laisser le chevaucher.

Ces paroles sont amères sur ma langue. Ou alors, c'est juste le goût de la déception que je lis dans les yeux de Max.

– Vous êtes vraiment des porcs ! crache-t-elle d'un air écœuré.

– Ne lui en veux pas. En plus, c'est moi qui interprète, il n'a pas exactement dit ça. Il t'admire. Il est tellement fier de bosser sur ta bécane. Mais bon, quand un mec ne peut pas s'empêcher de parler d'une fille en particulier alors que des danseuses à moitié nues lui tournent autour, c'est qu'il y a un truc.

Et quand on ne fait que penser à une motarde sexy dans la même situation, ça veut dire quoi ? Les mots que je prête à Troy, ce sont en réalité les miens. Étais-je jaloux de l'entendre parler de Max toute la soirée ? Envieux qu'il ait passé la journée en sa compagnie ? Peut-être.

Une émotion que je ne sais pas interpréter traverse ses prunelles noires.

– Vous êtes encore allés au *Gentlemen's club* ? se moque-t-elle.

– Je t'ai prévenue que ça finissait souvent là-bas. En quoi ça te pose problème ?

Son regard quitte le mien un instant avant d'y revenir, plus distant que jamais.

– Mon père possède un *clubhouse* où j'ai vu trop de femmes se faire traiter comme des objets par de pauvres mecs qu'elles ne toucheraient même pas avec un bâton en temps normal. Et je ne te parle même pas des corrections qu'elles prenaient si elles ne ramenaient pas assez de pourboires. Après la mort de ma mère, ces femmes m'ont servi de nounou jusqu'à ce que le regard des hommes change sur moi et que mon père décrète que je n'avais plus le droit de passer par le bar pour le rejoindre à son bureau. En tout cas, ça explique pourquoi tu pues le parfum bon marché, siffle-t-elle.

Son beau visage n'affiche que de l'aversion. Quelque part, je me sens minable de la décevoir, d'autant que je suis sûr que c'est précisément à ces « pauvres mecs » qui exploitent ces femmes qu'elle en veut particulièrement. Et que je viens de m'inclure dans ce groupe peu reluisant.

– Et toi, tu sens bon, murmuré-je machinalement.

– T'as dit quoi ? demande-t-elle d'un ton suspicieux en se penchant pour mieux m'entendre.

Dans son mouvement, le décolleté de son débardeur s'écarte, et j'ai une vue plongeante sur ses seins. Ils ont l'air merveilleusement lourds, ronds et doux. J'ai envie de tendre la main et de faire tomber de son épaule la fine bretelle pour en distinguer plus. Mes doigts me picotent tellement je veux la toucher.

Merde, je suis complètement déchiré.

Malgré tout, il me reste suffisamment d'instinct de survie pour détourner le regard.

– Tu ne devrais pas faire ça.

– De quoi tu parles ? dit-elle en déposant ses coudes sur ses cuisses.

Si je tourne la tête vers la gauche, son visage ne sera qu'à dix centimètres du mien.

Mauvaise idée numéro trois. J'ai peur de ce que je pourrais faire.

– Max, c'est pas le moment de tester les limites de mon self-control. Je suis complètement bourré… et excité…

Au lieu de se reculer comme toute personne sensée, elle laisse ses yeux glisser sur mon visage et mon torse pour atteindre mon entrejambe, qu'elle ne peut pas voir, bien sûr, puisque je suis toujours recouvert de mon sac de couchage à partir de la taille. Sinon, elle ne manquerait pas mon érection.

Si elle peut me mettre dans un état pareil juste en me regardant, qu'est-ce qui se passerait si elle me touchait ?

Non, ne pense pas à ça.

Trop tard, ma bite se tend si fort que ça m'en fait presque mal.

Elle devrait partir…

– Ça t'allume à ce point, les strip-teaseuses ? dit-elle, les yeux toujours sous mon nombril.

Ce qui m'excite, là, tout de suite, c'est sa façon de me détailler, comme si elle se demandait ce qu'il y a sous mes vêtements. Le fait même qu'elle m'imagine nu me rend fébrile.

Elle doit se souvenir qu'elle m'a posé une question puisque, lentement, ses yeux remontent vers mon visage. J'en profite pour prendre appui sur le dossier du canapé et me mettre en position assise. Lorsqu'elle se redresse à son tour, la distance entre nous est devenue plus supportable, et je me rappelle comment respirer.

Alors, je réponds à sa question d'un haussement d'épaules.

– Comme je te l'ai dit, j'ai bu *beaucoup* d'alcool aujourd'hui, et dans ces conditions, c'est difficile d'empêcher mon corps de réagir à la présence de jolies filles dénudées…

Même si mon cerveau s'est clairement mis en grève, je suis encore assez lucide pour reconnaître que Max, en pyjama et sans maquillage, est sans aucun doute la plus sexy de toutes les femmes que j'ai croisées ce soir. Surtout quand elle m'observe de cette façon, les yeux plissés, la tête penchée sur le côté, la bouche entrouverte. Le rayon de lune qui filtre à travers les rideaux n'éclaire que la moitié de son corps, faisant apparaître par contraste tous ses angles et courbes. Ses pommettes, le creux au-dessus de ses lèvres pulpeuses, le vallon entre ses seins…

Faut vraiment qu'elle dégage, sinon je vais faire une connerie.

– Qui est sexy ? demande-t-elle d'une voix rauque.

– Hein ?

Une bonne seconde est nécessaire à mon esprit complètement embrumé par l'alcool et le désir pour comprendre que j'ai dû marmonner sans m'en rendre compte. Je lâche un rire bref en rejetant la tête en arrière, mais le plafond tourne sur lui-même et réveille la nausée. Je ramène mon cou dans sa position initiale en le massant.

– Max, tu devrais retourner dans ta chambre.

– Sinon quoi ? dit-elle d'un ton tranchant.

Elle est tellement belle quand elle me défie du regard comme ça, le menton haut, l'air si sûre d'elle, que je bouge avant que mon cerveau réagisse. Ma main atterrit sur son épaule, sous ses cheveux. Je repousse lentement les longues mèches sombres qui glissent contre mes phalanges comme des rubans de soie. Puis je laisse descendre et remonter mes doigts sur son bras jusqu'à son coude. Ce n'est qu'un frôlement de ma peau abîmée sur son épiderme si lisse, et pourtant, j'ai l'impression de respirer dans un brasier. À l'intérieur, je suis en feu. Mon souffle se fait plus court, coordonné avec le sien.

Ses yeux trouvent les miens et ne les lâchent plus.

– Sinon je vais faire quelque chose que je risque de regretter une fois que mon copain Jack Daniel ne réfléchira plus à ma place.

Elle ouvre sa bouche pour répliquer, mais il lui faut deux respirations rapides pour parvenir à parler.

– Des choses que tu ne ferais pas dans ton état normal parce que tu n'en as pas envie ?

Je secoue lentement la tête alors que je sens mes lèvres s'étirer en un petit sourire. En même temps, ma seconde main se dépose sur son genou.

Putain, je ne contrôle plus rien.

– Au contraire, j'en ai trop envie, mais ce n'est pas une bonne idée, dis-je tandis que mes paumes se déplacent de façon coordonnée sur son bras et sa cuisse.

Sous mes caresses, Max frémit, et sa peau se couvre de chair de poule.

– Comment tu peux être une dure à cuire et aussi douce en même temps ? murmuré-je.

Arrivée au niveau de son épaule, ma main continue son chemin le long de son omoplate jusqu'à sa nuque. En réponse, Max frissonne davantage en fermant les paupières. Lorsque mes doigts se resserrent autour de son cou, sous la chaleur de ses cheveux soyeux, elle rouvre les yeux, et sa main vient recouvrir la mienne.

Ça y est, elle va m'envoyer chier. *Enfin.* Un de nous deux doit bien se mettre à réfléchir.

Sauf que ses doigts se mêlent aux miens.

Je ne sais plus quoi faire. Je n'ai clairement pas assez de volonté pour arrêter ce jeu dangereux. Pire encore, je me sens avancer vers son visage. Elle va me repousser, ce n'est pas possible.

À quelques centimètres d'elle, alors que j'inspire l'air chaud qu'elle expire, j'y crois encore. J'ai tout juste le temps de poser ma bouche sur la sienne, de goûter la saveur cerise de son baume et de prendre conscience que ses lèvres sont les plus souples du monde avant de m'écarter précipitamment, paniqué. Je m'attends à ce qu'elle me décoche une beigne si violente que je devrais bouffer de la soupe à la paille pour le restant de mes jours.

Mais elle se contente de me détailler avec une expression indéfinissable, jusqu'à ce que je remarque la lueur de désir dans ses yeux étirés.

Qui bouge en premier – moi, elle, tous les deux en même temps ? Ce qui est sûr, c'est qu'à la respiration suivante, nos bouches sont collées l'une à l'autre, comme si on ne pouvait survivre qu'avec le même air. C'est bon, mais il m'en faut plus. Heureusement, Max ne se fait pas prier pour m'ouvrir le passage quand ma langue caresse doucement sa lèvre inférieure. Lorsque je la goûte enfin, un courant électrique parcourt tout mon corps. Je n'ai jamais bandé aussi dur.

Du moins jusqu'à ce que la main qui maintenait la mienne sur sa nuque me relâche et que des doigts audacieux se faufilent sous mon T-shirt et se baladent librement sur mon flanc. Ses ongles qui s'enfoncent dans la peau sensible de mon ventre ne font qu'augmenter le problème. Clairement, tout mon sang est dirigé vers ma queue, et mon cerveau n'est plus irrigué convenablement, sinon je ne serais pas en train de rouler une pelle à Max Turner, ni de lui serrer une fesse dans une main, et un sein – magnifiquement lourd et rond, comme je l'avais deviné – dans l'autre. Je ne ferais pas tourner un téton entre mes doigts tout en dévorant ses lèvres, enivré par l'odeur de coco de sa chevelure.

Et elle ne devrait pas apprécier ça. Pas au point de gémir dans ma bouche d'une façon qui me rend complètement fou et me donne envie de tellement plus.

Mais heureusement qu'elle le fait, parce que la seconde d'après, quelqu'un s'immisce entre nous, et un grondement menaçant s'élève dans le silence du salon.

Je la relâche si brusquement qu'elle tangue une microseconde avant de se stabiliser pour découvrir le museau de Loki posé sur ses cuisses dans une attitude protectrice. Le message est clair.

Merde, je suis tellement à côté de mes pompes que c'est mon chien qui doit me rappeler les limites !

Je dégage doucement mon bras de dessous le berger, détachant à regret mes doigts de la chair moelleuse de Max. Enfin, j'ose la regarder.

Son visage s'est de nouveau fermé. Elle a retrouvé son attitude d'amazone, même si ses lèvres sont gonflées et ses cheveux moins lisses que d'habitude.

– Loki a raison, Max. On devrait arrêter là, chuchoté-je, le souffle toujours court.

Pourtant, à la façon dont elle flanche, on dirait que je lui ai gueulé dessus, et pendant une seconde, je regrette. J'ai envie de tendre le bras et de la ramener vers moi, quitte à me faire bouffer par mon chien. Mais l'alcool s'est suffisamment dissipé pour que je me rappelle ma promesse de l'héberger en tout bien tout honneur. Je ne fais pas ça pour profiter d'elle.

– De toute façon, j'aime pas les blonds, lâche-t-elle en se levant.

Je souris et suis sur le point de lui répondre que je n'aime toujours pas les emmerdeuses, comme je l'avais fait la première fois, mais ce serait un mensonge.

Alors qu'elle a fait quelques pas vers sa chambre, Loki me scrute, puis Max, et revient vers moi. Il hésite, c'est pourquoi avec un petit sourire, je choisis pour lui.

– Tu peux aller avec Max.

Il m'observe encore une seconde, l'air d'attendre que je change d'avis, mais quand le contre-ordre ne vient pas, il part en trottinant sur les pas de Max.

Seul dans le salon, je me rallonge sur le canapé, dans un état de frustration et de confusion que je n'ai jamais connu. Ma queue m'élance, mes lèvres picotent, je ne sais plus où j'en suis.

Demain, je pense avant de fermer les yeux.

Heureusement que je peux compter sur mon bon ami Jack Daniel pour m'aider à m'endormir en quelques secondes.

CHAPITRE 21

À mon réveil, j'ai l'impression d'avoir un raton laveur mort dans la bouche. En tout cas, ça en a le goût. Et c'est encore plus difficile d'ouvrir les yeux dans ce salon baigné de lumière. Je vais poser des rideaux occultants, un tissu si épais qu'un vampire pourra pioncer sur ce canapé sans s'inquiéter de brûler vif. Me redresser en position assise, avec les tambours qui jouent dans ma tête, relève du miracle. Quand j'y parviens, un rire bourru résonne dans mon dos.

– La princesse aux cheveux d'or émerge enfin de son sommeil ! se marre Brown, un mug dans les mains. Tu t'en es mis une bonne, hier soir !

Lui a l'air étonnamment frais. Il a sûrement moins picolé. D'ailleurs, je crois que c'est lui qui a conduit Pamela. Des bribes me reviennent par intermittence, jusqu'à ce que les images de la dernière partie de la nuit s'imposent à moi. Malgré moi, je me fige, les yeux écarquillés. Ai-je vraiment embrassé Max ? Je pense que oui, et m'en rendre compte ne me plonge pas dans l'état d'euphorie que j'ai habituellement quand j'emballe une fille. Je me sens plutôt nauséeux, et ça n'a rien à voir avec la quantité d'alcool que j'ai descendue hier soir.

Je finis par rejoindre Brown et accepte avec reconnaissance la tasse de café qu'il me tend sans un mot.

– Flynn a appelé, lâche-t-il. Il propose d'aller courir.

En effet, sur mon téléphone, il y a un SMS et un appel manqué de la part de Lili.

Mon crâne pulse de déshydratation, je marche à peine droit, j'ai du mal à garder les yeux ouverts et, pourtant, je réponds :

– J'enfile mes affaires.

On est des Marines. On a l'habitude de fonctionner avec la gueule de bois.

Finalement, l'idée de Lili n'était pas si mauvaise. Cinq kilomètres dans les pattes ont suffi à me remettre d'aplomb. À peu près. Il a même réussi à nous convaincre de finir l'entraînement à sa manière, c'est-à-dire par de la récupération active dans la piscine de la résidence. En réalité, c'est surtout lui qui enchaîne les longueurs, pendant que Brown et moi barbotons tranquillement. J'ai la bonne excuse de devoir surveiller Loki pour l'empêcher de sauter dans l'eau.

Je suis sur le point de demander à Brown s'il a croisé Max ce matin, quand la moto rouge et noire passe devant nous dans un grondement assourdissant. La pilote tourne à peine son casque dans notre direction. Pourtant, je suis quasiment sûr qu'elle nous a repérés.

Bon, eh bien, je crois qu'elle est furax.

***

Lili Flynn
Tu passes ?

Deux SMS de Lili dans la même journée… Je vais finir par croire que je lui manque !

C'est pourquoi je m'arrête au rez-de-chaussée en revenant de l'aéroport, où j'ai laissé Brown. Je ne m'attendais pas pour autant à trouver Max et Loki dans son appartement. Je n'ai pas revu Max depuis qu'elle est sortie en trombe de la résidence, alors qu'elle est maintenant tranquillement assise au comptoir de la cuisine, son ordinateur ouvert devant elle, pendant que Chiara s'affaire devant la gazinière.

– Tu dînes avec nous ? me demande Lili alors que je suis toujours figé dans leur entrée.

Il me faut quelques secondes pour remarquer la table mise pour quatre. Ça ressemble à un traquenard, mais qu'est-ce que j'ai de mieux à faire ? D'autant que l'odeur d'épices qui flotte dans la pièce est vraiment alléchante. Alors, je hausse les épaules et acquiesce, et au sourire qui se dessine sur le visage de mon meilleur ami, je comprends que j'ai donné la bonne réponse.

C'est comme ça que je me retrouve assis dans leur salle à manger, en train d'assembler un taco dans mon assiette en piochant dans le chili végan et les multiples ramequins d'assortiments que ma sœur, toute guillerette, a déposés sur la table.

– C'est le truc le plus adulte qu'on n'ait jamais fait, marmonné-je.

Lili, à ma droite, m'entend et commence à se marrer. Il me suffit de croiser son regard pour me mettre à rire, moi aussi, tandis que Chiara fronce les sourcils.

– Qu'est-ce qui vous arrive, encore ?

– Tu te sens obligée d'organiser des dîners pour nous remercier d'avoir trimballé ces meubles ? demandé-je d'un ton narquois qui fait pouffer Lili davantage.

Les yeux de Chiara se transforment en deux fentes meurtrières.

– On ne peut pas continuer à manger sur la table basse comme des ados !

– OK, Maman, lâché-je, impertinent.

En réponse, elle me jette une rondelle de poivron qui retombe mollement à ma gauche, sur le parquet.

– C'est qui, l'enfant, maintenant ? C'est pas parce que t'as le physique d'une gosse que tu dois te comporter comme telle. Grandis un peu !

Je me détourne d'elle et de la réplique qui prend forme sur ses lèvres pour me concentrer sur Loki qui s'est approché lentement et zieute le légume au sol.

– Tu peux le prendre si tu aimes ça.

Je l'observe renifler prudemment le poivron, et il finit par l'avaler. Je suis récompensé par son museau sur ma cuisse et le gratte délicatement entre les oreilles, alors que mon cœur se gonfle de tendresse pour cet animal qui a de l'affection à revendre à condition qu'on le traite bien.

Quand je me redresse, ma sœur me détaille avec un sourire presque maternel, les yeux un peu brillants, toute trace de contrariété envolée. En face de moi, Max me scrute également, mais son expression n'a rien à voir. On dirait qu'elle hésite entre m'ignorer ou me sauter dessus, et je me demande quelle option je préfère.

– Je te remets une bière ? dit Lili en reculant sa chaise.

À contrecœur, je tourne la tête vers mon pote.

– Non, merci, un soda, s'il te plaît. Je vais y aller mollo, ce soir.

– C'est vrai que t'étais pas frais, ce matin ! se marre Lili qui s'avance vers le frigo.

– Ouais… J'ai abusé des bonnes choses.

Quand je croise le regard assassin de Max, mon cœur tressaute dans ma poitrine.

Donc, je n'ai rien imaginé, et elle m'en veut. Je suppose que je l'ai mérité.

– Qu'est-ce que vous avez fait, aujourd'hui ? demande Chiara.

– Z a emprunté le bateau de ses parents, et on a fait un tour jusqu'à Emerald Isle. On a un peu glandé sur la plage puis on est revenus pour se doucher, et j'ai conduit Brown à l'aéroport. Et vous ?

– Nous, annonce Chiara avec un grand sourire enthousiaste en les désignant Max et elle, on a travaillé sur mon site !

– Quel site ?

Pendant les minutes qui suivent, Chiara m'explique, avec une voix de plus en plus aiguë, qu'elle a décidé d'écouter mon conseil – mon conseil ? Quand est-ce que j'ai pu faire une telle connerie ? – et de se lancer en tant que consultante entrepreneuriale. Quand elle a exposé son projet à Max – une fois encore : quand ? –, celle-ci lui a proposé de lui créer son site gratuitement, pour nous remercier de ce qu'on fait pour elle. Sachant que Chiara n'a rien fait de spécial et que c'est moi qui héberge Max, je trouve ça plutôt gonflé de la part de ma frangine, mais je suis si estomaqué que je reste sans mot, à acquiescer.

Si on m'avait dit que Chiara et Max s'entendraient comme larrons en foire la première fois que ma sœur a toisé ma colocataire malgré ses vingt centimètres de moins…

Quand je croise le regard désabusé de Lili, je comprends qu'il ressent exactement la même chose.

Chiara est tellement excitée par ce projet qu'elle en parle encore au dessert, jusqu'à ce que le téléphone de Max s'illumine sur la table. Lorsqu'elle le consulte, son visage perd deux carnations, tandis que ses pommettes se parent d'une légère rougeur, comme si elle était à la fois gênée et ravie par le contenu de la notification.

Malgré son flot de paroles, ma sœur le remarque et lui adresse un petit sourire de connivence.

– C'est encore Ollie ?

Max hoche rapidement la tête, un peu embarrassée, avant de reposer son smartphone face cachée.

– Il n'a pas arrêté de lui écrire, aujourd'hui, précise Chiara.

Comme je ne sais pas qui est Ollie, je me contente de la détailler, en attente de plus d'informations.

– Oliver, renchérit-elle avec un claquement de langue agacé. Harris !

À ce moment-là, il se passe deux choses dans mon corps. La première est une montée de colère. L'idée que cet enfoiré ait discuté avec Max toute la journée forme un nœud dans mon estomac. La deuxième est un fou rire qui me fait monter les larmes aux yeux. C'est ce second sentiment qui l'emporte, pour l'instant.

– Le *Hollywood Marine* s'appelle Ollie ? arrivé-je tout juste à articuler en regardant Lili. C'est une putain de blague ?

Mon ami se mord les lèvres en secouant la tête, tandis que ses épaules s'agitent. Ce qui devait arriver arrive : on explose de rire, sous le regard courroucé de ma sœur et celui, incrédule, de Max.

– Vous n'êtes que des crétins, peste Chiara avant de reporter son attention sur Max. Vous avez décidé d'un jour pour votre rencard ?

Ça me coupe instantanément l'envie de rire. *Harris a invité Max à sortir ?*

Lorsque Max acquiesce parce qu'elle a visiblement accepté de sortir avec lui, la colère revient, plus puissante que jamais, mais c'est contre moi qu'elle est dirigée. Parce que Brown avait raison : j'aurais dû faire le premier pas au lieu de lui rouler une pelle et de la repousser. Parce qu'elle devrait sortir avec moi. Parce que, si je ne l'ai pas fait, c'est pour respecter une promesse, et que je suis le genre de gars qui tient ses promesses.

Je comprends pourquoi Max m'en veut car, moi aussi, j'ai une liste de reproches longue comme le bras à me faire.

C'est dans un silence glacé qu'on regagne l'appartement, Max, Loki et moi, après le dîner. Seul un « bonne nuit » du bout des lèvres, à l'intersection du couloir, vient le rompre. Je rejoins ma chambre, elle continue vers la sienne, et Loki hésite avant de finalement entrer avec moi.

Le seul qui ne m'abandonne pas.

CHAPITRE 22

Un roulement sourd me sort brusquement du sommeil. Une lumière vive éclaire l'arrière des rideaux, zébrant ma chambre de façon stroboscopique. Puis un nouveau coup retentit, tout aussi fort que le précédent.

Je relâche mon souffle. Ce n'est qu'un orage, et non l'exécution vicieuse du dernier cauchemar qui me réveille en sursaut depuis deux nuits.

Dans celui-ci, je me trouve à nouveau dans le Humvee, entouré de Lili, Brown et Mitchell. Puis l'accident survient : Lili est éjecté du véhicule, et je pars à sa recherche. C'est là que le plus gros changement se manifeste. Lorsque je retrouve son corps dans la terre brune du désert, celui-ci porte le visage de Max, ses beaux yeux sans vie rivés à jamais sur le ciel, un filet de sang d'un rouge incandescent au coin de ses lèvres entrouvertes, ses taches de rousseur dissonantes sur la pâleur de ses joues et ses cheveux noirs étalés en un halo désordonné autour de sa tête.

Au moins, cette nuit, j'ai eu droit à un peu de répit, alors je referme les paupières, soulagé, pour les rouvrir instantanément. *Où est Loki ?* Pas au pied de mon lit et nulle part dans la pièce. Est-ce qu'il craint les orages ? Si ça se trouve, il est en train de flipper tout seul dans un coin. Immédiatement, je pars à sa recherche dans l'appartement coloré de nuances grises. Il n'est ni dans la cuisine ni sur le fauteuil, mais la baie vitrée est ouverte. *Qu'est-ce qu'il fout sur le balcon ?*

La réponse m'apparaît quand je franchis la porte-fenêtre. Loki, allongé sur le carrelage, se met à battre de la queue dès qu'il m'aperçoit. Juste à côté, Max est allongée sur un des transats, le regard perdu vers le ciel zébré d'éclairs et une main sur le dos du chien. Quand elle tourne la tête vers moi, on dirait qu'elle est gênée que je la trouve là. Mais je m'en fous : elle fait ce qu'elle veut, y compris traîner sur le balcon à deux heures du matin si ça lui chante.

– Je cherchais Loki, expliqué-je platement pour ne pas qu'elle croie que je la surveille alors qu'elle acquiesce, une expression prudente sur le visage. Est-ce qu'il a peur ?

Là encore, elle me répond sans un mot, en secouant simplement la tête. Quand le tonnerre gronde à nouveau, elle se tend de tout son corps, une lueur terrifiée dans le regard.

Quelqu'un ici craint les orages, mais ce n'est pas celui que j'imaginais.

Ça fait deux jours que j'ai du mal à la regarder dans les yeux, mais ce n'est pas comme si elle m'encourageait à le faire. Elle aussi semble m'éviter. Je savais que c'était une erreur de l'embrasser. Ça a changé la donne, et maintenant, je vais avoir du mal à remettre les choses dans le droit chemin pour le temps qu'il lui reste à Jacksonville. Voilà pourquoi je dois m'en tenir à mes principes. Ils préviennent les sorties de route.

Malgré tout ça, je n'hésite pas une seconde avant de proposer :

– Tu veux de la compagnie ?

Et au même moment, elle souffle, pas rassurée :

– Tu peux rester ?

Heureusement que je me tenais assez près d'elle, sinon le vacarme du tonnerre et du rideau de pluie qui s'abat autour de nous m'aurait empêché de l'entendre.

Je me contente de hocher la tête en me dirigeant vers le second transat, mes pieds nus claquant sur les carreaux froids. J'ai l'impression de sentir son regard peser sur tout mon corps pendant que je m'installe.

Quand je suis sorti de mon lit, je croyais en avoir pour deux minutes, le temps de trouver mon chien, si bien que je me trouve uniquement vêtu d'un boxer sur mon balcon en plein milieu de la nuit… à côté de Max, dont les yeux s'attardent sur mon torse. Si je peux servir de diversion, ça me va : pendant qu'elle me mate, elle ne pense pas à l’orage. Ou bien c’est mon tatouage – et tout ce qu’il représente – qui la rend si songeuse. En tout cas, ses prunelles sombres sont rivées sur mon cœur et, lorsqu’elles remontent vers mon visage, elles sont emplies d’une émotion chaude. Comme prise en faute, elle détourne rapidement la tête, sa mâchoire se contractant quand un éclair plus gros que les autres se dessine dans le ciel.

Sans réfléchir, j’attrape le poing serré sur son ventre, déplie ses doigts et y glisse les miens. Je suis surpris qu’elle me laisse faire, mais quand sa poigne se referme autour de mes phalanges, je me demande si elle a vraiment conscience de qui lui tient la main. Elle imagine peut-être Harris à ma place, et je ne peux empêcher ma mâchoire de se contracter à l’idée qu’elle est sortie avec lui, ce soir.

C’est étrange de la voir si vulnérable. Ça réveille quelque chose en moi, un besoin presque animal de la rassurer et de la protéger, mais je doute qu’elle m’autorise à m’approcher davantage, même terrifiée par la force naturelle qui nous entoure. Et puis ce n’est pas moi qu’elle veut.

Plus personne ne bouge pendant les quelques minutes qui suivent, alors que le tonnerre continue de rugir, les éclairs à illuminer le paysage, la pluie à s’abattre. Je n’ose pas regarder Max, mais parfois, ses doigts compriment plus fort les miens.

Finalement, les grondements s’espacent, et l’averse ne constitue plus qu’un agréable bruit de fond. J’ai toujours aimé le son de la pluie, peut-être parce que je suis un gars du Maine. Je le trouve apaisant, si bien que, quand je ferme les yeux, je ne suis pas loin de sombrer. Il faut dire que j'ai accumulé pas mal de fatigue à cause de mes cauchemars, et une pauvre sieste sur ma pause de midi ne peut pas suffire à combler ce manque. Enfin, ça n'a même pas été le cas aujourd'hui, puisque j'ai squatté le fauteuil du docteur Lee au lieu de m'assoupir sur le siège de Pamela.

– Ma mère est morte pendant un orage, dit tout bas Max.

Je rouvre les paupières. Ses yeux sont rivés sur le ciel, mais elle semble moins crispée.

– Elle a perdu le contrôle de la Ducati et s'est encastrée dans une barrière de sécurité. Depuis, j'en ai peur et, en même temps, je trouve ça extrêmement beau. C'est contradictoire, non ? Ils me terrifient et m'attirent à la fois. Mais c'est essentiel que je sois capable de les supporter. Imagine si je suis prise dans une tempête à moto. Je ne veux pas gémir comme un bébé.

Malgré moi, mes lèvres s'incurvent en un petit sourire. Je me représente mal Max « gémir comme un bébé » pour quoi que ce soit mais je n'aurais pas non plus deviné que les orages l'effrayaient autant. En même temps, le fait qu'elle se montre si courageuse en affrontant sa peur ne fait que renforcer l'admiration que j'ai pour elle. J'aimerais être capable d'agir de la même façon, mais le docteur Lee l'a très bien dit : mes peurs à moi sont des entraves plutôt que des tremplins.

Alors que j'ai l'impression que ma vie se résume à nager à contre-courant avec des poids de cinquante kilos aux pieds, Max va où elle veut, quand ça lui chante, avec ceux qu'elle estime dignes de l'accompagner. Elle n'a besoin que d'une moto et d'une connexion Internet pour son ordinateur. L'unique raison pour laquelle je l'ai rencontrée, c'est parce qu'il lui manque un de ces éléments, peut-être même le plus précieux : sa bécane, l'outil qui lui permet de tracer son chemin. En fait, elle est comme un oiseau avec une aile blessée : une fois soigné, il prend son envol, et on ne le revoit jamais.

Je voudrais la remercier de cette confession parce que je devine qu'elle n'a pas dû avouer ça à beaucoup de personnes, et je me sens infiniment reconnaissant qu'elle m'ait choisi mais je soupçonne aussi que ce n'est pas ce qu'elle attend. Elle ne l'a sans doute pas fait pour moi. Je suis juste un bon confident. Alors, je décide de me décharger d'une partie de mes poids à mon tour.

– Mes parents sont également morts dans un accident de la route. La voiture a glissé sur une plaque de verglas, et c'est un arbre qui l'a arrêtée.

Sachant ce que je m'apprête à dire, ma gorge se contracte, et les mots se bloquent. Les longs doigts chauds dans ma main serrent plus fort, dans une marque de compassion qui me donne la force de déglutir et continuer.

– On s'était engueulés ce soir-là. Un de mes potes organisait une fête, mais j'étais puni parce que je m'étais fait choper en train de fumer de l'herbe. Mes parents avaient un dîner avec les collègues de mon père et ils craignaient que je me casse en douce pendant leur absence. Alors, ils m'ont envoyé chez les voisins, et je leur ai dit des trucs horribles. Si tu savais comme je m'en suis voulu quand les flics ont débarqué pour nous annoncer la nouvelle…

Ma voix se brise, et ma gorge commence à brûler. Ses doigts compriment davantage ma main.

– Je me suis toujours demandé si… si mon père était vraiment attentif…

C'est tellement dur à dire à voix haute que je ne peux pas poursuivre ma phrase. Je croise le regard de Max, empli de sympathie et de peine, et je devine qu'elle a compris ce que je tais. Que je suis peut-être la raison pour laquelle mon père était distrait. Que j'ai peut-être tué mes parents.

– Ce n'est pas de ta faute, Jack, affirme-t-elle doucement en secouant la tête. Ne pense jamais ça.

J'acquiesce, mais je sais qu'elle lit dans mes yeux que je ne suis pas convaincu, car sa bouche se tord en une petite grimace. Je devine qu'elle va essayer de me persuader du contraire donc je lâche sa main et me redresse sur le transat.

– L'orage est terminé. On devrait retourner se coucher.

Quelque chose traverse ses yeux, de l'agacement sûrement, mais elle finit par hocher la tête.

Je suis le premier sur mes pieds. Elle se lève à contrecœur, tandis que je lui fais signe de passer devant. L'espace sur le balcon n'est pas immense, si bien que, durant un instant, on se retrouve très près. Elle est si grande que nos yeux sont à la même hauteur, tout comme nos bouches. Son souffle tiède effleure ma joue. Son regard se réchauffe d'autre chose, une faim que j'éprouve souvent en sa présence. Elle ne devrait pas, étant donné qu'elle a passé la soirée avec un autre.

J'ignore pourquoi je demande tout bas, comme un secret qu'on ne peut pas confier à la nuit :

– Ton rencard s'est bien passé ?

Un demi-sourire ironique, qui ressemble davantage à une grimace, tord sa jolie bouche. Ses yeux se chargent de ressentiment.

– En quoi ça te concerne ?

Sa question m'arrache un drôle de rire, à la frontière entre le ricanement et le hoquet. J'imagine que je l'ai mérité. C'est moi qui l'ai repoussée.

– En rien…

– Tu es jaloux ? m'interrompt-elle, une lueur de défi dans les yeux.

Si je suis honnête avec moi-même, je dois admettre que c'est bien le cas. Est-ce que Harris l'a embrassée, hier soir ? Est-ce qu'il l'a touchée ? À cette idée, mon estomac se retourne sur lui-même, et mes poings se contractent sur mes cuisses.

– Est-ce que vous avez…

Ça me ronge d'imaginer qu'il ait pu poser ses lèvres sur les siennes, goûté la saveur de sa bouche, respiré l'odeur de sa peau directement sur son épiderme. Ça me tue.

– Est-ce qu'il t'a embrassée ? finis-je par demander d'une voix si basse qu'elle ne m'a peut-être pas entendu.

Elle ne répond pas. À la place, ses yeux se plissent brièvement, comme pour cacher le désir qui revient s'y cacher, plus intense qu'avant. Ma respiration se fige dans ma poitrine alors que son regard si chargé tombe sur mes lèvres entrouvertes.

Je sais qu'elle se rappelle ce baiser qu'on a échangé. Je le sais parce que moi, je n'arrête pas d'y penser et que je me colle des baffes imaginaires à longueur de journée pour arrêter.

Les paroles sortent toutes seules de ma bouche qui n'est qu'à quelques centimètres de la sienne :

– L'autre soir, j'aurais pas dû…

– Quoi ? murmure-t-elle, alors que son souffle chaud caresse ma joue. Laisser les choses aller si loin ? M'embrasser tout court ?

Putain, non ! J'en avais tellement envie. Et j'ai passé la soirée à ressasser tout ça, seul comme un con, parce qu'elle sortait avec un autre et que je ne pouvais m'empêcher de me faire des films sur ce qui était en train de se passer. Je m'en veux, pas parce que je la désire malgré ma promesse, mais parce que j'ai fait une connerie monumentale en la laissant filer.

– Te repousser, avoué-je.

La seconde d'après, ses lèvres sont collées contre les miennes, ses mains crochetées sur ma nuque, et je ne peux rien faire d'autre que lui rendre son baiser. Et pire que ça : je referme mes bras autour d'elle et écrase toutes ses rondeurs contre mon torse. Nos langues se rencontrent au même moment, son goût envahit ma bouche, et je pousse un grognement de satisfaction. Il n'y a rien de meilleur au monde que Max.

Une alarme semble retentir à l'arrière de ma tête, derrière la brume de désir qui a recouvert mon esprit, mais je la muselle. Je ne peux pas détacher mes lèvres de celles de Max ; j'en ai besoin. C'est trop bon. De toute façon, je ne maîtrise plus rien.

La main qui n'est pas enfouie dans ses cheveux dévale le long de son dos vers ses fesses moelleuses, que je viens malaxer avec force, ce qui la fait gémir dans ma bouche. Puis je remonte sur son flanc et m'infiltre sous son T-shirt, sur la peau douce et chaude de son ventre, là où se trouve la fine ligne d'encre. Je n'ai pas le temps d'atteindre ses seins qu'elle nous oblige brusquement à tourner sur place. Mes mollets rencontrent le bord métallique glacé du transat, et elle me force à me baisser – à m'asseoir, je finis par comprendre. Le temps d'une microseconde, nos lèvres se séparent.

Je crois qu'elle va me laisser là, mais non : elle me repousse vers le dossier et me force à m'allonger alors qu'elle vient se placer sur moi. Quand ses fesses rejoignent mes cuisses et que nos sexes se frôlent malgré nos vêtements, je crois mourir de plaisir. Mais ce n'est rien comparé à l'instant qui suit. Elle retire son T-shirt et me dévoile sa poitrine, me laissant constater que je m'étais planté : ses seins ne sont pas merveilleux, ce sont les plus beaux du monde, parfaitement ronds et bombés. Machinalement, je me passe la langue sur les lèvres. Je crève d'envie de les goûter. Pourtant, ça devra attendre. Max écrase de nouveau sa bouche sur la mienne, avec tant de fougue que ses dents me pincent la lèvre inférieure. Ce n'est pas grave, tant qu'elle continue à onduler sur moi, que je peux laisser mes mains explorer toute cette peau nue, pétrir la masse de ses seins, triturer ses tétons et lui arracher ces gémissements, ça me va.

Loki tente alors de nous séparer, mais Max le gronde d'un « non » ferme qui le fait s'allonger par terre avec une mine contrariée.

Quand je finis par aspirer un de ses mamelons au goût exquis, Max attrape ma main et la guide entre ses jambes, vers la trace humide qui se dessine sur son short. Le tissu a beau être fin et les reliefs en dessous sensibles, je ne parviens pas à la toucher comme je le voudrais, même si son souffle est court et que seuls des halètements s'échappent de ses lèvres.

– Je peux ? murmuré-je en glissant une phalange sous l'élastique du vêtement.

Pour toute réponse, c'est elle qui baisse d'un coup son short et la culotte qu'il recouvrait, jusqu'au milieu de ses cuisses. Ça suffira pour ce que j'avais en tête.

Je reprends son téton entre mes dents et faufile mes doigts entre ses replis trempés, jusqu'à trouver le point qui la fait réagir le plus fort. Quand elle commence à trembler, que le rythme de ses cris se raccourcit, j'enfonce un doigt en elle et suce plus fort son mamelon. Je suis récompensé par de délicieuses contractions et un long gémissement de plaisir tandis que son corps se tend dans l'orgasme.

Je n'ai pas le temps d'en faire plus qu'elle me repousse à nouveau sur le transat. Dans la pénombre de la nuit, elle est plus belle que jamais. Ses yeux brillent comme des miroirs, le bombé de ses pommettes semble saturé de plaisir, et ses cheveux sont en bataille. Et quand ses lèvres se redressent en un sourire carnassier, je sens que la suite va me laisser un nouveau souvenir impérissable.

Elle s'approche sensuellement, mon souffle se bloque dans ma poitrine et se relâche brusquement lorsque sa bouche se pose dans mon cou. Elle dépose de petits baisers jusqu'à mes pectoraux, mordille mes tétons, passe des coups de langue sur mes abdos, puis ses ongles le long de la bordure de mon boxer.

– Je peux ? demande-t-elle en levant un sourcil mutin.

Je dois déglutir avant de pouvoir chuchoter un « oui » impatient.

Avec cette fin d'orage, l'air est devenu froid sur ma queue douloureusement bandée, mais ça ne dure qu'un instant, car celui d'après, la bouche tiède de Max la recouvre. C'est si divinement humide et chaud et doux que je pense crever sur place. D'autant qu'elle prend un malin plaisir à jouer avec moi comme un pantin, au rythme de mes gémissements. Tantôt elle me lèche de haut en bas, puis elle me reprend pour de lents va-et-vient, elle ajoute son poing serré autour de la base, elle me malaxe les testicules, elle me mordille faiblement le gland… Et en moi, la pression s'accumule dans mes reins, tout autant qu'une drôle de sensation chaude dans ma poitrine.

Quand j'atteins le point de non-retour, je marmonne :

– Max, attends… Je vais…

Au lieu d'arrêter, elle plante ses yeux dans les miens, si déterminée et enflammée que j'en frissonne. Puis sa main se resserre à nouveau sur ma queue, sa bouche sur le gland, et elle pompe plus fort que jamais, ses joues creusées par la succion. Je ne peux que sentir le flux qui monte, monte, jusqu'à exploser dans sa gorge, aussi fort qu'un putain de feu d'artifice. Ma tête se rejette en arrière tandis qu'un cri de jouissance étouffé par mon poing m'échappe et que mes paupières se ferment. Et comme une fusée, la redescente se fait en douceur. J'ai l'impression de flotter dans l'air, vers le sol, jusqu'au moment où mon esprit réintègre mon corps, allongé à moitié nu sur un transat, sur mon balcon, en plein milieu de la nuit. Heureusement que les voisins d'en face ne sont pas noctambules…

Quand j'ouvre les yeux, il n'y a plus que moi. Je devrais me lever pour aller retrouver Max, mais mes yeux se ferment d'eux-mêmes. C'était trop bon, j'ai besoin de cinq minutes pour récupérer.

Quand je les rouvre, les lumières de l'aube pointent déjà à l'horizon. Je me bouge, Loki sur les talons, et me dirige vers ma chambre. Comme tous les matins, on part courir ensemble sur le bitume mouillé, unique vestige de l'orage de cette nuit. En moi, par contre, c'est la tempête. Je ne peux empêcher le souvenir de cette nuit fabuleuse d'être entaché par la sensation d'avoir manqué à mon devoir.

Je sais qu'à l'avenir, le pétrichor aura toujours une saveur particulière, douce-amère, synonyme d'extase et d'une montagne de doutes.

CHAPITRE 23

– Salut…

Même dans le vacarme du garage, ce simple mot susurré à mon oreille me fait l'effet d'un coup de canon, et j'en lâche sur l'établi la spatule à mastic que j'avais à la main. Nerveux, moi ?

Elle est entrée dans l'atelier il y a cinq bonnes minutes. Troy lui a montré les vidéos qu'il a tournées ce matin en ponctuant chaque image de ses commentaires inutiles. Je veux dire, elle a des yeux, évidemment qu'elle a remarqué qu'il a remplacé les vis rouillées et que tous les endroits endommagés de la bécane sont maintenant aussi lisses qu'une peau de bébé.

Est-ce que je suis jaloux qu'elle se soit d'abord arrêtée pour lui parler ? Peut-être… À sa décharge, c'est lui qui était le plus près de l'entrée. Ça aurait été étrange qu'elle l'ignore pour venir me trouver en premier. J'aurais bien aimé, pourtant.

Mon cœur se met à tambouriner dans ma poitrine et accélère davantage quand je plonge dans ses iris foncés.

Merde, reprends-toi, mec !

– Sa… croassé-je, la gorge si serrée qu'il me faut déglutir avant de pouvoir continuer ma phrase. Salut, Max.

Elle lit sur mes traits quelque chose qui lui fait plisser les yeux sur une interrogation et reculer d'un pas. Je n'ai clairement rien de l'homme confiant qui a reçu la meilleure pipe de sa vie la veille. Pourtant, c'est le cas ; c'était incroyable. À la place, je suis envahi par le stress. Des milliers de questions se bousculent dans mon esprit depuis ce matin. Et c'est encore pire quand elle me détaille de cette façon. Est-ce du dédain dans ses yeux ? Est-ce qu'elle a apprécié autant que moi ? Ou m'a-t-elle juste utilisé parce que j'étais au bon endroit, au bon moment ?

– Je… Bien dormi ? finis-je par lâcher.

– Sans doute mieux que toi.

– Ah ! oui, confirmai-je en glissant une main sur ma nuque encore endolorie. C'est pour ça qu'on a inventé les matelas.

Qu'est-ce que je raconte encore comme conneries ? Si ça continue, je vais lui faire un cours sur l'histoire de la couture. Qu'est-ce qui m'arrive ? Je n'ai jamais été dans cet état après avoir couché avec une fille…

– Je suis revenue, mais tu dormais tellement bien que je…

Je ne saurais jamais ce qu'elle avait l'intention de faire, parce que la voix de Rob résonne dans mon dos. Je me fige sur place, tous les sens en alerte.

– Bonjour, Maxine !

Pris au dépourvu, je récupère la spatule pour m'occuper les mains.

– Ça va, vous deux ? continue Rob sur un ton beaucoup plus bas. La cohabitation se passe bien ?

Comme sur des roulettes, on en est à se tripoter sur le balcon !

Si je ne me reprends pas, mon patron va lire les émotions qui habillent mon visage comme des feux de détresse, et je vais prendre la rouste de ma vie.

Max acquiesce et ouvre la bouche pour parler, mais je la devance dans l'espoir de désamorcer la bombe :

– Nickel. Tu sais, on reste chacun dans notre coin et on se croise brièvement dans les parties communes. C'est pas comme si on traînait souvent ensemble ou quoi que ce soit…

C'est quand le visage de Max se pare immédiatement d'incrédulité et de colère que je comprends que j'ai merdé. Il ne lui faut pas une seconde pour déguerpir en me repoussant de l'épaule après que Rob lui propose d'aller dans son bureau.

Et moi, j'ai besoin de beaucoup plus de temps que ça pour me concentrer à nouveau sur ma tâche, obnubilé par chaque nouvelle couche de mastic qui ne fait que rapprocher le moment où elle disparaîtra à jamais de ma vie. Je devrais vraiment m'en tenir à ce que je viens d'affirmer à Rob au lieu de rêver de la douceur de sa peau.

***

Je n'attendais personne, et voilà que je trouve Chiara sur le palier, un sac du traiteur chinois dans les mains.

– Coucou ! Vous avez dîné ?

Je me contente de secouer la tête, trop surpris pour dire quoi que ce soit. Je suppose que « vous », c'est Max et moi. De mon côté, je n'ai pas encore mangé. Max, en revanche, je n'en sais rien. Je ne l'ai pas vue depuis qu'elle a quitté le garage en trombe en fin de matinée. La moto rouge et noire est bien garée dans l'allée, mais elle n'est pas sortie de sa chambre lorsque je suis rentré. Elle n'a même pas ouvert à Loki quand il est allé réclamer des caresses devant sa porte. Si ça se trouve, ce connard de Harris est passé la chercher, et ils sont en train de s'éclater quelque part, pendant que je reste planté dans mon entrée, les yeux inquisiteurs de ma sœur sur moi.

– Moi, non, finis-je par répondre.

– Et Max ? demande Chiara en retirant ses baskets sans utiliser ses mains.

Elle arque un sourcil à la fois interrogateur et étonné quand je hausse les épaules pour souligner mon ignorance.

À partir de là, la tornade Chiara prend les choses en main. Elle délaisse le sac sur le comptoir tout en m'ordonnant de mettre la table, fait une grattouille à Loki en passant et s'engouffre dans le couloir. De loin, je l'entends toquer, puis une voix féminine et suave lui répond. Max était donc ici. Elle n'avait juste pas envie de me voir, et en avoir la confirmation me fait l'effet d'une gifle. J'ai conscience de l'avoir contrariée, tout à l'heure, mais j'espérais pouvoir me justifier. Je me suis juste dégonflé avant d'aller frapper à sa porte.

Alors que je m'affaire dans la cuisine, des bribes de leur conversation me parviennent.

Bon, c'est vrai, je traîne là exprès, mais je ne perçois que quelques mots…

Jusqu'à ce que ma sœur demande : « Et ce rencard ? » Par réflexe, je me fige. Je retiens même ma respiration pour mieux entendre, mais c'est difficile, car elles ne parlent pas très fort. Le peu que je capte me hérisse les poils.

– Ciné… puis dîner.

– … Voir quoi ?

– *Fast X*… suggéré puisque j'aime la moto…

– … fait pas plaisir ?

– … préféré *Gardiens de la Galaxie*.

Moi, je l'aurais emmenée voir ce qu'elle voulait, sans supposer que, parce qu'elle est motarde, elle apprécie forcément les films avec des grosses voitures qui font « vroum vroum ». Et juste après, je me rends compte que je suis mesquin, car moi, j'adore ce genre de programmes.

Ce n'est que lorsque des pas résonnent dans le couloir que je m'active en ouvrant le frigo – étonnamment plein, ce qui implique que Max a fait des courses dans l'après-midi – et attrape les premières canettes à portée de mains. Quand je referme la porte, je tombe sur le regard déconcerté de ma sœur.

– Lilian ne viendra pas. Il dort dans les baraquements, ce soir, pour superviser le *Field Day*.

Je baisse les yeux vers la canette de *Mountain Dew* que je tiens. Lili est le seul à boire ce truc. Pour ne pas passer pour un con, je lâche un « OK » nonchalant, range le soda et chope des bières à la place. Quand je me retourne, les filles sont déjà installées sur le canapé et s'occupent de sortir la nourriture du sac. Je les rejoins sans un mot, m'assois dans le fauteuil qu'elles m'ont gracieusement cédé, ignore consciencieusement Max alors que je n'ai qu'une envie : la scruter jusqu'à ce que son visage soit gravé à l'intérieur de mes iris. Pendant qu'on mange, je les laisse mener la conversation. Enfin, c'est surtout Chiara qui parle.

Je ne comprends pas ce qu'elle fait là. C'est peut-être parce qu'elle est toute seule ce soir et qu'elle s'ennuyait. Ou alors, sa nouvelle meilleure amie lui manquait. J'ai envie de lui conseiller de ne pas s'attacher, car Max ne sera bientôt qu'un souvenir pour nous tous. Je pressens qu'il sera difficile de tourner la page.

Elles parlent un peu du site Internet de Chiara, de ce qu'il manque pour le rendre parfait. Puis ma sœur pose la question qui me torture depuis hier soir :

– Tu vas revoir Ollie ?

Machinalement, je relève la tête… et rencontre le regard intéressé de ma sœur. Pourquoi c'est moi qu'elle observe ? Personnellement, je préférerais ne plus jamais croiser cet enfoiré, mais on ne me demande pas mon avis.

Heureusement, Max n'a rien remarqué car elle est occupée à prendre des notes sur son téléphone.

– Je ne sais pas, lâche-t-elle d'un ton qui paraît embarrassé. Peut-être…

Elle ne veut pas répondre honnêtement car je suis là, pour ne pas me vexer. Ça serait mignon si ça ne froissait pas un peu mon ego et que ça ne renforçait pas l'idée malsaine que Max m'a juste utilisé pour passer du bon temps – peut-être que Harris est vieux jeu et ne la baisera pas avant le troisième rencard. Moi, je suis plutôt le mec qui se déshabille sur son balcon sans poser de questions.

– Et la moto, ça avance ? interroge Chiara, ses yeux perçants toujours rivés sur moi.

Qu'est-ce qu'elle a, ce soir ? Je vais dire à Lili de rentrer même les jeudis où il est de service, parce que ma sœur est vraiment chiante quand il n'est pas là pour la border !

Pourtant, je m'entends répondre, pour qu'elle me lâche la grappe :

– Ouais, on devrait bientôt avoir terminé…

La moto retrouve peu à peu sa forme originelle.

C'est le début de la fin.

Ces mots ont le mérite d'attirer l'attention de Max sur moi.

– Fin de semaine prochaine, à mon avis, ajouté-je d'un ton neutre, alors qu'une étrange sensation me comprime la poitrine.

Du soulagement passe dans ses yeux noirs, rapidement remplacé par une autre émotion qui la fait ciller. J'ai envie de croire qu'elle non plus n'est pas heureuse de devoir bientôt quitter Jacksonville. Mais dans une dizaine de jours, elle sera libre et débarrassée de nous pour de bon. Rien que d'y penser, ma gorge se serre, et mon cœur s'arrête de battre un instant.

Depuis le début, je le sais. N'empêche que ça pique quand même.

Après ça, Chiara ne s'attarde pas. Elles conviennent simplement de s'appeler, puis elle repart comme elle est arrivée. Comment une personne si petite peut-elle faire autant de dégâts ? Il suffit de respirer dans cet air lourd et tendu qu'elle laisse derrière elle pour se rendre compte de sa dangerosité. À la limite, je préférais quand Max était enfermée dans sa chambre. Je n'avais pas à lutter contre l'attirance que j'éprouve pour elle alors qu'elle a visiblement envie d'être partout sauf *là*.

C'est pourquoi les mots s'échappent de ma bouche alors qu'elle est déjà en train de fuir vers son refuge :

– Max, je te dois une explication.

Quand elle fait volte-face, j'ai le temps d'apercevoir une pointe de douleur dans son regard avant qu'il redevienne froid et indifférent.

– Y'a rien à dire, blanc-bec. On était tous les deux bouleversés et on s'est mutuellement donné du plaisir entre adultes consentants. Pas de quoi en faire un drame. On n'a pas besoin de traîner ensemble ou de faire quoi que ce soit. Et tu peux remballer ta tête de chien battu.

– Quoi ? Non ! Max, ça n'a rien à voir. J'ai promis de bien me comporter avec toi, tu sais, de te loger sans rien attendre en échange.

Max me détaille longuement, comme pour déceler un mensonge ou décider de mon sort. Un peu des deux, sans doute.

– Laisse-moi deviner. Promis à Rob ?

Je sais à son regard perçant qu'elle connaît déjà la réponse. Je ne peux qu'acquiescer pour confirmer, la gorge serrée. Elle secoue une fois la tête, en pinçant les lèvres.

– J'en ai vraiment ma claque des mecs qui veulent gouverner ma vie.

Je voudrais chasser la déception dans son regard mais j'ai à peine le temps d'ouvrir la bouche pour protester qu'elle lève la paume devant elle pour m'intimer de me taire.

– En fait, vous êtes tous comme mon père, crache-t-elle d'un ton dégoûté. Vous avez beau le critiquer, vous vous comportez exactement de la même façon. Aucun de vous n'accepte que je fasse mes propres choix.

– Arrête, tu sais bien que ça n'a rien à voir… Rob t'aime, il veut juste le meilleur pour toi. Il aurait fait la même chose avec ses filles.

– Quoi ? Contrôler leur vie ?

Le soupir qui m'échappe lui fait serrer les dents.

– Non. S'assurer que personne ne profite d'elles.

Le dire est déjà assez difficile sans son regard consterné braqué sur moi. Le fait même d'envisager que quelqu'un l'oblige à quoi que ce soit me retourne l'estomac.

– Écoute, ne te prends pas la tête avec ça. Je ne me suis pas sentie forcée. C'était bien, je te remercie. On ne se doit rien, et considère que tu n'as pas rompu ta promesse, conclut-elle avant de se diriger vers le couloir sans un regard en arrière.

La porte de sa chambre claque, et je n'attends pas une seconde avant de faire de même. Mais avant de me coucher, j'avale un somnifère. Orage ou pas, il est hors de question que je me relève cette nuit.

CHAPITRE 24

Max, Chiara et son amie Wendy sont en pleine discussion sur la terrasse. Enfin, surtout deux d'entre elles. La troisième, habillée tout de noir, sirote silencieusement sa boisson, les yeux perdus sur l'écran de son ordinateur.

Comme je suis obligé de longer l'endroit où elles sont installées pour entrer dans l'immeuble et que ma sœur m'a repéré du coin de l'œil, je m'applique à prendre un air neutre et lance un « Mesdames » sans m'arrêter. Pourtant, je ne peux manquer le « Il est rentré ! » que Chiara crie vers l'intérieur, à travers la baie vitrée. J'en comprends la raison quand la porte de leur appartement s'ouvre à la volée et que Lili m'adresse un rictus soulagé.

– Sauve-moi, plaide-t-il à voix basse en me faisant signe d'entrer.

J'ai la peau collante de crème solaire et d'embruns à cause de ma journée sur le bateau de Z et je ne rêve que d'une douche, mais il a l'air tellement content de me voir que j'obéis sans protester, Loki sur les talons.

– Qu'est-ce qu'il se passe ?

– Reste, s'il te plaît. Elles vont me rendre cinglé, précise-t-il avec un signe vers la terrasse, là où Chiara, Max et Wendy papotent et où l'arrivée de Loki provoque un concert de « Oh ! » attendris.

Je sens malgré moi le coin de mes lèvres s'arquer en un sourire moqueur, et Lili me gratifie d'un petit coup de poing dans le biceps.

– Tu l'as bien cherché en emménageant avec Chiara !

Sa réponse attendra, car on m'appelle :

– Hé ! Jack, ton chien est adorable ! s'exclame Wendy, un large sourire sur son visage alors qu'elle caresse Loki, aux anges de toute cette attention pour lui.

– Surtout si t'es une femme. Il n'aime pas trop les hommes.

– Bon garçon ! approuve Wendy en lui flattant les flancs.

Je roule des yeux, un peu vexé mais amusé, alors que les pas de Lili s'approchent de moi.

– C'est un vrai aimant à gonzesses, ce chien !

– Comme si t'avais besoin de ça pour plaire, Jack, renchérit Wendy, sans savoir que ses mots ne font qu'ajouter de l'huile sur le feu qui brûle en moi depuis trois jours. T'es déjà irrésistible, avec tes yeux cristallins et ton sourire Colgate !

Pour la première fois depuis que je suis entré dans cet appartement, je dirige mon regard vers Max, assise dans le coin de la terrasse, un air qui se veut neutre sur le visage mais que j'ai appris à déchiffrer. Je sais reconnaître la tempête qui sévit dans ses prunelles noires.

– On m'a dit que j'avais plutôt un physique de pub Ralph Lauren.

Un demi-sourire vient tendre cette bouche dont le goût me hante.

– Abercrombie & Fitch t'irait mieux, déclare-t-elle d'une voix posée. Tu pourrais crâner avec tes abdos.

À la manière dont elle les a scrupuleusement léchés il y a trois jours, j'ai l'impression qu'ils ne la dérangent pas, mes abdos. Au contraire. Sinon, elle ne scruterait pas mon débardeur comme si elle voulait creuser un trou dans le tissu.

L'éclat de rire des deux autres filles casse le moment. Je secoue la tête, désabusé, et rejoins Lili qui m'observe en souriant.

– Vous ne trouvez pas qu'il ressemble à Captain America ? demande ma sœur à la cantonade.

Ouais, il est temps de se barrer de là, surtout que Wendy avoue qu'elle adore les superhéros et que Chiara balance avec un pseudo ton innocent : « C'est pour ça que t'avais un faible pour Jack, avant ? »

Ces mots me font l'effet d'un coup dans l'estomac, et mes pieds marquent un arrêt malgré moi.

Avant, c'est vrai qu'il aurait pu se passer un truc entre Wendy et moi, quand elle a commencé à travailler au Smithy's. *Avant* que je sois déployé. Elle est belle et sympa, et j'avais hâte de franchir la porte du bar chaque fois qu'on sortait avec les gars. La seule raison pour laquelle j'ai hésité à faire le premier pas, c'est parce que je craignais d'avoir à forcer les mecs à changer de QG si ça tournait mal. Puis j'ai été envoyé là-bas. Et *après*, quand je suis revenu, ce n'était plus une option. *Après*, j'étais une loque.

Je le suis toujours.

C'est pour ça que mes pieds se remettent en marche, que je m'éloigne d'elles et que je m'installe sans broncher sur le canapé, à la place que Lili me désigne. Il me colle une manette de console dans les mains, et on joue silencieusement pendant quelques minutes, jusqu'à ce que la curiosité soit plus forte que moi.

– Qu'est-ce qu'elles t'ont fait ? murmuré-je.

Il m'adresse un regard exaspéré.

– Elles ont besoin de mon avis toutes les cinq minutes. Je m'en branle de savoir quelle photo il y aura sur ce foutu site ou quelle police choisir !

– C'est toujours mieux que les chaises, répliqué-je en riant.

Ses yeux s'écarquillent d'horreur et il secoue la tête comme pour chasser ce souvenir, puis il cherche machinalement quelque chose sur la terrasse dans mon dos – Chiara, sûrement –, et une lueur de tendresse remplace aussitôt la contrariété dans son regard.

Comment parvient-il, malgré tout, à poursuivre la comédie du bonheur ? Visiblement, tout n'est pas rose dans sa relation avec Chiara. Elle l'énerve souvent, ce qui peut se comprendre puisqu'elle me gonfle régulièrement. Pour moi, c'est ma sœur ; j'ai grandi avec ses bons et ses mauvais côtés. Mais lui, il n'est pas obligé de se l'imposer. Pourtant, ça se voit qu'il est affamé de sa compagnie, de son contact, qu'il est complètement accro à elle.

Je ne comprends pas. Peut-être que je ne le peux pas. Après tout, je n'ai jamais eu de vraie copine, je n'ai jamais vécu avec personne d'autre que mes parents, mes colocataires Marines et Chiara…

Et Max.

Mais elle, c'est différent. C'est temporaire, juste un échantillon, et on n'est pas ensemble.

Malgré tout, moi aussi, ça me démange de regarder vers la terrasse. Je résiste une minute avant de risquer un coup d'œil vers l'extérieur. Chiara et Wendy sont concentrées sur l'écran de l'ordinateur, mais Max a les yeux dirigés vers l'intérieur de l'appartement. Directement sur moi. Je me laisse absorber par son regard qui se charge peu à peu de ce désir dont elle ne semble pas vouloir mais qui la submerge malgré tout.

J'ai compris quelque chose d'important, ces trois derniers jours. Même si elle décidait de rester à Jacksonville et que j'éclaircissais la situation avec mon patron, je ne me mettrais pas en travers de son chemin. Je ne ferais que la tirer vers le bas, et elle mérite de prendre son envol sans un boulet comme moi.

Pour notre bien à tous les deux, je reporte mon attention vers la télévision. Ma gorge s'assèche tellement que descendre le tiers de la bière que Lili m'a rapportée n'y fait rien. Je ne devrais pas et, pourtant, je pose quand même la question que j'ai tenté d'ignorer toute la journée, à voix basse pour ne pas être entendu par les filles :

– Comment s'est passé ce double rencard ?

Les sourcils de Lili se froncent sur son regard chargé de doute et de désapprobation. Ses doigts se resserrent sur la manette. Je le sens hésitant, comme s'il pensait que m'en dire plus n'était pas une bonne idée. A-t-il compris que je ne lui fais pas *juste* la conversation ? Que je suis attiré par ma colocataire et que le fait qu'ils soient sortis à quatre hier soir, Chiara, lui, Max et Harris, me retourne bien plus l'estomac que ça ne le devrait ?

Il soupire puis se lance, embarrassé :

– On est allés à Wilmington. J'avais délégué la réservation du restaurant à Harris, et ce con a choisi une jolie brasserie sur la promenade, un truc bien romantique, sans doute pour impressionner Max… sauf qu'ils ne servaient que des fruits de mer. C'est ma faute, j'ai oublié de lui préciser que Chiara est végane. C'est un gars sympa, mais… il en fait trop. Il essaie de s'intégrer, et je le comprends, mais on n'a pas le même état d'esprit. Et je crois que Max n'est pas à fond sur lui non plus. En tout cas, elle n'en avait pas l'air.

Est-ce que cette information me rassure ? Bien sûr, même si ça ne devrait pas. Est-ce que je lutte pour ne pas sourire ? Aussi.

Comme si Lili lisait dans mes pensées, il ajoute d'un ton pressant :

– La prochaine fois, viens avec nous, s'il te plaît.

Il me l'a proposé, j'ai décliné. Je ne voulais pas tenir la chandelle. À la place, je suis sorti avec Troy, et pour une fois, on a fini au Black, pas au strip-club. C'est mieux pour nos portefeuilles.

J'ai beau savoir qu'il n'y aura pas de prochaine fois avec Max dans l'équation, je me vois acquiescer.

CHAPITRE 25

Même si j'ai joué tout l'après-midi à *Call of Duty* avec Lili, une fois rentré chez moi et après m'être douché, je m'installe de nouveau devant ma console. J'ai à peine eu le temps de tuer deux ou trois monstres que Max débarque, en pyjama, son ordinateur à la main.

Sans un mot, elle s'assoit en tailleur dans le fauteuil, pour le plus grand bonheur de Loki qui bat doucement de la queue au pied du siège.

Il s'est tellement attaché à elle… Après tout, Max est là quasiment depuis le début. Comment réagira-t-il quand il ne la verra plus ? Est-ce qu'il supportera de rester seul avec moi ? Je peux presque entendre la voix du docteur Lee me conseiller de me concentrer sur le présent, sans me faire des nœuds à l'estomac concernant l'avenir. Ce sont des spéculations sans fin qui m'ont amené à me tirer une balle dans la cuisse, l'année dernière. J'aimerais éviter d'en arriver là.

Se prendre une bastos, ça fait un mal de chien.

Alors, je reporte mon attention sur le jeu et avance dans cette quête. Voilà des problèmes que je peux résoudre facilement en deux ou trois coups d'épée virtuelle. C'est le seul moment de ma vie où j'ai un semblant de contrôle sur les événements.

Quand mon téléphone vibre sur la table basse, je suis déjà engagé dans un combat avec un adversaire coriace. Lorsqu'un nouveau message l'illumine, je repère du coin de l'œil le regard de Max rivé au smartphone. Mon interlocuteur est tenace, tout autant que le monstre dans la télévision, si bien que mes mains ne quittent pas la manette.

– Tu veux ton téléphone ? demande Max d'une voix contrariée. Ça a l'air urgent.

– Pas la peine.

Mais la nouvelle notification a raison de la patience de Max, qui soupire longuement. Si elle ne souhaite pas être dérangée par ma putain de vie, elle n'a qu'à rester enfermée dans sa chambre. Elle n'avait pas de mal à le faire, au début !

Pourtant, lorsque sa main se referme sur mon téléphone, un mauvais pressentiment me comprime la poitrine. J'ai peut-être machinalement compris le contenu des messages qui s'affichent sur l'écran et je n'ai pas envie que Max voie ça…

Trop tard. Quand ses yeux s'écarquillent de surprise et qu'une légère coloration se dessine sur le haut de ses pommettes, je devine de quoi il est question.

Max se racle la gorge.

– *Chrissie* te demande si ça te dit de venir ce soir. Et par « venir », je n'ai pas trop de doute sur ce qu'elle te propose, vu les emojis. Une photo l'accompagne, mais faudra que tu déverrouilles le portable pour la regarder.

Je soupire, partagé entre la gêne et la colère. Max n'aurait vraiment pas dû voir ça, mais elle ne devrait pas non plus avoir le droit de me scruter avec des yeux contrariés, pas après m'avoir affirmé qu'on ne se devait rien et être sortie deux fois avec Harris. Je mets le jeu en pause et tends la paume, dans laquelle elle lâche volontiers le téléphone.

La photo de Chrissie – un selfie en sous-vêtements dans le miroir de sa salle de bains – n'a aucune incidence sur la réponse que je lui écris.

Jack
Hey ! Toujours aussi belle.
Ce soir, ça ne va pas le faire pour moi.
Une prochaine fois ?

Sa réponse me parvient dans la foulée, comme si elle attendait impatiemment de mes nouvelles.

Chrissie
Pas de souci.
Bisous ☺

Elle va sûrement appeler un autre de ses plans cul, mais je m'en fiche. J'abandonne le téléphone sur l'assise du canapé, reprends la manette et recommence mon jeu. Il ne se passe pas une seconde avant qu'un hoquet de surprise me fasse tourner la tête vers Max, qui m'observe les yeux écarquillés, la bouche plissée en une question.

– Tu n'y vas pas ?

– Non, dis-je fermement en reportant mon attention sur la télévision.

– Pourquoi ?

Je me contente de hausser les épaules, sans un mot ni un regard. Je suis si déboussolé par sa réaction que les paroles me manquent. J'ai le temps d'explorer une caverne avant qu'elle répète, d'un ton plus pressant :

– Pourquoi, Jack ?

– Parce que je n'ai pas envie, soupiré-je. Ça ne me dit rien de bouger. Je suis bien, là.

Avec toi.

La vérité, c'est que Max sera bientôt loin d'ici, et que même si on se parle peu, sa présence m'apaise, de la même manière que je suis moins préoccupé lorsque je travaille sur une voiture ou que je cours avec Loki.

Je veux profiter de ces moments tant que je le peux. Chrissie sera toujours dans le coin dans dix jours. Pas Max. Je ne le dis pas mais je commets l'erreur de tourner la tête vers elle. Sa bouche s'entrouvre de surprise et ses yeux se voilent d'incrédulité. Le choc la fait reculer de cinq bons centimètres sur le fauteuil.

Sa réaction me donne envie de fuir. Lorsque je me lève, ses sourcils remontent quasiment jusqu'à la naissance de ses cheveux, et l'incompréhension se dessine sur ses traits en me voyant éteindre la console.

– Je vais me coucher, dis-je en tentant de maîtriser l'embarras dans ma voix.

J'ai à peine le temps d'atteindre le comptoir de la cuisine qu'une main se referme sur mon poignet. Je fais volte-face vers le visage de Max, sur lequel se succède une multitude d'émotions qui semblent trop difficiles à cacher.

– Pourquoi tu ne vas pas baiser cette fille qui ne demande que ça ? crache-t-elle alors que ses doigts s'impriment dans la peau de mon bras.

– Je t'ai déjà répondu. J'en ai pas envie !

– *Pourquoi* ? balance-t-elle, sa voix sur le point de se briser.

À l'urgence dans son ton, Loki se redresse instinctivement. La pression se fait plus forte sur mon poignet, alors je plonge à nouveau dans les yeux tourmentés de Max. Entre le chien prêt à attaquer et la femme en colère, je décide que le plus grand danger est celle qui me crie dessus, pour une raison qui nous dépasse tous les deux. Je vais devoir cracher le morceau pour qu'elle me lâche.

– Parce que, là tout de suite, ce n'est pas *elle* que je veux. C'est *toi*.

L'espace d'un battement de mon cœur affolé, elle reste immobile comme une statue de cire.

– Pour que ce soit bien clair, c'est *mon* choix, lâche-t-elle d'une voix sourde en se jetant sur moi, si fort qu'elle m'envoie buter contre le frigo.

Je me retrouve coincé entre la surface dure du meuble et le corps moelleux de Max. J'ai juste le temps de repérer la lueur de désir qui dévore ses yeux avant que sa bouche prenne rudement possession de la mienne. Mues par leur propre volonté, mes mains s'emparent de son visage pour la presser plus fort contre moi.

Je ne contrôle plus rien, je suis totalement esclave des sensations qui m'assaillent, quand sa peau touche la mienne. Sa langue finit par caresser langoureusement la mienne, et je lâche un grognement dans sa bouche. C'est tellement bon, et même si elle est déjà écrasée contre moi de toute sa hauteur, ce n'est pas assez. Ma main glisse le long de son épine dorsale, la faisant frissonner contre ma paume, puis se plaque dans le creux de ses reins où j'appuie, fort, jusqu'à ce qu'elle soit pressée contre mon érection. Je veux qu'elle comprenne l'effet qu'elle me fait. Max a tous pouvoirs sur mon corps, il lui obéit au doigt et à l'œil. En cet instant, il n'y a plus qu'elle qui compte.

Seulement, le monde tangible qui nous entoure n'est pas de cet avis. En tout cas, pas mon frigo, qui recule de dix bons centimètres. Comme je n'ai pas l'intention de refaire ma cuisine, je pousse doucement mais fermement Max vers l'arrière, jusqu'à ce qu'elle rencontre le bar, sans jamais me détacher d'elle. De toute façon, je ne peux pas. Si j'arrête de la toucher, je vais mourir.

Et quand ses mains avides parcourent l'intégralité de mon dos, malaxent mes fesses et s'infiltrent sous mon T-shirt, je suis content qu'on ait changé de position. Jusqu'à ce que je me rende compte que je n'ai plus accès à son corps sublime. Je ne parviens qu'à caresser le côté d'un sein et de sa taille, et merde, j'en veux plus. Je n'ai pas le temps de reculer d'un centimètre qu'elle me ramène brutalement à elle.

– Max… murmuré-je contre ses lèvres d'un ton suppliant. Je veux te toucher.

J'en ai besoin. Je suis prêt à respirer l'oxygène directement dans ta bouche pour le reste de ma vie, s'il le faut.

Elle me répond par un gémissement et appuie plus fort contre mes reins, pour plaquer ma queue déjà bandée contre son bassin. Il n'y a plus un millimètre d'air entre nous. C'est douloureux et excitant en même temps, encore plus quand elle lève une cuisse pour me rapprocher davantage. Ce qu'elle essaie de me dire, c'est qu'elle a besoin de moi, *là*. Et je comprends. Parce que, si je ne m'enfonce pas en elle dans les prochaines secondes, je ne répondrai plus de rien.

– Baise-moi, susurre-t-elle comme une supplique l'instant d'après, avec tant de vulnérabilité dans la voix que ma poitrine se serre.

Mais encore une fois, je comprends : entre ses bras, je me sens fébrile, moi aussi.

– Mon lit ? chuchoté-je contre ses lèvres, incapable d'articuler plus de mots tant mon esprit est couvert d'une épaisse brume de désir.

Elle opine, à bout de souffle, les yeux si lourds qu'elle peine à garder les paupières ouvertes. On se met immédiatement en marche vers ma chambre, tant bien que mal, sans se détacher, les lèvres soudées, les mains partout sur le corps de l'autre, sans regarder où on va. En chemin, mon dos heurte brutalement une paroi. Pas grave. Je croyais que ma chambre était la pièce la plus proche de la cuisine, j'ai dû me planter, car ça me semble soudain *très* loin. Peut-être parce qu'on s'arrête dès qu'on peut, contre n'importe quel angle ou mur, pour mieux s'embrasser. À ce stade, ma langue connaît aussi bien l'intérieur de sa bouche que celui de la mienne.

Finalement, on tombe sur mon lit dans un enchevêtrement de membres, incapables de distinguer où commence un corps et où se termine l'autre. Et ça sera encore mieux dans une minute quand on se sera débarrassés de ces vêtements qui ne font que retarder le moment où ma peau entrera en contact avec celle de Max.

Le moindre bout de tissu disparaît avec nos gestes précipités. J'ai juste assez de force pour lâcher Max à contrecœur et farfouiller dans ma table de nuit. Je dois expirer un bon coup pour tenter de calmer mes mains tremblantes alors que je déchire l'emballage en aluminium et déroule le préservatif sur ma queue si tendue que le moindre frôlement en devient intense.

Enfin – *enfin !* – je me positionne au-dessus de Max qui m'attend les jambes écartées, le souffle saccadé, ses seins magnifiques se soulevant frénétiquement, les yeux encore plus sombres que d'habitude. Je profiterai de toute cette belle peau brune plus tard ; pour l'instant, il faut que j'entre en elle.

En une poussée brusque, je la pénètre. Un gémissement m'échappe, et je me mords violemment la lèvre. On dirait que son sexe a été fait sur mesure pour le mien. Il m'enserre si parfaitement que j'ai peur, l'espace d'un instant, d'éjaculer sur-le-champ. Mais Max ne me laisse pas douter. Elle remue son bassin sous le mien et reprend ma bouche, ses paumes de chaque côté de mon visage. Alors, j'obéis.

Je voudrais y aller lentement, prendre mon temps pour savourer chaque seconde passée contre sa peau, mais ce n'est pas possible. La fièvre me gagne à nouveau, encouragé par ses gémissements de plaisir et ses mains qui descendent sur mon cul pour me forcer à m'enfoncer plus profond, plus vite, plus fort. Nos peaux moites glissent l'une sur l'autre, nos lèvres se rencontrent durement. C'est bon, tellement bon. Je n'ai jamais baisé comme ça, je n'ai même jamais ressenti ça. J'ai l'impression que mon cœur va éclater dans ma poitrine. Dans mes reins, la pression monte à chaque va-et-vient, encore et encore, presque insupportable, rendant la limite entre plaisir absolu et douleur plus floue que jamais. Je devrais calmer le jeu mais je ne peux pas m'arrêter. De toute façon, Max ne me laisserait pas faire. Ses hanches vont frénétiquement à la rencontre des miennes, comme si elle ne pouvait pas attendre que je vienne à elle et qu'elle devait me rejoindre à mi-chemin.

Il suffit que je change un poil l'angle de mes poussées, en repliant un genou et en soulevant sa cuisse, pour que les cris de Max s'amplifient, que ses ongles se plantent dans mes épaules et qu'elle rejette la tête en arrière pour jouir bruyamment. Ses contractions autour de ma queue sont si puissantes que je perds le contrôle : la seconde d'après, j'éjacule violemment en elle avec un grognement de plaisir. Mon orgasme est si intense que je m'écroule sur son corps, alangui et vidé.

Il faut plusieurs minutes pour que mon rythme cardiaque revienne à la normale et que je puisse rouler sur le côté. J'ai à peine le temps de retirer la capote que le lit s'agite. À côté de moi, Max tremble de tout son corps, comme si elle était transie de froid. Je ne réfléchis pas plus et attrape le bord de la couette pour nous enrouler dedans. Contre son flanc humide de sueur, sa chaleur, l'odeur enivrante de noix de coco que dégagent ses cheveux, je me sens si bien, si détendu, tellement à ma place, que mon esprit s'envole et que mes paupières se ferment d'elles-mêmes.

Quand je rouvre les yeux, c'est déjà l'aube. Je suis seul, et la place de Max est tiède.

CHAPITRE 26

En allant récupérer les prochaines pièces à peindre dans l'atelier principal, je crois rêver. Max joue avec mon chien. Je veux dire, Max Turner qui lance la baballe à Loki ? C'est forcément un fantasme de mon esprit dérangé, non ? Parce que ça me fait quelque chose de voir la femme qui a partagé mon lit hier soir s'amuser avec mon chien sur le parking du garage. Ma poitrine se gonfle d'un sentiment chaud et joyeux que je n'ai pas éprouvé depuis très longtemps.

Max envoie le petit ballon à Loki, qui détale le chercher et lui rapporte en trottinant, la queue battant l'air. Ils semblent si heureux tous les deux. Elle lui adresse ces grands sourires insouciants qu'elle ne réserve qu'à lui, ceux qui donnent une grande impulsion à mon cœur. Quand elle affiche cette expression, j'ai envie de tout lâcher et de me précipiter pour cueillir ce sourire de mes lèvres.

– Moi non plus, j'en crois pas mes yeux.

Troy vient d'apparaître à mes côtés, ou peut-être qu'il était là depuis que je me suis mis sur pause tellement j'étais concentré sur le duo à l'extérieur.

– Ton chien est le seul représentant masculin qu'elle accepte de câliner, reprend-il avec une pointe de mordant.

Je voudrais lui dire qu'il se trompe, que j'ai ce privilège moi aussi, mais je ne veux pas me faire des idées. Je n'espérais pas qu'elle me saute au cou comme hier soir, évidemment. Toutefois, un petit signe que quelque chose s'est passé entre nous aurait été agréable. Mais elle n'est pas passée me saluer ce matin. Je ne savais même pas qu'elle était arrivée au garage avant de la trouver dehors avec Loki.

Je ne dois pas me prendre la tête, même si la nuit dernière ne ressemblait en rien à un coup d'un soir. C'était trop intense. Je n'arrête pas de repenser à la façon dont elle m'a susurré de la baiser, comme si elle ne pouvait pas vivre sans. C'est ça qui arrive à me convaincre que je n'ai pas vraiment rompu ma promesse, puisque c'est elle qui me l'a demandé.

– Ouais, finis-je par dire, la gorge serrée, avant de me diriger vers l'étagère où j'ai stocké les pièces.

D'habitude, le chuintement du pistolet à peinture suffit à me calmer, mais je revois son sourire en boucle, et immédiatement, mon cœur joue la chamade. Et quand je pense au moment où elle a ri, mon souffle se bloque purement et simplement dans mes poumons.

***

– Qui est cette jeune femme ?

Je soupire. Le docteur Lee a vraiment le don de me forcer à aborder les sujets que je ne veux pas affronter. Malheureusement, c'est pour ça que je le paie.

Les premières minutes de la séance, il m'a félicité de mes récentes initiatives, avec de l'étonnement, et quelque chose qui ressemblait étrangement à de la fierté. Il ne devait pas imaginer qu'un allergique au changement comme moi allait en faire autant d'un coup. Moi non plus, cela dit.

Puis il m'a demandé si mes cauchemars étaient revenus. J'ai été obligé de lui raconter le dernier-né et notamment le rôle prépondérant que Max y a joué. Ce qui a inévitablement entraîné cette question que j'aurais préféré éviter.

Je ne l'ai pas recroisée au garage avant de partir. Elle savait pourtant que j'étais quelque part dans l'atelier mais elle n'est pas venue me trouver. Qu'est-ce que ça signifie ? Est-ce que je suis encore en train de sur-analyser ce qui s'est passé hier soir ?

– Jack ? rappelle la voix du docteur Lee.

– Désolé, j'étais ailleurs… Je l'héberge juste le temps qu'on répare sa moto.

Je ne lui laisse pas le temps de poser sa question car je la devine.

– Oui, elle me plaît, mais on n'a pas d'avenir ensemble. Elle va partir et elle a déjà pas mal de trucs à gérer. Elle n'a pas besoin d'un mec qui traîne un paquetage aussi lourd que le mien.

Face à moi, le psychologue ouvre des yeux ronds et me fait tout reprendre depuis le début, en prenant frénétiquement des notes sur son carnet.

– Qu'est-ce qui vous attire chez elle ?

– Elle est canon, dis-je dans un sourire complice qu'il me rend.

– Au-delà de ça, Jack. Vous ne rêvez pas de toutes les jolies femmes que vous croisez. Quelque chose chez celle-ci vous interpelle. Est-ce que vous arrivez à mettre le doigt dessus ?

Il a raison. Chrissie ne s'est jamais immiscée dans mes cauchemars, et tant mieux pour elle.

Spontanément, des images de ce matin et de cette nuit me reviennent à l'esprit. Puis je la revois perchée sur la moto de Rob et je sais, au fond de moi, que mon cœur bondira quand elle enfourchera *son* bolide, noir et dangereux comme elle, pour s'en aller. J'ai trouvé ce qui me touche, chez elle.

Les mots s'échappent de mes lèvres.

– Sa liberté…

– C'est quelque chose qui vous fait défaut, la liberté ?

L'interrogation du docteur Lee m'arrache un drôle de rire, à la frontière entre le ricanement et le hoquet.

– C'est pas que ça me manque, c'est que je ne me rappelle pas la dernière fois que je l'ai ressentie.

Lorsque le psychologue aligne son stylo sur la reliure de son carnet et qu'il relève la tête vers moi avec une lueur calculatrice dans les yeux, je devine qu'il va me poser une nouvelle colle.

– Ne serait-ce pas plutôt que vous ne vous l'autorisez pas ?

Au lieu de répondre, j'ai plutôt envie de lui demander s'il ne s'est pas réveillé ce matin dans l'unique but de me mettre mal à l'aise. Cette question-là ne fait que resserrer le poids sur ma poitrine.

Est-ce que je m'autorise à être libre ? Comment le pourrais-je ? Pendant quatre ans, je n'ai fait qu'exécuter des ordres, aussi débiles soient-ils. Avant ça, j'ai essayé de me faire le plus arrangeant possible pour ne pas m'ajouter à la liste de préoccupations de ma sœur. La seule folie que je me suis permise a été de me tirer une balle dans la cuisse. Tu parles d'une réussite !

– Libre de quoi, exactement ? finis-je par balbutier.

Le docteur Lee retire ses lunettes pour les essuyer sur son veston avant de faire un geste avec la main qui peut signifier tant de choses.

– Vivre, tout simplement. Par exemple, vous autoriser à avoir cette relation avec la jeune femme dont nous avons parlé. Faire le premier pas.

Un ricanement m'échappe. C'est plus fort que moi. Il y a plus délicat, comme premier pas.

– Et si je vous disais qu'on a baisé comme des animaux, hier soir ?

Le docteur cille légèrement sur mon choix de vocabulaire mais, rapidement, une étincelle se forme dans son regard.

– Je vous répondrais que j'en suis heureux pour vous et je vous demanderais pourquoi *vous* ne semblez pas en ressentir de la joie.

Encore une fois, j'ai la sensation d'avoir été piégé. Ce type est beaucoup trop pertinent, c'est sûrement pour ça que je reviens à chaque fois.

– Pour toutes les raisons que j'ai abordées plus tôt, mais aussi… elle n'est pas restée dormir avec moi et, ce matin, elle n'est même pas passée me dire bonjour. Alors, ouais, c'était dément, mais je suis sans doute le seul à être de cet avis.

En face de moi, le psychologue a un petit sourire qui ne me dit rien qui vaille.

– Jack, pourquoi pensez-vous à mal ? Peut-être qu'elle n'a pas voulu vous gêner pendant la nuit ou qu'elle s'est demandé si elle était la bienvenue dans votre lit.

Je m'apprête à protester. C'est moi qui ai proposé qu'on aille dans mon lit, parce que je voulais qu'elle y reste après ! Mais le docteur poursuit sans me laisser le temps d'ouvrir la bouche :

– Vous n'aurez la réponse qu'en parlant avec elle de ce qui s'est passé.

Et là, alors que je hausse les épaules devant une phrase aussi bateau, il lâche une petite bombe.

– Croyez-vous avoir le droit au bonheur, Jack ?

La question tonne dans le bureau tel un coup de fusil. Une personne normale dirait que « oui, évidemment, on a tous droit au bonheur », ou une connerie dans ce genre. Mais quand j'essaie de formuler ces mots à voix haute, ma gorge se contracte, mes poumons se vident de leur air, et rien ne sort.

Je dois me forcer à déglutir pour articuler la réponse la plus honnête possible.

– Je ne sais pas…

En face de moi, le docteur Lee acquiesce, comme s'il s'attendait précisément à ces paroles de ma part, et ses yeux s'emplissent d'indulgence et de compassion.

– Je présume que ce sont la culpabilité et vos peurs qui vous empêchent d'accéder à la vie équilibrée que vous méritez, parce que vous ne vous y autorisez pas. Au contraire, quand des opportunités de bonheur se présentent à vous, vous avez tendance à les saboter. Pour la prochaine fois, j'aimerais que vous y réfléchissiez et que vous essayiez de percevoir quels sont ces freins. Notez vos sensations et pensées sur un support, si cela peut vous aider.

Je hoche la tête alors que j'ai juste envie de me barrer au plus vite. Pas besoin d'être un génie, ou d'avoir un foutu carnet, pour identifier ces craintes.

J'ai peur d'être seul pour le restant de ma vie et, en même temps, je suis terrifié à l'idée de me faire à nouveau piétiner le cœur.

***

Il suffit que je pose un pied sur le parking pour que Troy et Jarvis commencent à se moquer de moi.

– Qu'est-ce qui se passe ?

Est-ce qu'ils ont entendu parler de ma nuit avec Max ? Rob est-il au courant ? Non, je ne pense pas que ça les ferait rire à ce point. Je récolterais plutôt des regards envieux ou des félicitations.

Troy finit par arrêter suffisamment de rigoler pour reprendre son souffle.

– Prépare-toi, mec !

Je suis sur le point de lui demander de quoi il parle, lorsqu'il me désigne le parking derrière lui. Tout s'éclaire. Il suffisait que je lève les yeux.

La moto rouge et noire est positionnée au départ d'un parcours délimité par des caisses à outils, des tabourets d'atelier et d'autres objets que Max a rassemblés en une sorte de slalom. D'ailleurs, elle se dirige à grands pas vers moi, son casque noir à la main.

Sans pouvoir m'en empêcher, je soupire. Inévitablement, mes collègues se marrent à nouveau. Jarvis rigole tellement qu'il renverse même la moitié de sa canette de Coca-Cola en voulant en prendre une gorgée.

– Ouais, foutez-vous de ma gueule !

– Dépêche-toi de manger, ordonne Max avec enthousiasme dès qu'elle est à portée de voix. Ta deuxième leçon de moto t'attend !

J'ai envie de refuser par peur de me ridiculiser, mais ses yeux pétillent tellement que je n'arrive pas à lui résister. Et puis ça m'émeut de savoir qu'elle a préparé tout ça pour moi. Ça veut dire que, pendant tout ce temps, elle a pensé à moi. Pour la première fois depuis longtemps, quelque chose se desserre dans ma poitrine.

Le docteur avait raison : mes craintes sont sans doute infondées. Peut-être même que cette nuit a compté pour elle.

Rapidement, je me retrouve sur la moto et me sens immédiatement étriqué. Ça, ou le fait qu'encore une fois, il y a quelque chose qui s'éclaire dans son regard quand elle plonge dans mes yeux à travers la fente du casque.

Elle se racle la gorge avant de me donner mes instructions du jour.

– Les tabourets représentent une porte, tu devras passer à travers puis longer le chariot et franchir la deuxième, dit-elle en désignant deux pneus sur le sol. Essaie de ne pas poser le pied à terre, et rappelle-toi que c'est ton regard qui détermine ta direction.

Elle m'explique ensuite comment jouer avec l'accélérateur, l'embrayage ainsi que le frein et où placer mon regard à chaque étape pour réussir le parcours.

La première tentative est un échec total. Je me retrouve bloqué devant la première porte et pose le pied beaucoup trop souvent, si bien que Max me demande si je crois piloter une trottinette. Quand je reviens au point de départ, j'ai honte. Ce n'est pas comme ça que je vais impressionner Max.

– Pas de commentaire, grommelé-je en la voyant se mordre la lèvre pour ne pas éclater de rire.

Je ne peux empêcher mon regard de descendre vers cette bouche qu'elle malmène. Malgré moi, ma main se détache du guidon pour se diriger vers son visage.

– C'est pas pour tout de suite, le MotoGP ! braille Jarvis.

Ça a le mérite de me sortir de ma bulle. Qu'est-ce que j'allais faire ? Est-ce que Max m'aurait laissé aller au bout de mon geste ? Un demi-sourire flotte maintenant sur ses lèvres, mais j'ignore si c'est à cause de la remarque de mon collègue ou parce qu'elle sait ce que j'avais en tête.

Je profite d'avoir la main en l'air pour montrer mon majeur à Jarvis.

– Ne les laisse pas t'atteindre, murmure Max. Tu peux y arriver, Jack.

Dans ses yeux, je lis l'espoir et l'assurance, mais également une émotion ténue qui fait accélérer mon cœur, parce que ce sentiment existe aussi au fond de moi.

Je ne veux vraiment pas la décevoir alors je réessaie, encore et encore, jusqu'à passer la deuxième porte sans encombre. Quand je me retourne, mes collègues applaudissent, Rob, qui a fini par nous rejoindre, sourit franchement, et les yeux de Max brillent de fierté. C'est ça qui me fait éclater de joie, et dans ma poitrine, un sentiment qui ne devrait pas exister repousse encore un peu les murs de sa prison.

CHAPITRE 27

Ce soir-là, j'ai la surprise de voir Max me rejoindre dans la cuisine. Elle lève un sourcil désapprobateur quand elle me voit tartiner le pain de mon sandwich avec de la mayonnaise.

– Comment tu parviens à maintenir ta masse musculaire en mangeant ça, c'est un mystère.

Je suis de bonne humeur, peut-être parce qu'elle est enfin sortie de sa tanière et que j'ai le sentiment d'avoir accompli quelque chose avec ce parcours de moto.

C'est pourquoi je réponds d'un ton joueur :

– C'est grâce au sport… en chambre.

Sur l'instant, elle ouvre de grands yeux, et je ne comprends qu'après coup que ma réplique pourrait impliquer que je cumule les conquêtes. Pourtant, la seconde d'après, son regard se fait moqueur, et sa bouche se pare d'un petit sourire. Ce n'est pas encore le sourire lumineux qu'elle ne réserve qu'à Loki, mais on s'en rapproche. Ça suffit à faire battre mon cœur plus vite.

– Je vois, dit-elle avec un clin d'œil. Ça explique mieux l'entrain que tu y mets et le dévouement de tes partenaires.

Est-ce qu'elle parle de Chrissie ? Le pire, c'est qu'elle n'a même pas l'air fâchée comme hier soir. Au contraire, elle me frôle volontairement le bras en allant vers le frigo.

Puis je me souviens avoir dit que la seule que je voulais, c'était elle. J'étais énervé, bien sûr, mais ces mots sont empreints d'une vérité pure et simple. La certitude s'imprime en moi alors que je l'observe préparer son repas, bien plus sain que le mien. C'est elle que je veux, ça m'enflamme et me tue à la fois.

– Cette fille, commencé-je d'une voix incertaine en désignant mon téléphone, c'est juste quelqu'un que je vois de temps en temps. Il n'y a rien de sérieux entre nous.

Elle me jauge d'un œil critique avant d'acquiescer. Je décide que c'est l'occasion idéale pour vérifier un truc.

– Et Harris et toi ?

Le coup d'œil qu'elle me lance est beaucoup moins serein, et elle paraît même réticente à répondre.

– Au départ, il m'a branchée moto, et c'était sympa. J'ai été flattée quand il m'a invitée à sortir… surtout que ça avait l'air de t'agacer. Mais il ne m'intéresse pas réellement, finalement.

Un petit rire incrédule s'échappe de ma bouche.

– Tu es sortie avec lui pour me rendre jaloux ?

Elle lève les yeux au ciel, mais son sourire revient presque automatiquement.

– Avoue que ça a attiré ton attention.

Cette fois-ci, je rigole carrément.

– Tu n'avais vraiment pas besoin de ça pour que je te remarque, Max.

C'est plutôt de *ne pas* la remarquer qui est compliqué pour moi. Mon corps réagit au moindre de ses mouvements. Rien qu'actuellement, mes poils se hérissent quand elle se penche pour attraper un couteau dans le tiroir.

– Non, il vaut mieux que je te saute dessus, dit-elle d'un ton taquin.

Elle a les yeux rivés sur la tomate qu'elle découpe en dés, mais je ne peux manquer l'inflexion amère dans sa voix. Ce qu'elle veut dire, au fond, c'est que je n'aurais jamais osé faire le premier pas, pour honorer ma parole donnée à Rob. Je voudrais attraper son visage pour la forcer à me regarder, seulement, mes mains sont grasses. Alors, je me penche jusqu'à rencontrer son regard.

– Je te promets de respecter tous tes choix à l'avenir, et tu sais que je tiens mes promesses.

Elle opine. Un autre marché est scellé entre nous. Même si elle a abordé d'elle-même le sujet avec légèreté, ce que j'ai avoué dans le bureau du docteur me reste en travers de la gorge. J'entends à nouveau la voix posée du psychologue : « Vous n'aurez la réponse qu'en parlant avec elle de ce qui s'est passé. »

Alors, j'ose prendre mon courage à deux mains :

– Pourquoi tu n'es pas restée dormir avec moi ?

J'ai formulé ma question de la façon la plus neutre possible afin de lui faire comprendre que je suis prêt à tout encaisser, mais un petit sourire se dessine quand même sur ses lèvres. Elle n'est pas dupe, elle non plus, et quelque part, ça m'emmerde d'être entouré de personnes qui savent si bien lire en moi.

– Je l'ai fait, affirme-t-elle, ce qui me fait froncer les sourcils. Mais je me suis réveillée vers 4 h 30 pour utiliser ta salle de bains et je me suis rappelé que tu n'allais pas tarder à te lever. Alors, je suis allée me recoucher dans mon lit.

De la vulnérabilité traverse son regard. Mon cœur accélère légèrement, parce que j'ai le sentiment que j'ai un peu réussi à me faufiler sous sa carapace. J'imagine qu'elle ne voulait pas rester dans mon lit sans moi ; ça aurait été trop vide. Je voudrais lui demander de développer, mais elle détourne le regard vers son assiette. Elle est pudique, je ne veux pas pousser ma chance plus loin, de peur qu'elle se referme à nouveau.

La preuve, elle change immédiatement de sujet.

– Pourquoi tu te lèves aussi tôt, d'ailleurs ?

– Les Marines, lâché-je en haussant les épaules. Je devais être sur le terrain d'entraînement à six heures tapantes, et donc me réveiller à cinq heures trente. C'est une habitude qui ne s'efface pas si facilement.

Elle acquiesce une fois. On s'installe au comptoir pour dîner, dans une atmosphère sereine et détendue que je n'aurais jamais imaginé la première fois que je l'ai rencontrée. Je sens qu'on a fait un pas de géant grâce à cette conversation.

– Tu t'es bien débrouillé aujourd'hui, sur le parcours, dit Max après avoir pris une bouchée de sa salade.

– C'était amusant. T'es vraiment une bonne prof. Même sans ta tenue BDSM, ajouté-je, et elle sourit. Ça fait longtemps que tu fais de la moto ?

Son sourire se fane aussi vite qu'il est apparu. Qu'est-ce que j'ai encore dit de travers ? C'était pourtant une question innocente.

Elle prend le temps d'avaler une autre bouchée de son repas avant de répondre à ma question.

– Ça fait trois ans. Mon père… Il ne voulait pas que j'apprenne à piloter une moto, parce qu'apparemment, les gonzesses n'ont rien à faire sur une bécane. C'est un truc d'hommes. J'ai donc attendu d'être majeure pour ne pas avoir besoin de son autorisation pour passer le permis. En attendant, c'est…

Elle prend une grande inspiration avant de poursuivre son récit d'un ton nostalgique :

– … un membre du club qui m'a appris à conduire en secret.

– Oh… C'était… courageux de sa part, bredouillé-je parce que je sens qu'elle ne m'a pas tout dit.

Elle lâche un petit rire ironique mais ne me regarde pas en face.

– Ouais… Peut-être un peu calculé aussi. On est sortis ensemble, également en secret.

Une sensation désagréable me pince le cœur en comprenant qu'elle aura toujours une relation privilégiée avec ce gars, qui a osé défier les ordres du président pour enseigner la moto à sa fille. Et puis je me rappelle que devenir la « propriété » d'un membre du club lui aurait permis d'intégrer le club par la petite porte, même si ça n'aurait pas été optimal.

– Tu ne pouvais pas devenir sa copine officielle ? Je ne sais pas comment ça marche, mais ça aurait peut-être empêché ton père de vouloir te…

Je ne peux pas prononcer les mots suivants. « T'offrir comme monnaie d'échange » me donne envie de gerber.

– En fait, tout a commencé quand mon père a découvert que je sortais avec Shawn dans son dos. Il nous a forcés à rompre, l'a viré du club et a ajouté que, puisque je n'étais qu'une salope d'Indienne qui ouvrait les cuisses au premier venu, autant que ça lui serve à quelque chose.

– Et ce… Shawn, il ne pouvait pas t'aider ? demandé-je, alors que le nom de ce mec me brûle la langue comme de l'acide.

Elle secoue la tête, le regard toujours perdu sur ses émincés de poulet.

– Après que mon père l'a viré, il a disparu. Et je comprends qu'il ne veuille rien avoir affaire avec moi.

Je lâche un soupir désabusé. Dans la même situation, je me serais battu pour elle. Je le sais dans mes tripes.

– Je suis désolé.

– Je sais, murmure-t-elle en serrant doucement mes doigts que j'ai crispés sur le comptoir. Et je te remercie de toute l'aide que tu m'as apportée. Tu vas dire que ce n'était rien, mais en fait, ça représente énormément pour moi.

Je lis dans ses yeux humides que c'est difficile pour elle de prononcer ces mots, et ma gorge se serre. Comme Rob, j'aimerais en faire tellement plus pour elle. Je ferais *tout* pour elle, si elle me le demandait. Et je comprends aussi, par ces quelques phrases, qu'elle ne nous en veut plus d'avoir conspiré dans son dos, Rob et moi.

– Avec plaisir, chuchoté-je.

***

Après le dîner, je m'installe dans le canapé. Max disparaît un moment dans sa chambre, visiblement pour prendre sa douche, puisque j'entends l'eau couler, puis elle finit par revenir, vêtue de ce pyjama aguicheur. Elle ne dit pas un mot, se contente de s'asseoir sur le divan à mes côtés et d'ouvrir son ordinateur. Elle est à vingt centimètres de moi, et pas sur le fauteuil, ce qui représente un changement majeur.

D'ailleurs, je ne peux pas m'empêcher de la détailler durant de longues secondes. Quand elle me rend mon regard, ses yeux brillent de malice. Elle sait très bien l'effet qu'elle a sur moi et en joue.

– Tu t'en sors ? dit-elle avec un petit signe du menton vers la télévision.

– Bien sûr !

– Si t'as besoin d'aide, n'hésite pas. Je suis juste là, lâche-t-elle avec un clin d'œil espiègle.

Je secoue la tête, indigné qu'elle remette en question mes capacités de *gamer*, mais cela n'empêche pas mes lèvres de se tendre en un sourire affectueux.

Pendant une bonne demi-heure, le silence est seulement rompu par les bruits de la télévision. Je suis bien. Je me sens décontracté et calme, comme après une longue séance de sport – les courbatures en moins.

Cependant, tout change en un claquement de doigts.

Au moment précis où je termine une mission, Max rabat brutalement l'écran de son ordinateur, m'enlève la manette des mains et abandonne le tout sur la table basse.

Perplexe, je la scrute, m'attendant au pire. *Qu'est-ce qui se passe ?* J'ouvre la bouche pour poser la question, quand elle me devance :

– J'ai fini le site de ta sœur.

C'est bien la dernière chose que je pensais entendre dans sa jolie bouche à ce moment-là, mais je n'ai pas le temps d'exprimer ma surprise.

– J'ai droit à une récompense, tu ne crois pas ?

J'opine, les sourcils froncés. Apparemment, mes capacités cognitives ont foutu le camp, car je ne comprends ce qu'elle sous-entend que lorsqu'elle m'enfourche.

– Et c'est ça que je choisis.

Ce que Rob m'a demandé, c'est de bien me tenir avec elle. Or, ça fait deux soirs de suite qu'elle me saute dessus. Je serais complètement con de refuser ce qu'elle m'offre sur un plateau d'argent alors que j'ai envie d'elle à en crever… En fin de compte, je ne fais que me comporter en hôte attentionné. Elle a besoin d'une chambre, je lui fournis ; et si c'est d'un corps à chevaucher, j'ai ça aussi en réserve.

Tant que c'est Max, la pilote, j'irai aussi loin qu'elle le souhaite. De toute façon, c'est à moi qu'on vient d'offrir un cadeau. Mon cœur se gonfle dans ma poitrine, parce que c'est *moi* qu'elle a choisi.

Alors, je la laisse prendre ma bouche, ma langue, et onduler du bassin contre moi jusqu'à ce que tout en moi se réchauffe. Ça m'arrive à chaque fois que Max pose les mains sur ma peau. D'ailleurs, il y a encore trop de couches de vêtements entre nous. J'ai besoin de sentir la douceur de son épiderme.

J'attrape l'ourlet de son débardeur et le fais lentement remonter le long de sa taille, tout en remplaçant le tissu par mes paumes. Sous mes mains, la peau de Max se couvre de chair de poule. Quand j'ai fini de le lui retirer, je jette le T-shirt sur le canapé sans vérifier où il atterrit. De toute façon, je serais bien incapable de détourner les yeux des seins de Max même s'il y avait le feu au salon. C'est peut-être ça qui explique que j'aie si chaud, d'ailleurs. Ou alors, c'est le regard lourd de désir qu'elle pose sur *moi*.

Les gémissements qui sortent de sa bouche gonflée tandis que je lèche, suce et mordille ses jolis tétons marron tendus vers moi m'encouragent à continuer. Mais, à la façon dont elle frotte sa chatte contre mon érection, je sais que ce qu'elle désire vraiment, c'est que quelqu'un s'occupe du trésor entre ses cuisses. Alors, je m'exécute. *Un gentleman, on a dit.*

Je la fais doucement basculer sur l'assise du canapé, et lorsqu'elle est entièrement allongée, un sourire malicieux relève mes lèvres engourdies par ses baisers.

Elle a un corps de déesse, littéralement. Dans l'Antiquité, on l'aurait gravé dans le marbre.

– Ça te dirait que je te lèche *là*, en guise de récompense ? susurré-je en appuyant mon index sur la zone que je devine trempée à la façon dont le tissu épouse le creux de son sexe.

Ses yeux s'écarquillent légèrement, et sa bouche s'entrouvre d'anticipation. Elle hoche enfin la tête, et je saisis l'élastique de ce short affriolant qu'elle agite sous mon nez depuis son emménagement pour le faire glisser le long de ses interminables cuisses. Puis j'écarte ses jambes, une sur le dossier du canapé, l'autre vers le tapis, avant de me mettre au boulot avec application.

Il paraît que je suis minutieux, que je fais gaffe aux détails. C'est sans doute pour ça que je la lèche dans chacun de ses replis et que je m'attarde sur son clitoris. Elle gémit fort, plus fort, tandis que je la caresse de l'intérieur avec un doigt puis deux, jusqu'à ce qu'elle empoigne mes cheveux à pleines mains et qu'elle jouisse sur ma langue, dans un long cri de plaisir, la tête rejetée en arrière. Elle est *tellement* belle.

J'ai envie de sourire comme un con, mais une drôle d'émotion, une sorte de pudeur, m'incite à poser la joue sur son ventre moelleux pour le lui cacher. Comme elle un peu plus tôt, lorsqu'elle a détourné le regard dans la cuisine, je ne suis pas prêt à lui dévoiler cette vulnérabilité.

Mes yeux tombent alors sur la fine ligne noire tatouée sur son flanc, que je vois d'aussi près pour la première fois. Sur le balcon, il faisait trop sombre pour pouvoir la distinguer, et hier soir, tout est allé trop vite. Comme elle ne m'en empêche pas, je me redresse et observe la succession d'une étoile, des lettres TZW, puis d'une autre étoile, de l'inscription DħW, et enfin d'une dernière étoile, en traçant ces marques du doigt. Et puisqu'elle m'avait posé la question pour mon propre tatouage, je m'autorise à faire de même.

– Ça veut dire quoi ?

Elle soupire, d'une façon qui semble presque douloureuse, et laisse le silence s'installer. Je me suis résigné quand elle finit par chuchoter :

– L'étoile à sept branches représente les sept clans de la nation cherokee. Ensuite, il y a mon deuxième prénom, Inola, et celui de ma mère, Atsila, en tsalagi. C'est le syllabaire cherokee.

– Ton prénom a une signification particulière ?

Elle pousse à nouveau un soupir avant de répondre.

– Il signifie « renard noir ». Ma mère l'a choisi parce que je suis née avec une touffe de cheveux qui avait, selon elle, la forme d'une queue de renard.

Je hoche la tête contre sa peau, infiniment reconnaissant qu'elle m'ait dévoilé cette partie d'elle-même. Surtout que Max parle si peu de ses origines qu'on dirait qu'elle en a honte. Puis les mots horribles que son père a prononcés à son propos – « salope d'Indienne » – me reviennent à l'esprit, et je comprends pourquoi elle n'en fait pas étalage. Pour autant, les lignes noires sous mes yeux sont un témoignage criant de son envie d'appartenance à cette communauté.

Les mots sortent de ma bouche avant que je puisse les retenir :

– Tu es en contact avec ta famille maternelle ?

En croisant son regard peiné, j'ai l'impression qu'elle va éluder, mais elle secoue courageusement la tête et consent à se dévoiler d'une petite voix :

– Plus tellement depuis la mort de ma mère… Avant ça, on allait les voir chaque été, toutes les deux. C'était dépaysant, si différent de notre quotidien à Fayetteville. C'était un peu la fête tous les jours, surtout que ma grand-mère mettait un point d'honneur à me transmettre les rudiments de notre culture, pour ne pas que j'oublie d'où je viens. Elle devait avoir deviné que ce n'était pas un sujet qu'on abordait chez nous.

Je caresse doucement sa peau, pour lui montrer mon soutien et l'encourager à poursuivre.

– Je me rappelle encore la première fois qu'on a fait le trajet à moto. Pourtant, j'avais à peine huit ans et tout juste la force de me tenir à la ceinture à poignées que ma mère portait autour de la taille. Elle s'en foutait qu'on lui dise que ce n'était pas prudent de transporter un enfant sur sa bécane. Elle se fichait tellement des convenances et des conventions sociales. En cherokee, Atsila signifie « feu », et personne n'a aussi bien porté un prénom qu'elle. Elle voulait juste vivre et m'apprendre à être libre.

Je souris contre son ventre avec la conviction que sa mère a réussi son pari. Max paraît, la plupart du temps, insaisissable.

– Alors tu vois, même quand mon père m'enfermait dans ma chambre en partant au *clubhouse* pour ne pas que j'aille chez des copines, je trouvais des solutions pour m'enfuir. Et je prenais même ces leçons de moto en cachette. Mon esprit est resté libre, comme je le lui ai promis sur sa tombe. Je lui dois *ça*.

Sa voix se brise légèrement sur le dernier mot. Je crois qu'elle va s'arrêter là, parce qu'elle m'en a tellement dit en si peu de temps que ça a dû l'épuiser. Mais elle prend une inspiration lourde avant de continuer son récit :

– Pour répondre à ta question, j'ai régulièrement mon grand-père au téléphone mais je ne dois pas l'avoir vu depuis au moins six ou sept ans, quand il a insisté auprès de mon père pour que je puisse venir passer l'été chez lui. Ils ne sont pas exactement d'accord en termes de libertés qu'on devrait laisser à une fille.

Malgré moi, je lâche un petit rire ironique qui lui arrache un sourire en coin. C'est sans doute le moins qu'on puisse dire. Et vu le portrait que Max vient de brosser de sa mère, je ne vois pas comment quelqu'un aurait pu la restreindre à faire quoi que ce soit.

Je n'ai jamais réussi à imaginer Max avec sa famille. Mais dans quelques jours, elle sera bien, là-bas, avec des personnes qui l'acceptent telle qu'elle est. Ça me déchire autant que ça me rassure. Elle sera avec des gens qui n'essaieront pas d'étouffer ce feu qu'elle porte aussi en elle.

Avant de me redresser, je dépose un doux baiser sur les lettres TZW, en guise de remerciement pour ce qu'elle vient de m'offrir. J'ai à peine le temps de revenir en position assise qu'elle rassemble ses superbes jambes et s'agenouille sur le canapé, son visage à cinq centimètres du mien, si près qu'elle doit pouvoir sentir son odeur sur ma bouche. Au départ, je crois qu'on va en rester là ou, plus surprenant, qu'elle va me faire un câlin. Puis je comprends m'être trompé en plongeant dans ses yeux animés d'une lueur coquine. Au même moment, ses doigts s'enroulent autour de mon sexe.

– Tu ne veux pas que je te lèche *là* ? souffle-t-elle en resserrant sa main sur moi.

J'hésite une seconde. Est-ce qu'elle ne fait pas ça pour chasser la nostalgie du moment qu'on vient de passer ? Quand sa main imprime un mouvement de va-et-vient sur ma queue, un coupe-circuit arrête net le train de mes pensées, m'encourageant à suivre mes envies, pour une fois.

Je dois déglutir pour réussir à lui répondre, dans un murmure :

– J'ai pas fini mon boulot, moi. Je ne suis pas sûr d'avoir gagné une récompense.

J'en ai encore moins le droit sachant qu'à chaque fois que je finis de restaurer une pièce de sa moto, j'ai envie de faire une connerie – une rayure, me planter de produit, peu importe – juste pour pouvoir recommencer. Je ne le fais pas, bien sûr, ça serait foutrement égoïste. Mais je comprends l'histoire de Pénélope qui défaisait chaque nuit son ouvrage du jour pour retarder le moment de se remarier. Parce que moi aussi, je crains la fin.

Max l'ignore, évidemment. La preuve, elle se rapproche tant de moi que son sourire effleure mes lèvres.

– Alors, on va dire que c'est la suite de ma récompense…

Sa bouche se perd dans mon cou. Elle me retire mon T-shirt, remplace le tissu par la chaleur de sa peau nue, et je gémis. Puis elle se coule entre mes jambes et tombe à genoux sur le tapis. Voilà un tableau qui mériterait d'être peint : Max, nue, les cheveux ébouriffés, les joues rouges de désir, agenouillée devant moi. Je ne verrai sûrement rien de plus beau dans ma vie.

Elle m'enlève short et boxer d'un même geste, et je retiens mon souffle quand sa bouche s'approche de mon sexe. Juste avant de me prendre, elle sourit, ravie et fière de l'effet qu'elle me fait. Puis ses lèvres se referment sur moi, sa langue caressant ma peau sensible. J'oublie tout. Une tempête de sensations fait rage en moi. J'entends des bruits de succion et des gémissements à distance, comme si j'avais la tête sous l'eau, mais je crois que ce sont les miens. Involontairement, mes hanches se soulèvent à la rencontre de sa bouche douce et humide. Une vague de plaisir monte en moi, et elle va bientôt m'emporter. Mais juste avant, une voix suave m'interpelle :

– Vas-y, Jack…

Max a les yeux brillants d'excitation et hoche la tête pour m'encourager à poursuivre mes mouvements de va-et-vient. Il suffit qu'elle gronde, comme si elle adorait avoir mon sexe dans la bouche, pour que les vibrations de sa voix aient raison de moi. Je jouis directement dans sa gorge, et putain, c'est tellement bon.

Ma tête tombe en arrière sur le dossier du canapé, et il me faut plusieurs secondes pour reprendre pied. Quand je me redresse, Max est toujours agenouillée sur le tapis, elle m'observe avec attention et quelque chose qui ressemble à de la prudence. Ses yeux se posent sur ma cuisse gauche, et plus précisément sur la marque blanche gentiment offerte par ma connerie sans bornes.

– Tu as été blessé quand tu étais chez les Marines ?

Je sais qu'elle repense à cet après-midi sur la plage où Lili lui a expliqué ce qu'on a vécu là-bas. Sauf que ma cicatrice n'a rien d'un acte héroïque, et j'ai l'impression que je ne finirai jamais de raconter cette histoire. Ça m'emmerde d'être forcé à avouer quel abruti je suis.

– Ouais… Je me suis tiré dans la jambe pendant un exercice sur le terrain. J'ai eu du mal à marcher pendant deux mois, mais ça va mieux maintenant.

Je peux presque goûter sa pitié sur ma langue et, avec ça, l'atmosphère devient dense. Alors, je fais diversion. Je me penche vers l'avant, emprisonne son visage entre mes paumes et lui donne un long baiser langoureux. Finalement, c'est moi qui me retrouve pris au piège. Une émotion se réveille en moi pendant que je l'embrasse. Ce baiser est différent. Il n'est ni urgent, ni frénétique ; on n'y met pas autant de dents que de langue. Il y a de la tendresse dans celui-ci… Et ça me terrifie.

Pourtant, je me recule calmement et déclare d'un ton taquin :

– Tu te trouves suffisamment récompensée ou il faut qu'on continue ?

Elle lève un sourcil étonné, et un sourire espiègle se dessine sur sa bouche.

– T'es prêt à poursuivre ?

D'un geste du menton, je lui désigne ma queue, déjà en train de rebander. Il ne faudra pas grand-chose pour qu'elle soit parée à l'emploi. Ça la fait rire doucement, entre l'enthousiasme et la gêne.

– Pour être complètement honnête, je suis encore un peu sensible. On n'y est pas allés avec le dos de la cuillère, hier soir.

– Ouais, j'ai la trace de tes ongles sur les épaules…

– C'est vrai ? dit-elle en se redressant pour inspecter ma peau.

Voilà comment mon visage se retrouve plaqué contre le ventre de Max, que je ne peux m'empêcher d'embrasser, et que mes mains trouvent ses fesses. C'est plus fort que moi. Je la sens s'alanguir contre moi, encore plus quand elle dépose de petits baisers sur les légères entailles de mes omoplates. C'est pourquoi je la repousse doucement et je déclare :

– Je vais aller m'allonger à poil sur mon lit et, si une jolie motarde veut s'asseoir sur moi et utiliser mon corps pour se donner du plaisir, à son rythme, je ne m'y opposerai pas.

Je fais exactement ce que j'ai dit : je m'étends sur mon matelas, sors un tube de lubrifiant et enfile une capote. Quelques secondes plus tard, le rire de Max éclate sur le pas de la porte, avant qu'elle me chevauche sans que je parvienne à la quitter des yeux. Puis elle s'allonge à côté de moi tandis que je m'endors en l'enveloppant de mes bras.

CHAPITRE 28

Des doigts intrépides se baladent sur ma nuque. Malgré la chaleur de l'atelier, je frissonne.

Je relâche le pistolet à peinture pour me retourner et plonger dans le regard noir où j'ai appris à me perdre ces derniers jours.

– Tu voulais me voir ? demande Max avec un sourire hésitant.

J'opine. Je lui ai envoyé un message pour lui demander de venir me trouver dès qu'elle arriverait au garage ce matin.

– Ouais, j'ai besoin de ton avis, confirmé-je derrière le masque qui recouvre l'intégralité de mon visage, si bien que ma voix sort étouffée. Pour le vernis.

Ses yeux s'écarquillent un instant de surprise avant de reprendre une expression neutre. Elle ne s'attendait visiblement pas à ce que je lui parle boutique. Elle voulait sans doute évoquer ce qu'il s'est passé la nuit dernière, après que l'on s'est endormis. Mais je préfère éviter le sujet, et c'est ce que je fais.

– On a deux options. Soit on part sur un vernis brillant qui sera plus facile à maintenir et qu'on a l'habitude de poser, soit sur du mat, comme à l'origine. Sachant que tout le monde ne restaure pas à l'identique et qu'on peut se permettre des fantaisies, je préférais te demander. Enfin, j'ai déjà tout peint en noir, je me doutais que sur ce point-là, il n'y aurait pas de débat.

Elle lâche un rire étonné et ravi, mais je n'ai pas beaucoup de mérite. Il suffit de la regarder pour comprendre qu'elle aurait choisi cette couleur quoi qu'il arrive. *Merde, même ses sous-vêtements sont noirs !* Et cette fois-ci, je ne peux retenir mon sourire en me rendant compte que je suis le seul ici à avoir confirmation de cette information.

– J'aime bien l'idée de rester sur la configuration originelle, dit-elle après quelques secondes de réflexion.

– Pas de problème.

Ce qu'elle veut, c'est restaurer la moto de sa mère, à l'identique. Elle veut faire revivre l'esprit d'Atsila. Je l'ai compris rapidement parce que j'ai modelé Pamela selon l'image qu'en avait mon père.

– J'ai reçu le vernis mat ce matin, continué-je. Je le poserai demain.

Là encore, ses yeux s'arrondissent.

– Tu l'avais déjà commandé ?

– Ouais, la semaine dernière, affirmé-je en hochant la tête.

Une mèche de mes cheveux trop longs tombe sur mon front masqué de polycarbonate.

La première chose que j'ai faite en travaillant sur sa bécane, c'est chercher des images pour comprendre le modèle d'origine et passer mes commandes pour parer à toute éventualité.

Quelque chose traverse ses prunelles sombres, ces trous noirs qui m'aspirent à chaque fois que j'y plonge, puis elle s'approche et tend une main vers mon visage. Elle repousse la mèche de cheveux vers l'arrière, et je regrette immédiatement de ne pas pouvoir la respirer à plein nez. Foutu masque.

Elle se fait sans doute la même réflexion, car ses doigts continuent leur course le long de ma mâchoire et relèvent le masque, après qu'elle a jeté un rapide coup d'œil derrière elle. On ne craint rien. Mes collègues sont dans l'autre partie du garage, je me suis installé dans « mon » atelier parce que la cabine de peinture est plus grande et que je peux stocker en toute sécurité les pièces en cours de séchage.

Puis Max écrase brièvement sa bouche sur la mienne. Ça ne dure qu'une seconde à peine ; pourtant, mon cœur se met déjà à tambouriner dans ma poitrine.

– C'est ma récompense pour avoir commandé le bon vernis ? murmuré-je, même si nous sommes seuls.

Elle secoue la tête, l'air partagé entre deux émotions.

– Non. Enfin si, mais pas que. J'en avais envie.

Je n'y peux rien, mes lèvres se relèvent en un sourire victorieux. J'ai envie qu'elle me veuille. Son regard tombe à nouveau sur ma bouche, et je m'approche déjà pour un autre baiser, quand elle chuchote d'un ton soucieux :

– Tu as fait un cauchemar cette nuit, hein ? Tu vas bien ?

Voilà la conversation que je voulais éviter. Pourtant, devant son regard insistant, je n'ai pas d'autre choix que de répondre :

– Ça m'arrive de temps en temps. Je vais bien.

– C'est à cause de ce qui s'est passé en Afghanistan ?

Un soupir amer s'échappe de mes lèvres. Je ne lui ai jamais donné les détails, elle a dû parler avec quelqu'un qui ne sait pas fermer sa gueule – Chiara, à coup sûr. Qu'est-ce que ma sœur a révélé d'autre à Max ?

J'acquiesce, mais c'est un énième mensonge.

Le cauchemar qui me hante ressemble aux autres mais revient à chaque fois avec des modifications significatives. Lili garde sa place à l'avant du Humvee, Mitchell est à l'arrière, et dans la tourelle, je reconnais ces longues jambes gainées de noir et chaussées de bottes lacées. Et quand l'accident a lieu, que je pars à la recherche des deux personnes manquantes, je trouve deux corps : Lili, la gorge ouverte par une balle, et Max, allongée sans blessure apparente dans la poussière du désert. Je suis obligé de soulever la visière de son casque de moto pour découvrir ses yeux sans vie.

Évidemment, je me suis réveillé en panique, essoufflé et le cœur battant à tout rompre. Comme à chaque fois. Sauf que, quand j'ai tourné la tête, je suis tombé sur le regard bien vivant de Max, empli de questions. Alors, j'ai fermé les yeux, j'ai murmuré « Rendors-toi… » et ai fait semblant de plonger dans un sommeil profond. Je n'ai pas été surpris lorsqu'elle s'est levée et a quitté mon lit quelques minutes plus tard. Personne ne peut se reposer à côté de quelqu'un qui se réveille en sursaut au milieu de la nuit.

Je ne lui en veux pas, mais ça ne signifie pas pour autant que j'ai envie de m'appesantir sur le sujet. C'est pourquoi je replace mon masque sur mon visage, comme un bouclier infranchissable entre elle et moi, et lance :

– On se voit tout à l'heure ?

Je me détourne sans attendre sa réponse et reprends mon pistolet à peinture. C'est pour ça que je suis là.

La tête calée contre le mur du garage, les yeux fermés, je laisse le soleil chasser mes émotions de la nuit en réchauffant la peau nue de mes bras. Sur ma gauche, mes collègues discutent d'une énième vidéo de mécanique. Ils sont en boucle sur le sujet depuis des jours, et je ne peux retenir un sourire en coin – sourire qui s'efface à la seconde où Troy s'exclame :

– Hé ! Max !

J'ouvre les yeux, et en effet, elle est là, une pomme dans une main, son casque de moto dans l'autre. Elle observe rapidement l'espace devant elle, et son regard finit par se river sur moi. Je conserve une expression neutre alors qu'elle s'avance dans ma direction et s'assoit le long de la paroi, à ma droite. Il y a bien cinquante centimètres entre nous, et pourtant, je ressens sa présence avec intensité. Mon corps est irrésistiblement attiré vers le sien. Je lutte contre l'envie de tendre le bras et de la ramener plus près de moi. Pour éviter toute tentation, je coince mes mains entre mes genoux et ferme à nouveau les yeux.

Je perds le compte des minutes, quand la voix suave de Max retentit, tout près de mon oreille :

– Si tu veux plus de vues sur ta chaîne, il faut optimiser les descriptions des vidéos avec des mots-clés. Ça fonctionne comme un moteur de recherche, en fait. Tu veux que je jette un coup d'œil ?

Et que vois-je ? Elle se penche par-dessus moi pour récupérer le téléphone de Troy. Dans le mouvement, elle frôle mon bras avec le sien. Une pleine bouffée de son parfum m'enveloppe, et quelque chose se contracte dans mon ventre.

– Tiens-moi ça, ordonne-t-elle en me tendant sa pomme, les yeux déjà sur l'écran.

– S'il te plaît, Jack, complété-je ironiquement, tandis que ma main se referme volontairement sur le fruit et sur ses doigts.

Elle relève alors la tête et me jette un regard amusé et hautain qui me redonne envie de sourire.

– S'il te plaît, Jack, veux-tu bien avoir l'obligeance de tenir ma pomme pendant que j'inspecte bénévolement le contenu de la chaîne de ton ami pour l'aider à la faire décoller ? dit-elle d'un ton mielleux qui ne lui ressemble tellement pas que j'éclate de rire.

Merde, je suis cuit…

– Je t'en prie, dis-je avant de croquer dans la pomme à pleines dents.

Elle lève un sourcil étonné.

– C'est pas vrai ! Tu manges un fruit ? T'es sûr que tu vas bien ? Tu sais que c'est bon pour la santé ?

– Je mange des fruits et des légumes !

Son sourcil s'arque un peu plus dans une attitude joueuse. J'ai tellement envie de l'embrasser…

– Hier soir, j'ai mis de la salade dans mon sandwich !

– Ouais, une feuille ! se moque-t-elle. Et t'as noyé le tout de mayonnaise.

– Comment tu le sais, Max ? intervient Troy, le front plissé d'incompréhension.

En une nanoseconde, toute la bonne humeur de Max se volatilise. Son visage reprend son expression neutre, elle s'écarte de moi et met l'équivalent d'un pays entre nous. Ça me fait l'effet d'une gifle. Elle ne veut pas que les autres apprennent pour notre cohabitation, mais ça n'empêche pas son rejet de me faire mal.

– J'en sais rien, c'est une supposition, lâche-t-elle en haussant les épaules avant de violemment se passionner pour la chaîne de Troy.

Durant plusieurs minutes, plus personne ne parle. Troy est hypnotisé par Max qui examine chacun de ses contenus, Jarvis est sur son propre téléphone, et moi, je ravale ma déception en mangeant intégralement la pomme, les yeux rivés sur Loki, qui se roule par terre un peu plus loin.

Finalement, c'est Max qui rompt le silence.

– Il faudrait revoir la description de ta chaîne, ajouter des mots-clés et en glisser dans les textes sous tes vidéos pour booster le référencement. Les titres doivent aussi être optimisés pour être *SEO friendly*. J'ai un peu de temps cet aprèm, je peux te faire des propositions.

Dire qu'on la scrute tous avec des yeux hébétés est largement en deçà de la vérité. Même Jarvis a relevé la tête. Qu'est-ce que c'est sexy quand elle raconte des trucs que je ne comprends pas ! Instinctivement, j'ai envie de lui sauter dessus, de la même façon qu'elle se jette sur moi lorsqu'on est seuls.

En retour, elle nous observe avec les sourcils froncés.

– Quoi ? J'ai dit quelque chose qu'il ne fallait pas ?

– Non ! Merci, Max, je veux bien ! bafouille Troy.

– Par contre, ôte-moi d'un doute, Troy. L'autre jour, tu m'as montré des vidéos de ma moto. Tu n'as pas l'intention de les mettre sur ta chaîne ?

Le visage de mon collègue passe d'un blanc livide à un rouge honteux. Les secondes se prolongent dans le silence. Le regard de Troy quitte brièvement le visage de Max, qui ne porte plus aucune trace d'amusement. Au contraire, elle est soudainement devenue menaçante et inquiète.

Finalement, Troy finit par balbutier :

– Ça ferait une vidéo sympa… On a bien bossé…

– Je préférerais que tu évites, assène Max d'un ton sans appel.

Les épaules de Troy s'affaissent de déception. Pourtant, il se redresse une seconde plus tard, les yeux brillant d'espoir :

– Je ne citerais pas ton nom, tu sais. T'as peur que des gens prennent contact avec toi pour te racheter la moto ?

Si c'était le seul souci de Max, elle serait sans doute aux anges, mais elle ne peut pas expliquer à Troy que personne ne doit savoir que sa moto est passée par ici, tout court. Même si la vente est une option qu'elle n'envisagera jamais, tout comme je ne me séparerai jamais de Pamela. Ce sont les fragments palpables de notre histoire.

– J'ai dit non, Troy. Merci de ne pas insister.

La voix de Max est ferme, et d'ailleurs, mon collègue comprend immédiatement qu'il a perdu la partie. Je suis sûrement le seul ici à avoir entendu une pointe de panique dans son ton. Furtivement, je cherche ses doigts dans mon dos, à l'abri du regard de mes collègues. De toute façon, Troy est bien trop occupé à ravaler sa déception pour observer son environnement.

Pourtant, quand j'effleure les douces phalanges de Max, elle les retire. J'ose alors un regard vers elle : elle a coincé ses mains entre ses genoux, comme moi plus tôt, dans un geste qu'on pourrait croire empreint de colère. Je pourrais y croire, si sa mâchoire n'était pas verrouillée et son regard alarmé.

– Ça va ? murmuré-je.

Elle hoche la tête puis détourne le regard vers Loki, toujours allongé sur le parking.

Message reçu. On en parlera plus tard. *Ou pas.*

Après quelques minutes, on regagne l'atelier dans un silence pesant. Elle se met alors à ma hauteur :

– Tu me dois une pomme.

Pour toute réponse, je m'approche de son oreille et murmure pour qu'elle soit la seule à entendre :

– Tu me puniras ce soir…

Je ne peux retenir un sourire victorieux lorsqu'elle frissonne sous mon souffle chaud et que sa bouche frémit.

Moi aussi, je lui fais de l'effet. Ça devrait me rassurer, mais à la place, mon cœur semble en surchauffe, sur le point d'imploser.

CHAPITRE 29

Pour la deuxième fois, nous nous retrouvons tous les quatre – Max, Rob, Troy et moi – autour de la Ducati, mais cette fois, la moto n'a plus rien à voir.

C'est une merveille de noir mat et de chromes brillants, une machine prête à fendre l'air avec sa pilote sexy, dont la fébrilité me parvient par vagues alors qu'elle se tient à un mètre de moi, son casque à la main. Elle semble nerveuse et excitée en même temps.

C'est l'engin que domptait sa mère.

La restauration est terminée. Et je n'arrive pas à m'en réjouir. Pourtant, on a fait du bon boulot, Troy et moi, et Rob nous détaille avec fierté. Mais tout ce que je ressens, c'est une balle brûlante dans ma gorge et un pavé dans l'estomac.

– Vas-y, s'exclame Troy, dont l'enthousiasme déborde de son corps maigre. Essaie-la !

Max s'approche lentement de la bécane, presque avec révérence, un peu comme si elle n'osait pas.

Avec adoration, elle promène le bout des doigts sur la poignée, telle une caresse.

Du genre de celles qu'elle m'a données hier soir.

Ne pense pas à ça.

Je ravale la sensation lourde qui me serre la trachée et force un petit sourire sur mes lèvres. Je suis prêt à parier que, malgré tous mes efforts, j'ai l'air crispé.

Puis elle enfourche la selle, et sa main s'arrête à un centimètre de la clé de contact. Sa poitrine se soulève dans une grande inspiration.

Dans ma tête, c'est le bordel. J'ai tellement envie que ça roule, pour elle, pour la voir sourire, pour qu'elle soit libre, et en même temps, j'espère un miracle, un qui clouerait l'engin au sol pour encore quelques jours voire semaines.

Je ne suis pas prêt à la laisser partir.

Le grondement des cylindres réduit à néant ma supplique. Je m'y attendais, mais ça n'empêche pas un pincement dans ma poitrine.

Dans le silence, Max rassemble ses cheveux dans un geste gracieux puis enfile son casque noir sur lequel se distingue la silhouette stylisée d'un renard. Avant de rabattre la visière, elle adresse un coup de tête en direction de Rob et Troy, puis ses yeux sombres, rendus encore plus insondables dans la fente de son casque, trouvent les miens. Ce qu'elle y lit fait se froncer ses sourcils.

La seconde d'après, la moto s'élance hors du garage dans un grondement de tonnerre.

Et elle disparaît.

La tension règne dans l'atelier alors qu'on attend le résultat de l'essai sur route. Max va faire un tour dans Jacksonville et sur l'autoroute afin de tester la moto dans toutes les configurations et la pousser un peu.

Pendant ce temps, je ne peux empêcher les souvenirs de ces dernières semaines d'affluer en rangeant mes outils. Je repense à toutes les images de Max que j'ai accumulées depuis que je la connais, sa façon d'être, ses répliques mordantes, ses petits sourires si rares, la vision extraordinaire de son corps nu contre le mien.

Mais il ne s'agit pas que de sexe.

Hier soir, Max et moi nous sommes prélassés devant la télévision, et pour une fois, elle n'a pas ouvert son ordinateur, et je n'ai pas saisi ma manette de jeu. On a mis un film, elle s'est assise contre moi, et je me suis senti si bien. Je ne me souviens plus vraiment du programme, parce qu'on a commencé à s'embrasser comme des ados, longtemps, sans se presser, et c'était génial. Quand le générique a défilé sur l'écran, on avait les lèvres gonflées, les cheveux ébouriffés, les vêtements froissés, les yeux brillants de désir. Évidemment, on a fini par se déshabiller, et elle s'est assise sur mon visage, mais pendant deux heures, j'ai entraperçu ce que ma vie pourrait être si elle restait à mes côtés. J'ai commencé à comprendre ce qui rend Lili si heureux.

Sauf que ça ne sera pas avec Max.

Le passage des minutes ne fait que confirmer l'inévitable : la moto avale les kilomètres, et chaque mètre ne fait qu'éloigner davantage Max de moi.

Jusqu'à ce que le téléphone de Rob bourdonne dans sa poche. Un seul regard dans sa direction le confirme : c'est Max.

– … Tu es où ? On va venir te récupérer.

Il raccroche puis s'adresse à Troy :

– La boîte de vitesses est coincée, elle ne peut plus rétrograder. Tu peux aller la chercher ?

Mon collègue a l'air défait, alors que je tente de garder une façade neutre voire légèrement contrariée. À l'intérieur, je jubile. J'ignore combien de temps il faudra à Troy pour régler ce problème de vitesses, je sais juste que ça me laisse un peu plus de temps pour lui dire au revoir.

N'empêche que ça sent quand même la fin.

Une fois que Troy est parti avec le camion de dépannage, Rob m'interpelle :

– Les finitions de la moto sont superbes, j'étais sûr que tu ferais du bon boulot. Promis, tu vas pouvoir te remettre aux voitures. Ça a dû te manquer !

Je suis sur le point de lui avouer que non, pas tant que ça finalement, mais il continue déjà :

– Troy n'aura pas besoin de toi pour régler le problème sur la Ducati. Tu peux reprendre ton activité normale à partir de maintenant. Et d'ailleurs, j'ai accepté un contrat avec le club d'Automobiles de Collection de Jacksonville. C'est pour ça que le vieux Simmons souhaitait me voir l'autre jour.

Et devine quoi ? Tu es leur mécano attitré. De toute façon, ils ne voulaient que toi !

Je n'ai pas le temps d'assimiler toutes ces informations, car Rob continue sur sa lancée de bonnes nouvelles.

– Ils ont un rassemblement le mois prochain, donc ils vont tous défiler au garage pour de l'entretien et de menues réparations d'ici là. Ça ne t'empêche pas de commencer une restauration complète, bien sûr.

– Bien sûr, répété-je machinalement, et ma voix me semble venir de très loin. Merci.

– Avec plaisir, Jack, dit Rob en me serrant brièvement l'épaule. Je suis ravi de t'avoir dans l'équipe.

Ses pas s'éloignent vers le bureau, mais je reste planté là, dans l'atelier, à scruter mes mains pendant un temps interminable. Travailler pour un club de voitures anciennes et reprendre mes restaurations devraient me rendre heureux. C'est ce que j'ai toujours voulu. Je devrais être en train de me précipiter vers mes dossiers et passer des coups de fil à mes prochains clients pour leur annoncer que c'est leur tour.

À la place, je me sens vide. Ma vie va redevenir ce qu'elle était avant que Max y entre.

C'est l'entrée du camion de dépannage sur le parking qui permet à mon esprit de réintégrer mon corps. Il faut que je me mette au travail, mais mes pieds semblent vissés au sol de l'atelier. Max doit être horriblement déçue. Je suis partagé entre l'idée de me précipiter pour la réconforter et celle de m'éloigner pour ne pas croiser son regard dépité.

Je mets trop de temps à me décider, si bien qu'elle pénètre dans le garage alors que je suis toujours immobile. Ses yeux chargés d'émotion trouvent immédiatement les miens. J'avais raison ; c'est trop dur d'y voir se succéder la frustration et le chagrin. Surtout cette tristesse, en fait. Ça me rappelle que son objectif a toujours été de partir loin d'ici, et que ce qui l'afflige le plus, c'est de devoir repousser son départ.

Alors que ce qui me serre le cœur, à moi, c'est justement qu'elle s'en aille.

Une partie de moi voudrait tellement que la larme qui perle à ses yeux, et qu'elle repousse d'un geste rageur, soit provoquée par le fait de quitter Jacksonville. De *me* quitter.

Quand elle détourne le regard pour s'enfuir à grands pas vers le bureau de Rob, mes pieds retrouvent leur mobilité. Je devrais repartir vers mon coin de l'atelier et préparer mes prochaines restaurations mais je fais tout sauf ça. Je me retrouve à avancer silencieusement vers le fond du garage, alors que mon esprit s'écrie : « Mais qu'est-ce que tu fous, pauvre con ? » Mais ce n'est plus lui qui est aux commandes de mes jambes ; c'est l'organe qui bat plus fort dans ma poitrine, maintenant que je distingue les voix dans le bureau du patron. Je m'adosse au mur du couloir, là où je pourrai les entendre sans être vu.

– On devait avoir fini cette semaine !

– J'ai dit qu'il était *possible* qu'on ait fini cette semaine, corrige la voix agacée de Rob. Les problèmes techniques arrivent, Maxine. C'est pour ça qu'on fait des essais.

– Vous auriez dû anticiper ! Ou mieux vérifier !

– Tu es injuste et tu le sais. C'est ta déception qui parle. Tu as eu des nouvelles de ton grand-père ?

Un bruit sourd suivi d'un grincement m'apprend que Max a dû se laisser tomber dans l'un des sièges en face du bureau.

– Oui, il a dit que la voie était libre. J'aurais pu partir demain.

Plusieurs émotions se mêlent dans son ton, mais c'est sa contrariété qui me lacère la poitrine comme les griffes d'un animal. Elle se serait barrée demain, comme ça. J'en ai assez entendu. Je repousse déjà le mur de mes paumes, quand la question de Rob me fige sur place :

– C'est vraiment ce que tu veux ?

Mon cœur bat si fort pendant la microseconde qu'il faut à Max pour répondre que je me demande s'ils peuvent l'entendre de là où ils sont.

– Quoi ? Aller là-bas ?

– Il ne t'a pas encore trouvée, Maxine, dit doucement Rob. Tu n'es pas obligée de fuir. Tu pourrais souffler encore un peu ici.

– Je… balbutie-t-elle d'une façon trop inhabituelle pour elle. Et qu'est-ce qu'il y a ici, pour moi ?

Moi, crie mon cœur.

– Tu pourrais trouver une vie tranquille ici, des amis, une famille de substitution, ajoute Rob d'un ton chaleureux. À toi de me le dire.

Là, pendant cet instant suspendu, j'ai l'espoir fou qu'elle parle de moi, de *nous*, mais ce qu'elle balance me tétanise :

– Il se rapproche. Je sais que toi aussi, tu as lu cet article à propos de la rixe à Wilmington. Ça serait stupide de m'attarder encore plus. Faites votre boulot !

Stupide.

Elle considère que tout ça, tout ce qu'il s'est passé, c'est stupide.

Voilà ce qui me donne la force de mettre mes pieds en mouvement.

***

Ce soir-là, je m'installe sur le canapé et attends que Max sorte de sa tanière. En vain.

Je tente de jouer un peu, mais mon esprit est à mille lieues de là. Toutes ces quêtes me semblent inutiles par rapport à tout ce qui se passe dans ma vie.

Je finis par chercher le fameux article qu'elle a mentionné. Il y a bien eu une rixe à Wilmington, il y a trois jours, entre deux clubs de bikers, pour une histoire de patch porté sur le mauvais territoire. Elle ne m'en a pas parlé, alors que visiblement, ça l'a travaillée pendant tout ce temps.

Qu'est-ce que je représente pour elle, exactement ?

Je patiente jusqu'à ce que mes paupières se ferment d'elles-mêmes. Quand je rouvre les yeux, le salon est plongé dans le noir, et je suis recouvert d'un duvet, celui que je stocke d'habitude dans le placard de la chambre d'ami. Max est venue, finalement, mais elle ne m'a pas réveillé et elle n'est pas restée.

Je me lève et rejoins mon lit, qui me semble trop grand et trop froid, tout à coup.

C'est fou comme on prend vite de mauvaises habitudes.

CHAPITRE 30

J'ai profité de ce samedi matin pour courir plus longtemps que d'habitude. J'avais besoin de me vider la tête.

Quand j'ouvre la porte de l'appartement, je suis épuisé. Les muscles de mes cuisses sont endoloris, mes cheveux trempés, ma bouche emplie d'un goût de sang. Mais les pensées ont, au moins, arrêté de tourbillonner dans mon esprit.

Je suis tellement à l'ouest que je ne comprends pas tout de suite ce que mes yeux ont repéré.

Max est assise au comptoir de la cuisine, une tasse de café dans les mains et un air profondément emmerdé sur le visage. Ça ne peut pas être de ma faute : il est à peine 8 heures du matin, je n'ai pas encore eu le temps de la foutre en rogne. C'est sûrement parce qu'elle va passer un week-end supplémentaire ici.

D'après les bribes de conversation que j'ai entendues hier après-midi, Troy a besoin d'une journée de plus pour réparer le ressort de rappel qui a lâché.

Je n'y suis donc bel et bien pour rien. De ce que j'ai compris, il faut démonter le carter et d'autres pièces pour accéder au coupable. Je n'aurais jamais eu l'idée d'aller fouiller si loin pour saboter le boulot.

Alors, je me contente de retirer mes baskets, de libérer Loki de son harnais et d'avancer prudemment vers la cuisine.

– Salut, lancé-je en me versant une tasse de café.

La boisson remplace le goût métallique sur ma langue, et puisque Max ne dit rien, j'avale ma première dose de caféine en silence. Finalement, c'est mieux comme ça. Je dois la laisser partir.

Me diriger vers la douche m'oblige à passer non loin d'elle, mais je m'applique à ne pas la regarder. Si elle veut de la tranquillité, je peux lui en donner. Pourtant, ses doigts s'enroulent autour de mon poignet, me forçant à m'arrêter.

– Quoi ?

Une flamme joue dans ses yeux, mais je n'arrive pas à deviner ce qu'elle pense. Colère ou désir ? Tout est possible, et c'est sans doute un mélange des deux qui l'anime. Moi aussi, ça me fait chier de la trouver si séduisante, d'avoir envie de la renverser sur le bar et de lui virer ce putain de short qui lui dessine un cul d'enfer. Le pire, c'est que je m'en veux à moi-même : je savais que je ne devais pas la toucher et je l'ai fait quand même. C'est bien fait pour ma gueule.

Elle m'attire vers elle en tirant sur mon bras, et je me retrouve coincé entre ses cuisses.

– Je suis dégueulasse, dis-je d'un ton qui se veut agacé tout en passant ma main libre dans mes cheveux mouillés.

Pourtant, ça ne l'arrête pas. Elle relâche mon poignet pour mieux promener ses paumes contre mon T-shirt collé sur mon torse.

– Qu'est-ce que tu fais ? sifflé-je alors que ses mains remontent vers mes joues. Je vais me dou…

La fin de ma phrase meurt sur sa bouche, quand elle vient violemment coller mon visage contre le sien. Je devrais la repousser. Pourtant, comme un drogué en manque de sa dose, je me laisse faire et ouvre même les lèvres pour que ma langue aille à la rencontre de la sienne.

Je ne sais pas trop comment on se retrouve dans ma salle d'eau. Je suppose que puisque je voulais me laver, je vais prendre une douche… avec Max. Je n'ai rien contre, évidemment, mais je trouve ça bizarre qu'elle n'ait toujours rien dit. On dirait que ma bouche est devenue le seul endroit au monde où il reste de l'oxygène et qu'elle ne peut pas la lâcher sous peine de suffoquer.

Malgré tout, on est bien obligés de se séparer pour se déshabiller. Elle retire son pyjama sans me quitter des yeux, les lèvres pincées, comme si elle luttait contre son envie de se jeter sur moi et celle de s'enfuir, et moi, je demeure indécis, enlevant mes vêtements sans me presser. J'ai l'impression qu'un truc se joue en moi sans que je sois au courant.

Un coup d'œil à Max qui se faufile sous l'eau chaude suffit à me faire bouger. Je vire le reste de mes fringues et enfile un préservatif avant d'entrer dans la douche. J'ai à peine le temps de sentir l'eau sur ma peau que Max attrape le savon et me nettoie. Ses mains glissent sur moi, c'est sensuel et excitant, tant que lorsqu'elle me lave les cheveux, je gémis doucement. Tout mon corps frissonne de désir. Je cherche son regard, mais ce dernier semble trop occupé à détailler mon corps.

Lorsque je commence à la laver à mon tour, elle m'en empêche en se plaquant contre mon torse. J'ai envie de ralentir le rythme, de lui parler, mais je ne peux pas me détacher d'elle. Pire encore : je la repousse contre le mur carrelé, dont le froid lui arrache un frisson, et lâche ses lèvres pour m'occuper de son sexe. Puisqu'elle ne veut pas que je la nettoie au savon, je vais employer des moyens différents.

Je m'agenouille et soulève une de ses cuisses pour la caler sur mon épaule puis, de ma langue, je lave avec application, lentement, chacun de ses recoins. Même assourdis par le déferlement de l'eau autour de moi, ses gémissements de plaisir me guident. Je devine qu'elle va jouir quand ses doigts se crispent dans mes cheveux et tirent fort sur mes mèches mouillées. Je lèche plus doucement le temps de l'orgasme et, avec le plat de la langue, je poursuis jusqu'à ce qu'elle tremble plus légèrement et qu'elle se contracte une nouvelle fois. Enfin, je lève mon regard vers son visage : les yeux clos, elle a appuyé sa tête contre le carrelage, et tout chez elle semble traduire l'extase et la douleur.

Je me remets sur pied, mais là encore, elle refuse de me regarder.

– Max ? tenté-je d'un ton incertain.

Encore une fois, elle me fuit. Pas un mot. Elle refuse même d'ouvrir les paupières. Je ne comprends pas ce qui est en train de se passer. On dirait qu'elle me désire sans vraiment le vouloir et que ça lui cause de la souffrance. Et ça, je ne peux pas l'encaisser.

Quand je me tourne vers la porte vitrée pour m'échapper, une poigne de fer se referme sur mon avant-bras et me ramène à elle.

Je devrais arrêter là, rester sur ma première idée, mais comment résister à sa bouche qui revendique la mienne, ses doigts qui se referment sur ma queue bandée à l'extrême ? Je ne peux pas. Je ne suis qu'un putain de jouet dans ses bras. Mon esprit s'est barré en vacances, très loin d'ici, et mon corps a un nouveau maître.

Quand elle lâche finalement ma bouche, j'ai l'espoir qu'elle va prendre l'initiative de ce que je n'arrive pas à faire.

– Tu veux qu'on arrête ?

Elle se contente de secouer la tête et de se retourner, d'appuyer ses paumes contre le mur et de se cambrer vers moi. Cette image restera longtemps imprimée sur mes rétines : ses longs cheveux noirs mouillés étalés sur son dos brun sur lequel dévalent des torrents d'eau, son cul magnifique tendu vers moi. Je n'ai pas besoin d'un dessin pour piger comment elle veut que je la prenne.

Pourtant, j'hésite. L'ambiance est lourde, pesante, ça n'a rien à voir avec la frénésie qui nous anime d'habitude quand on se saute dessus. Les mots m'échappent :

– Je ne peux pas, Max. Je ne suis pas sûr que t'en aies vraiment envie.

Quand ses épaules s'affaissent et que ses doigts se crispent sur le carrelage, je comprends que mes paroles l'ont blessée. Mais ce n'est rien à côté de ce que je lis dans ses yeux quand elle tourne légèrement la tête vers moi. Elle est là, la douleur. Dans mon rejet.

Alors, j'obéis. Je m'enfonce doucement en elle, en nous arrachant à tous les deux un gémissement. C'est tellement bon.

Comment vais-je vivre sans ?

Cette pensée s'évanouit quand Max bouge son bassin, envoyant des ondes de plaisir le long de ma queue. Elle m'a à peine touché et je ne suis pas loin de tout lâcher. C'est l'effet de Max sur moi. Alors que je commence les poussées plus profondes, je comprends qu'elle s'est complètement introduite sous ma peau. Elle seule a ce pouvoir de me faire bander aussi vite, et si je veux être totalement honnête, un autre organe en moi, celui qui se planque sous plusieurs couches de béton dans ma poitrine, se gonfle aussi chaque fois qu'elle m'effleure, qu'elle m'embrasse, qu'elle pose les yeux sur moi.

Enfin, aujourd'hui, ce n'est pas vraiment le cas. Elle ne m'a accordé qu'un regard peiné depuis qu'on est entrés dans la douche, et tandis que je la pilonne, que le plaisir se multiplie jusqu'à ce niveau où il devient presque insupportable, j'ai besoin de plonger dans ses iris si noirs, de lire ses émotions. De vérifier que c'est bien ce qu'elle veut.

D'une main, je remonte le long de sa colonne, la faisant longuement frissonner, et j'attrape doucement sa mâchoire pour tourner son visage vers moi et l'embrasser. L'eau chaude s'infiltre entre nos langues, et l'espace d'une seconde, je me demande si je risque plus de me noyer à cause du liquide qui coule dans ma gorge ou du sentiment qui s'étend en moi quand elle gémit si sensuellement dans ma bouche. Elle n'est pas loin de l'extase. Je le sais parce qu'elle attrape durement ma nuque d'une main et que, de l'autre, elle presse ma hanche, me priant d'aller plus fort, plus vite. Encore une fois, j'obéis. Je descends même des doigts intrépides entre ses cuisses pour titiller le point juste au-dessus de l'endroit où ma queue entre et sort d'elle. Putain, c'est tellement excitant, je vais perdre le contrôle plus rapidement que prévu. Heureusement, dans un cri aigu, Max jouit, si fort que les contractions violentes de son sexe autour du mien me font basculer aussitôt, et j'explose en elle.

J'ai à peine le temps de déposer un baiser sur sa nuque brûlante qu'elle se dégage brusquement. On dirait qu'elle ne supporte plus mon contact. Elle se barre de la douche dans une bouffée d'air glacé, me laissant là, comme un con. Qu'est-ce que j'ai fait de mal ? D'un coup, tout le bien-être de l'orgasme s'évapore avec la vapeur de la cabine, et je me retrouve encore plus confus qu'avant mon jogging.

Elle profite de l'instant qu'il me faut pour couper l'eau pour sortir une serviette propre du placard et s'en envelopper, me privant de la vision de son superbe corps nu et mouillé.

– Max, qu'est-ce qui se passe ? exigé-je en émergeant à mon tour de la douche.

Bien sûr, elle ne répond pas. Elle préfère se casser de ma salle de bains, laissant derrière elle la légère empreinte de ses plantes de pied humides pour bien marquer sa fuite. J'ai juste le temps d'apercevoir un éclat brillant comme du cristal dans ses yeux avant qu'elle disparaisse de mon champ de vision.

Ce n'est que quelques minutes plus tard, quand j'entends la porte d'entrée claquer, que je me rends compte qu'elle ne m'a pas adressé un mot de la matinée.

CHAPITRE 31

L'atmosphère dans la voiture est si dense qu'on pourrait la couper au couteau. À côté de moi, Lili conduit, le front barré d'un pli soucieux au-dessus de ses lunettes de soleil. À l'arrière, c'est pire. Chiara est assise en silence, un air chiffonné sur le visage. Wendy se demande visiblement ce qu'elle fout là, et Max a la tête résolument tournée vers la vitre – et je connais suffisamment bien Jacksonville pour savoir qu'il n'y a rien d'aussi intéressant à regarder. On dirait presque qu'elle essaie d'en mémoriser le moindre détail…

Et là, un éclair de lucidité me frappe comme un poing dans le plexus. J'en perds le souffle, parce que c'est exactement ce qu'elle est en train de faire, étant donné qu'elle s'en va dans deux ou trois jours.

Seul Loki semble heureux, son menton sur les genoux de Max qui le gratte distraitement entre les oreilles.

Moi, je n'ai pas cette chance. Enfin, je ne voudrais pas qu'elle me caresse la tête comme à un chien

– quoique j'apprécie particulièrement quand elle passe sa main dans mes cheveux –, mais ça serait déjà un point de départ qu'elle reconnaisse que j'existe.

Depuis qu'elle a quitté ma salle de bains hier matin, je ne l'ai plus revue. Son blouson en cuir avait disparu quand je suis revenu prendre mon petit-déjeuner, et elle n'a pas reparu de la journée.

De mon côté, je suis sorti avec les gars et suis rentré au milieu de la nuit. Évidemment, je ne suis pas allé gratter à sa porte comme un chien en manque d'affection, même si l'alcool aidant, j'en avais foutrement envie. Rien que pour savoir si elle était là. Juste pour qu'elle me regarde.

Et ce matin, j'ai eu la surprise de la voir nous rejoindre chez les tourtereaux alors qu'on s'apprêtait à partir à la plage. Je n'ai aucune idée d'où elle sortait, mais elle n'était pas dans de meilleures dispositions avec moi. Elle a lâché un « bonjour » pas vraiment enthousiaste et ne m'a pas lancé le moindre coup d'œil, même assassin.

La Max joyeuse de ces derniers jours a disparu. En réalité, a-t-elle vraiment existé ? Ou a-t-elle tenté ce déguisement pour passer le temps ici ?

En tout cas, on en est revenus au point de départ, quand elle ne me calculait que pour me balancer son mépris à la gueule. Elle a dû se lasser du blanc-bec que je suis.

Involontairement, je soupire, et avec le silence qui règne dans la Jeep, on dirait que je viens de larguer une roquette.

– Vous avez fait quoi après qu'on est partis, hier soir ? interroge soudain Chiara.

Chiara et Lili sont sortis avec nous la nuit dernière, et j'en étais le premier surpris. On a bu un coup au Smithy's puis on s'est arrêtés au bar qui organise des concerts. Pas de musique *live*, mais un DJ et beaucoup de collègues Marines dans la salle – parce que les consommations étaient gratuites pour les femmes. Je n'étais pas vraiment d'humeur à danser ni à draguer, alors ça m'est un peu passé au-dessus de la tête. J'ai été soulagé quand Chiara et Lili se sont barrés, signant la fin de cette étape pour nous autres – Gableston, ce foutu Harris et moi.

– On a rejoint Troy et ses potes, balancé-je nonchalamment, sans en dire plus.

Ils étaient au Black, pas au club de strip-tease, mais je tais volontairement cette information, en une forme de test destiné à Max.

Ça ne manque pas : dans le rétro, elle quitte brusquement son étude poussée des bâtiments en briques rouges de Camp Lejeune pour poser son regard sur ma nuque. D'ailleurs, ma peau me picote tellement sous l'intensité de son regard que je me passe une main dans le cou. *Enfin une réaction !* Si j'avais su qu'il suffisait de suggérer avoir vu des strip-teaseuses pour que Max me témoigne de l'intérêt, j'aurais inventé ça bien plus tôt !

– Autre chose, Kiki ? lui demandé-je froidement, alors qu'elle a l'air d'avoir croqué dans un citron.

– T'as la gueule de bois ?

Je n'ai pas bu assez d'alcool pour ça. En revanche, je suis clairement en train de vivre le contrecoup d'une consommation excessive d'une tout autre substance, celle qui se tient juste derrière mon siège. Maintenant que j'ai la bouche sèche et la nausée en imaginant son départ, et que je me sens anxieux et irritable, je jure qu'on ne m'y reprendra plus. Mais en mon for intérieur, je sais que je ne refuserais pas une dernière dose.

– En quelque sorte, lâché-je du bout des lèvres.

Elle opine, et ça marque la fin de cette discussion ô combien intéressante. J'ignore ce qu'elle cherchait à savoir. Qu'est-ce que ça peut bien lui foutre ?

Est-ce que je suis désabusé ? Complètement.

Est-ce que je reporte mon humeur massacrante sur la mauvaise personne ? Absolument.

Mais je n'ai jamais affirmé être juste. Je suis seulement maussade et je n'ai pas assez bu hier soir. En tout cas, pas assez pour oublier que toutes les fibres de mon corps sont attirées par ma colocataire ombrageuse, ni pour que mon cœur arrête de tressauter chaque fois qu'une femme aux cheveux noirs passe devant moi.

Je suis pathétique.

C'est probablement pour ça qu'une fois arrivé sur Onslow Beach, je prends à peine le temps de saluer Gableston et sa sangsue – j'ai nommé cet enfoiré de Harris qui reluque Max de la tête aux pieds – avant de piquer une tête dans l'océan et de laisser l'eau salée me débarrasser de toutes ces mauvaises ondes qui me collent à la peau.

Lili décide de crever l'abcès en milieu d'après-midi. Je le devine à la façon dont il nage vers moi, perdu dans ses pensées. Le front plissé, il se demande sans doute comment aborder le sujet. Quand il finit par me rejoindre, il n'a toujours pas l'air d'avoir trouvé l'approche idéale. En tout cas, ses yeux brillent d'incertitude. Alors, c'est moi qui prends les devants.

– Je ne vous évite pas.

Enfin, pas tous...

Lili arque un sourcil dubitatif parce qu'il sait que c'est faux.

– Ah bon ? C'est pour ça que t'as à peine mis un pied sur le sable depuis qu'on est là ?

Je hausse les épaules et me laisse tomber en arrière dans la mer. Porté par les vagues, je me sens plus léger, comme si d'un coup, tous mes poids avaient disparu. Ce n'est qu'une impression, bien sûr. Dès que je regagnerai la plage, tout me reviendra en pleine gueule. C'est pour ça que je n'ai quitté l'eau que pour manger. À ce stade, il va bientôt me pousser des branchies.

– Tu ne veux pas m'en parler ? reprend Lili de son ton faussement bienveillant de gradé.

Quelque chose se contracte dans mon estomac sous le coup de la contrariété. Se taper ma sœur aînée ne lui donne pas le droit de se montrer paternaliste avec moi. Mes poings se referment sur l'eau qui file contre mes paumes. Tout m'échappe, en ce moment. J'ai l'impression de ne plus rien maîtriser.

– J'ai juste rien à dire, balancé-je par réflexe.

À l'inverse de moi, Lili est un modèle de calme. Enfin, en apparence, car pour moi qui le connais si bien et sais percevoir la tension dans ses épaules et dans sa mâchoire, je devine qu'il lutte pour ne pas hausser le ton.

Sa vie à lui est parfaitement sous contrôle. Tout roule. Il ne peut pas comprendre, et m'en rendre compte me coupe le souffle. On a toujours été sur la même longueur d'onde, lui et moi, mais il faut croire que nos chemins sont en train de diverger. Bientôt, il ne sera que le mec qui vit au rez-de-chaussée et que je croiserai aux repas de famille.

– C'est ça ! Et la dernière fois que t'as rien dit…

– J'ai fini par me tirer dessus ! le coupé-je en me redressant pour mieux le toiser. Je sais ! J'étais aux premières loges. Pas besoin de tout ramener à ça !

Lili souffle par le nez, comme si j'étais en train de faire un caprice. *Qu'est-ce que je disais ?* C'est un miracle qu'il ne m'ait pas encore mis sous tutelle.

– Jack, je veux seulement t'aider.

– Je n'ai rien demandé, rétorqué-je sèchement. Et de toute façon, tu ne peux rien faire pour moi.

À mes mots, ses sourcils se soulèvent presque jusqu'à la racine de ses cheveux, et la compréhension allume une lueur dans ses yeux.

– Qu'est-ce qui s'est passé, avec Max ? demande-t-il enfin.

Il ne me laisse pas le temps d'en placer une, ou de trouver un beau mensonge bien ficelé, que ses prunelles brillent plus fort.

– Putain, j'y crois pas ! T'as couché avec elle !

– Et alors ?

Il plisse les yeux une seconde sur une idée douloureuse puis reprend :

– Il n'y a pas de mal à ça. On était sûrs que vous vous plaisiez, mais comme tu m'avais affirmé que tu ne voulais pas y aller, je ne pensais pas que tu te lancerais…

Je n'ai pas besoin de demander qui inclut ce « on ». Chiara et Lili ont parlé de moi dans mon dos, et plus précisément de ma relation avec Max, ou tout du moins de notre *non*-relation. Je ne sais pas comment le prendre.

– Comme je te le disais, de toute façon, on ne peut rien y faire. Oui, on a couché ensemble. Oui, c'était dément. Mais Troy aura fini sa moto d'ici un jour ou deux maximum, et elle va mettre les voiles. Fin de l'histoire, conclus-je en le dépassant à la nage en direction de la plage.

Si je ne peux plus avoir la paix au milieu de l'océan, autant aller me dégeler les couilles au soleil.

Sans un mot, Lili me rattrape. Dès qu'on a tous les deux pied, il me serre brièvement l'épaule en un geste réconfortant. Quelque part, ça me réchauffe presque autant que les vingt-sept degrés ambiants.

On avance encore en silence vers le groupe, et dès que mes yeux se posent sur Harris, je ne peux m'empêcher de murmurer agressivement :

– Putain, mais il ne s'arrête jamais !

À côté de moi, Lili éclate de rire en remarquant à son tour Harris en train de baratiner Wendy avec ses airs de séducteur à deux balles.

– Il se sent seul, lance-t-il en guise d'excuse. Enfin, maintenant, je comprends mieux pourquoi ça n'a pas marché avec Max.

– Peut-être parce qu'il n'est juste pas intéressant.

– Ou parce qu'elle avait mieux dans son lit.

– C'était dans le mien.

Lili secoue la tête, un sourire aux lèvres empli de compassion et de fierté.

Le pauvre petit Jack Johnson, le désespéré qui ne trouve rien de mieux à faire que de se tirer dessus, a attiré dans son pieu la motarde sexy alors que d'autres s'y sont brisé les dents.

Mais lui aussi y a sans doute cassé le bout d'un organe essentiel, celui qui se met à battre plus vite quand ses yeux se posent sur une silhouette noire en particulier.

En rejoignant le petit groupe, je laisse traîner une oreille pour entendre des bribes de la conversation entre Chiara et Max. Enfin, c'est surtout ma sœur qui raconte qu'elle a diffusé son site Internet sur un groupe d'entrepreneuses et qu'elle a déjà eu des retours de deux personnes intéressées pour bosser avec elle. D'autres souhaitent même faire appel aux services de Max.

– Je voudrais pouvoir te remercier autrement qu'en visibilité, avoue Chiara d'un ton embarrassé. Ce n'est pas ça qui paie les factures.

– Vous avez déjà fait beaucoup pour moi, Jack et toi, répond Max alors que sa voix se brise légèrement sur mon prénom, comme si c'était dur pour elle de le prononcer.

Je vais recevoir un salaire pour le boulot que j'ai effectué sur sa moto donc, finalement, je lui ai juste prêté une chambre et donné quelques orgasmes – dont j'ai moi aussi profité. C'est pourquoi je comprends le claquement de langue réprobateur de ma frangine : j'aurais lâché le même si je ne feignais pas de ne pas entendre.

– Ce que je veux dire, reprend Max, c'est que vous m'avez accueillie à bras ouverts dans votre groupe, et ça, ça n'a pas de prix.

Elle se tait un instant, comme si elle cherchait ses mots.

– Je n'ai jamais fait partie d'une bande d'amis aussi soudée, qui se soutiennent et prennent soin les uns des autres. J'ai toujours été solitaire, et ce n'est que maintenant que je comprends que ce n'était pas entièrement par choix. À l'école, j'étais la fille du *biker*, celle que des hommes en blouson de cuir venaient récupérer en Harley à la sortie, celle qu'on évitait pour ne pas avoir d'emmerdes. Je n'avais pas vraiment d'amis, personne qui se souciait de moi à part ma mère, et quand elle est morte, je n'ai plus eu personne du tout. Donc, c'est moi qui vous remercie de m'avoir montré qu'une autre vie est possible, que je pourrais même apprécier de poser mon sac quelque part et d'appartenir à un groupe. Quand j'ai quitté Fayetteville, je voyais cette option comme une impasse, alors que c'est peut-être une opportunité.

Comme si elle avait senti ma présence et qu'elle avait deviné que je l'écoutais, elle tourne enfin la tête vers moi, le regard chargé de tristesse et de quelque chose de chaud. Je sens l'espoir se répandre en moi comme une goutte de peinture verte dans un bac d'eau. C'est dilué, à peine visible, mais c'est là.

Si seulement c'était ici qu'elle envisageait de poser son sac…

CHAPITRE 32

– Cette fois, c'est la bonne !

La voix de Troy s'élève dans l'autre partie de l'atelier. En une poignée de secondes, le rugissement d'un moteur confirme ses paroles. Max vient de s'élancer pour un deuxième essai sur route, et comme l'a proclamé mon collègue, il y a de fortes chances que ce test marque définitivement la fin de ce chapitre de ma vie. On ne peut pas espérer un miracle deux fois de suite, même si, en réalité, ces quelques jours de répit n'ont fait qu'ajouter de l'amertume et du déchirement.

En fin de compte, il aurait mieux valu qu'elle disparaisse vendredi dernier, sur une cassure bien propre.

Machinalement, je secoue la tête et me penche à nouveau sous le capot de la Mustang que m'a apportée pour révision un des membres du club de voitures anciennes.

Retour aux voitures, aux habitudes, à ma petite vie tranquille.

Adieu les motos et leurs emmerdeuses de pilotes. Ce n'est pas fait pour moi.

J'ai cru que c'était pour le mieux jusqu'à rentrer de la balade de Loki, après le boulot. Mais il suffit que je trouve une certaine motarde dans mon entrée, un casque rouge à la main, pour que mon cœur se mette à battre plus vite et que ma gorge s'assèche. À ce moment-là, elle me donne l'impression d'être la seule oasis en plein désert.

– Enfile ça, dit-elle en me tendant un blouson en cuir.

– Je ne comprends pas…

– Je t'emmène faire un tour, réplique-t-elle en remuant le vêtement pour m'inciter à le prendre.

Je dois rester trop longtemps immobile, les sourcils froncés, parce qu'elle s'approche doucement et son regard se fait plus perçant. Je détourne la tête. Si je continue à la détailler, je ne pourrai plus me détacher d'elle ou de son image.

– Mets ce blouson, que je puisse t'embarquer pour une virée sur la moto que tu as réparée. Vois ça comme un remerciement, ajoute-t-elle d'un ton plus bas, presque secret.

Elle est alors si près que son souffle chaud me caresse la pommette. Voyant que je ne réagis pas, elle m'agrippe délicatement la joue pour me forcer à rencontrer ses yeux suppliants.

– S'il te plaît, Jack.

Comme aimanté, mon regard trouve le sien. Il se passe exactement ce que je craignais : je n'arrive plus à m'en détacher. Dans ses prunelles, l'obstination se dispute avec une émotion plus lourde. Je sais qu'elle est triste, et ma gorge se resserre autour d'une balle de lave.

Je devrais m'éloigner, aller m'enfermer dans ma chambre ou me barrer d'ici ; pourtant, je ne fais rien de tout ça. À la place, j'acquiesce et suis récompensé par un des plus beaux sourires qu'elle m'ait adressés ces dernières semaines.

Alors, elle s'approche davantage et dépose ses lèvres sur les miennes, en un baiser court, léger, d'une tendresse infinie malgré tout.

Dans ma gorge, la boule grossit, et j'ai le plus grand mal à déglutir.

C'est ainsi que je me retrouve tout contre Max, les bras autour de sa taille, sur la selle de la Ducati fraîchement restaurée, équipé d'un casque, de gants et d'un blouson. Juste avant de démarrer, elle m'explique :

– Accroche bien tes mains autour de moi. Garde tes cuisses collées aux miennes. Reste droit derrière moi pour ne pas créer d'appel d'air. Laisse-toi porter et suis exactement mes mouvements. Dans les virages, tu ne dois pas t'incliner plus ou moins que moi. On est une équipe. Si ça ne va pas, tape deux fois sur mon épaule.

Je garde ces consignes en tête sur les premiers mètres, alors qu'on sort de la résidence et que

Max s'insère avec aisance dans la circulation de Jacksonville.

La sensation est fondamentalement différente des courtes leçons de moto que Max m'a données. Je peux sentir notre environnement, l'air autour de nous, la proximité des autres véhicules. Les regards des autres conducteurs glissent sur moi, s'attardent sur la silhouette de Max puis sur l'élégance de cette moto noir et argent. Un sentiment de fierté grandit dans ma poitrine.

C'est moi qui ai participé à la réfection de cette bécane et c'est moi qui suis assis dessus, soudé des épaules au bassin avec Max.

Tout change quand on arrive sur l'autoroute 17 et qu'elle accélère. Je ressens la vitesse de façon décuplée. Je me sens libre. J'ai l'impression de voler tout en me fondant avec l'asphalte sous les roues. C'est une sensation très étrange, tout comme les mouvements de Max contre moi. Je suis attentif au moindre de ses gestes pour lui causer le moins de gêne possible. Je fais corps avec le sien. C'est à la fois grisant et très excitant.

Il flotte aussi comme un sentiment de danger latent. Quand, à grande vitesse, on dépasse des voitures, je perçois l'appel d'air, la distance réduite entre nous et les châssis, entre mes jambes uniquement vêtues d'un jean et le sol dur. Tous mes sens sont en alerte, à l'affût de la moindre faute des autres occupants de la route. Je me sens beaucoup plus vulnérable sur ce bolide lancé à plus de 100 km/h que dans ma Porsche ; pourtant, j'ai une confiance totale et aveugle dans les talents de pilote de Max.

Quand elle m'indique d'une tape sur la main gauche qu'on va sortir de l'autoroute, au niveau de Holly Ridge, je devine tout de suite notre destination. On passe le pont de Surf City, qui relie l'île-barrière de Topsail au continent par-dessus l'*Intracostal Waterway*. Je distingue déjà les rivages des plages de Surf City lorsque Max arrête la Ducati sur le parking le plus proche de la jetée, quasiment désert à cette heure-ci. J'ai des fourmillements dans les jambes, les muscles crispés d'être restés en tension pendant les quarante minutes de trajet. Lorsque j'enlève le casque, un grand sourire me mange la figure. Il ne fait que s'élargir quand Max retire le sien et que je découvre son visage joyeux.

– Tu as aimé ? me demande-t-elle avec une pointe d'inquiétude dans la voix.

– J'ai adoré !

Sans réfléchir, j'attrape sa main et l'entraîne vers la plage.

Au loin, le ciel commence déjà à s'obscurcir et se parer d'orange et de rose. De grosses vagues grises s'écrasent sur le rivage tout en longueur, dans un grondement assourdissant. Le vent souffle fort, charriant avec lui les embruns salés et chargés d'iode. Je prends une grande bouffée de cet air qui me rappelle toujours la maison, là-haut dans le Maine. Nous nous asseyons dans le sable, près de la jetée doucement illuminée. Il fait encore bon, c'est pourquoi je me débarrasse du blouson avec un soupir d'aise.

– À qui tu les as empruntés ? demandé-je en montrant le vêtement, les gants et le casque.

– À Rob.

Je ne peux m'empêcher d'arquer un sourcil surpris.

– Il sait que c'est pour moi ?

Max opine, guettant ma réaction. Le vent joue dans ses cheveux lâchés. J'ai envie de les coincer derrière ses oreilles mais, malgré mes doigts qui me démangent, je me retiens.

– Je lui ai dit que je t'emmenais faire un baptême, puisque tu as participé à la restauration.

Cette fois-ci, c'est moi qui acquiesce en silence. Elle ne lui a rien confié de plus, car il n'y a rien à ajouter. Ça ne sert à rien de mettre le bazar au moment où elle part. Un pincement désagréable se loge dans ma poitrine.

– Ça explique pourquoi le blouson est un peu serré aux épaules ! lâché-je dans une tentative de plaisanterie qui ne masque pas totalement ma déception.

Max m'adresse un petit sourire crispé et tourne son visage vers la mer. Je l'observe en silence quelques secondes, mémorisant chaque détail de son profil, puis je reporte mon attention sur les gens qui marchent sur la jetée. Certains se tiennent la main. Je les envie.

– Et maintenant, qu'est-ce qu'il va se passer ?

J'ai conscience d'avoir parlé une fois que les mots sont sortis de ma bouche et qu'il est trop tard pour les ravaler. Mais j'ai besoin de savoir, et dans l'attente de sa réponse, mon cœur accélère.

Malgré le grondement des vagues, je ne peux manquer le lourd soupir de Max.

– Maintenant, je vais rejoindre ma famille, précise-t-elle, le regard toujours au large.

– Tu es pressée de les retrouver ?

Elle reste silencieuse de longues secondes. Trop longtemps.

C'est pourquoi je lui attrape délicatement le menton et la force à me considérer. Quand ses yeux se posent dans les miens et qu'ils semblent s'alléger l'espace d'une seconde, je me sens vivant, encore plus que sur la moto. Mais trop vite, ses prunelles s'assombrissent.

– Je ne peux pas rester ici. Je dois bouger.

– Pourquoi ?

– Parce que…

Elle s'interrompt pour me scruter pendant un temps infini, les lèvres pincées comme si elle hésitait à dire à voix haute sa réponse. J'ai envie de croire qu'elle soupèse ses différentes options, comme si sa décision n'était pas déjà prise, tandis que la tristesse et la peur dansent dans ses yeux.

– Mon père finira par me retrouver, si je m'attarde. Et il s'en prendra à toutes les personnes qui m'ont couverte.

– Et là-bas, il ne te trouvera pas ? Tu n'as pas peur qu'il fasse du mal à ta famille ?

– Là-bas, j'aurai toute une communauté pour assurer mes arrières.

J'opine à contrecœur. Il n'y a rien à ajouter. Je ne fais pas le poids face à une communauté tout entière. Si elle ne se sent pas en sécurité ici, avec moi, je ne peux rien faire de plus. Je crève de la prendre dans mes bras et de lui assurer que personne ne la blessera, que je ne les laisserai pas faire, mais je m'en empêche. Ça serait une fausse promesse, et on le sait tous les deux. Ma gorge se serre, parce que je voudrais être là pour elle, mais elle ne me le permet pas.

C'est peut-être l'iode qui me monte à la tête, ou la ligne d'arrivée qui se rapproche, mais en tout cas, ça me donne le courage de lui poser la question.

– Il n'y a vraiment rien à faire pour arranger les choses avec ton père ?

Un instant, j'envisage même de lui proposer un mariage blanc, si ça peut lui permettre de vivre libre, mais elle secoue la tête, désolée.

– Il ne m'a pas laissé beaucoup de temps pour y réfléchir, mais j'ai quand même envisagé toutes les possibilités dans ma tête. À moins de devenir l'officielle d'un membre d'un club adverse et provoquer une guerre, je n'ai pas d'autre solution que de me planquer jusqu'à ce que je ne représente plus rien à ses yeux.

C'est-à-dire jusqu'à la fin de ses jours, ou presque.

En fait, Max n'a de choix qu'entre plusieurs prisons.

Cette fois-ci, je l'attire contre moi et referme mes bras dans son dos. Tant pis si ça me déchire le cœur de la tenir si près. Elle a besoin de réconfort.

Pendant un long moment, on ne dit plus rien, ni l'un ni l'autre, le temps que ses mots si durs infusent. Sur l'océan, le ciel passe de l'orange à l'indigo, et les étoiles s'allument loin au-dessus de nous. Le sable commence à se gorger d'humidité, et avec lui, mon jean devient de plus en plus frais. C'est ça qui me donne la force de murmurer :

– Et si on allait manger un bout ?

Contre mon épaule, Max opine doucement, mais juste avant de se redresser, elle dépose un baiser sur mon cœur.

Le reste de la soirée me donne l'impression d'être un comédien dans une pièce de théâtre. Il est évident que Max et moi faisons semblant. Pendant le dîner, on parle de mécanique, des restaurations que j'ai réalisées depuis que je travaille pour Rob, des meilleures balades à moto que Max a faites. Une petite voix en moi me supplie de reprendre la conversation que nous venons d'avoir sur la plage.

Il doit bien y avoir une solution, une autre, qu'on n'a pas encore envisagée. N'importe quoi tant que ça lui permet de rester quelques jours de plus. N'importe quoi tant que ça nous permet d'avoir plus de temps pour démêler les fils de ce qui est en train de se passer entre nous. Quand je la regarde dans les yeux et que mon cœur s'emballe, quand elle m'adresse un demi-sourire et que mon souffle se raccourcit, quand je lui attrape la main en revenant au parking et que ma peau frissonne. Tout ce qu'il se passe sans que l'on parle.

Tout ce qui prouve que nous sommes bien plus que des colocataires qui prennent du bon temps.

Si c'était le cas, son pouce n'effleurerait pas doucement le mien, son regard ne s'illuminerait pas en trouvant mes yeux, ses lèvres ne s'étireraient pas timidement, avec une certaine pudeur, pour camoufler cette émotion grandissante que je devine à la façon dont sa respiration se prolonge. Je suis si hypnotisé par elle que je manque de me prendre les pieds dans le trottoir qui marque l'entrée du parking. Et tant pis si j'ai failli me ramasser, parce qu'elle explose d'un rire tendre qui me donnerait presque envie d'enchaîner les pitreries.

Pourtant, il suffit qu'on s'approche de la moto pour que Max se tende brusquement contre mon flanc et me lâche la main. Au départ, je ne vois qu'un mec qui gare sa Harley à côté de la Ducati. Seulement, après, je comprends ce qui a alerté Max. Les regards qu'il jette à sa moto sont trop lourds, il la lorgne avec beaucoup d'intérêt. Trop d'intérêt.

On pourrait penser qu'il ne fait qu'admirer le travail, si son blouson de cuir noir n'était pas recouvert d'écussons.

J'agis instinctivement en attrapant le casque que Max tient à la main et me positionne judicieusement entre elle et le mec, le temps de le lui enfiler. C'est le fait qu'elle me laisse faire sans protester qui m'inquiète. Il faut que je parvienne à désamorcer la situation avant qu'elle panique.

Je récupère la clé dans sa poche puis me tourne vers l'homme en arborant une attitude bien plus confiante que je ne le suis vraiment. *Ne pas donner prise à l'ennemi.*

J'avance d'un pas ferme vers la moto en traînant Max par la main.

– Hé ! mec, balancé-je au gars avant d'enfourcher la Ducati comme si j'en étais le propriétaire.

Alors que je crains que Max ne comprenne pas ce que j'entreprends, elle s'installe derrière moi sans un mot. Ses doigts se crispent sur mes épaules quand elle prend appui sur moi pour s'asseoir dans mon dos.

– Belle bécane… Elle est à toi ? demande-t-il avec nonchalance.

Son ton est intéressé, et ses yeux brillent d'une lueur calculatrice. J'acquiesce avec une assurance feinte, en priant intérieurement pour que l'homme avale mes bobards.

– Je l'ai retapée tout seul, ajouté-je même avec un sourire vantard.

Pourvu que je n'en fasse pas trop. Mais c'est inutile, car le type ne me calcule pas. C'est la Ducati qu'il continue à scruter d'un œil curieux.

– Un gars recherche une moto de ce modèle-là, qu'une fille lui a chourée.

Il lance finalement un regard à Max. J'ai envie de tendre la main et de le forcer à détourner la tête. À la place, j'enfile le casque, en laissant la visière ouverte pour mieux le toiser, puis je mets les gants.

– Dur… grimacé-je d'un faux air compatissant. C'était quand ?

– Y'a un peu plus d'un mois.

– J'en ai pas entendu parler, mais je vais ouvrir l'œil.

Je pense en rester là mais, sur une impulsion, j'ajoute :

– Il m'a fallu une bonne année pour rénover celle-là, alors je comprends à quel point ça le fait chier.

Le mec opine, mais son regard ne quitte pas Max. Même si elle est assise silencieusement derrière moi, le visage dissimulé, elle n'a pas l'air d'une simple passagère. Et on le sait tous les trois.

Alors, je tente autre chose. Si j'arrive à le convaincre qu'elle n'est qu'une fille en manque de sensations, il finira peut-être par gober que la moto est vraiment à moi, et pas celle dont il a entendu parler.

– Belle monture, hein ? dis-je avec un coup d'œil crâneur vers Max. Elle adore se coller à moi pendant que je pousse les gaz.

Max doit vraiment être pétrifiée, car je ne récolte même pas une pichenette pour ma remarque sexiste, et elle ne réagit pas tout de suite quand le type la reluque ouvertement. Puis elle se plaque contre moi et tourne son visage masqué vers la mer. Je la récompense d'une caresse ostentatoire sur la cuisse, comme on remercierait un animal pour sa bonne conduite.

Le mec sourit d'un air appréciateur, satisfait du traitement que je réserve à cette femme. J'ai à la fois envie de gerber et de lui en coller une. Pour masquer mon dégoût, je rabats la visière de mon casque.

Il est temps de nous extirper de là, on s'est assez donnés en spectacle. Alors, je mets le contact, salue le mec d'un hochement de tête et manœuvre la moto pour la sortir de la place de parking.

Les sensations sont différentes, puisque je n'ai jamais piloté avec une passagère. Intérieurement, je prie pour que les petites leçons que m'a données Max me permettent de donner le change encore un peu. J'arrive à sortir du parking sans nous foutre par terre et serre les dents le temps d'être hors de vue.

Au premier virage, je me rabats sur le côté de la route, et silencieusement, on échange nos places. Avant de repartir, je lui tape sur l'épaule. Quand elle relève sa visière pour croiser mon regard, ses yeux sont insondables. Je tente un sourire rassurant.

– Ça va ?

– Nickel, confirme-t-elle avec un hochement de tête. Merci pour ça.

– Tu crois qu'il a gobé notre baratin ?

Ses yeux s'étirent sous l'effet d'un demi-sourire.

– Oui, il était bien trop macho pour seulement considérer que je puisse piloter ce genre de bécane.

Sa voix est plus faible que d'habitude, non pas parce qu'elle est étouffée par le casque mais parce que son ton moqueur sonne faux. Et là, je le vois dans ses yeux. Un résidu de peur, si fugace que je l'aurais loupé si j'avais cligné les paupières à cet instant.

– Ça va, vraiment ?

Ma question a le mérite de réveiller l'agacement dans son regard. Ça, je sais gérer.

– Je viens de te le dire ! Ce mec, c'était personne ! T'as pas vu les patchs sur sa veste ?

– J'étais plus occupé à nous sauver les miches qu'à admirer ses badges.

Ma réplique lui fait lever les yeux au ciel. Pourtant, elle consent malgré tout à m'expliquer, sans doute après s'être rappelé que je ne connais rien à son monde.

– Il est tout juste prospect de son club, qui n'est même pas support de celui de mon père. Ça veut dire qu'il est tout en bas de la hiérarchie, même pas membre officiel. S'il raconte avoir « peut-être vu la fameuse moto recherchée », son histoire sera prise avec d'énormes pincettes. Personne ne prendrait le risque de contacter mon père sur la base d'informations aussi incertaines.

Ça tient la route. Sauf que…

– Alors, pourquoi t'étais aussi tendue devant ce type ?

Malgré son casque, j'entends clairement son soupir.

– Parce que, quand j'ai vu ses patchs, t'avais déjà commencé ta petite comédie. J'ai juste joué le jeu pour voir comment t'allais t'en sortir.

Je ne sais pas si je peux vraiment la croire, puis je me rappelle qu'elle avait également paniqué en entendant les motos sur le parking du motel, suffisamment pour appeler Rob au beau milieu de la nuit.

– Il suffira de faire profil bas pendant quelques jours. C'est bon, on peut reprendre la route ? Ou on continue à palabrer ? demande-t-elle d'un ton coupant.

J'acquiesce pour lui donner mon accord, et elle démarre immédiatement.

Finalement, la personne qui adore se coller à l'autre sous l'effet de la vitesse, c'est moi. Je suppose que ça ferait hurler l'homme de tout à l'heure.

De retour à l'appartement, retirer le blouson trop petit de Rob me donne l'impression de me délester d'un déguisement – celui du mec qui a fait une virée au bord de l'océan avec sa copine pour manger des cakes au crabe. Cet aperçu de la vie normale que je voudrais avec Max me déchire le cœur.

On se tient tous les deux dans l'entrée, comme des cons, les gestes empruntés, le regard fuyant, parce que ça fait mal. En tout cas, pour moi.

Je n'ai jamais voulu quelque chose à ce point.

Avant même d'avoir pris conscience de ce que je fais, je suis si près d'elle que chacune de ses respirations plaque ses seins ronds contre mon torse. Avide, je savoure une grande bouffée de son parfum enivrant. Puis je monte lentement les mains de chaque côté de son visage.

Elle pourrait m'arrêter si elle le voulait mais elle ne bouge pas. Ses yeux trop brillants finissent par trouver les miens, alors que je dépose mes lèvres sur les siennes. Ce baiser est doux et mesuré. La parfaite conclusion d'une soirée en bonne compagnie avec un gentleman.

Le problème, c'est que c'est aussi le genre de baisers qui en appelle des milliers d'autres. Celui qui révèle toutes les émotions, et les miennes créent une tempête dans ma poitrine. Parce que je l'ai dans la peau, cette motarde grande gueule qui m'a appris que le noir pouvait être la couleur la plus sexy au monde. Je ne peux pas la laisser partir comme ça. Je ne veux pas.

Mes lèvres lui disent silencieusement tous ces mots que je ne prononcerai pas, parce que je comprends que ses raisons sont plus importantes que moi, que nous.

Je la pousse délicatement en arrière, vers ma chambre, sans cesser de l'embrasser. Près du lit, je la déshabille lentement pendant qu'elle me retire mes vêtements sans hâte. On prend le temps de se regarder, de se goûter, de se toucher, comme si l’emprise des heures s’était arrêtée au seuil de la pièce. Finalement, au bout d’une éternité, je me retrouve au-dessus de son magnifique corps et m’enfonce doucement en elle. Je fais durer le plaisir par de longs et profonds mouvements, mes yeux plongés dans les siens, où se succèdent désir et tendresse. Quand je nous sens au bord de l’orgasme, j’appuie mon front contre le sien, et nos cris de jouissance se perdent dans la bouche de l’autre.

Pourtant, à peine me suis-je retiré que la plénitude me fuit et que l’angoisse m’étreint la poitrine.

Je plonge dans les yeux scintillants de Max, ce qui me prouve qu’elle ressent la même chose que moi et me donne le courage d’exprimer ce qui me ronge.

– Reste, balbutié-je d’une voix étranglée. On trouvera une solution. S’il te plaît, Max.

Elle acquiesce, les lèvres relevées en une expression partagée entre le bonheur et la résignation, puis son sourire se fait plus grand, même si des larmes s’accumulent au coin de ses paupières.

Alors, je lâche un soupir de soulagement et souris à mon tour.

On y arrivera.

On l’a fait ce soir ; on pourra le refaire jusqu’à ce que son père ne soit plus une menace.

Quand le sommeil m’emporte, mon sourire est encore accroché à mon visage.

Tout ira bien.

CHAPITRE 33

Il y a un truc qui cloche.

Je suis seul dans mon lit, mais ce n'est pas ça qui est inhabituel. Pourtant, je ne me rappelle pas avoir fait de cauchemar cette nuit. C'est peut-être juste qu'elle n'aime pas dormir avec quelqu'un, même si mon lit est suffisamment grand pour qu'elle ne soit pas gênée dans son sommeil.

Quand je me lève, cette sensation de confusion ne me quitte pas, telle une couverture glacée. Les petits poils sur mes bras se dressent comme pour m'avertir d'un danger. C'est idiot, je suis chez moi, qu'est-ce qu'il pourrait bien m'arriver ?

Par habitude, j'enfile mes affaires de sport et me dirige vers la pièce principale en silence. Dans la cuisine, le sentiment s'intensifie. Loki est assis devant la porte, un post-it fluo trône sur le comptoir, à côté d'autres objets que mon esprit refuse d'analyser pour l'instant.

Mon cœur bat à tout rompre tandis que je saisis d'une main tremblante le papier sur lequel des mots ont été tracés d'une écriture ronde.

Jack,

Merci pour tout.

J'aurais aimé pouvoir tenir ma promesse.

Prends soin de toi. L'attrape-rêves t'aidera à repousser les cauchemars.

Max

J'ai l'impression que mon corps vient de se vider de son sang. Je ferme les paupières sur mes rétines pour me concentrer sur son message, tandis que mon poing se resserre autour de ce petit morceau de papier qui me lacère le cœur. Je ne peux plus respirer.

Elle m'a menti.

Elle m'a regardé droit dans les yeux et a promis de rester, en sachant qu'elle n'en avait pas l'intention.

Combien de temps a-t-elle attendu avant de s'enfuir de mon appartement ? S'est-elle glissée hors de mon lit dès que je me suis endormi ? Ou a-t-elle profité de ma connerie quelques heures de plus ?

Finalement, j'ignore quelle est la pire des options. Je n'aurais jamais imaginé une telle hypocrisie de sa part, elle qui a toujours exprimé clairement son avis sur tout et n'importe quoi.

Elle a peut-être reçu un appel pendant la nuit, même si je n'ai rien entendu. Ou alors, c'est simplement une mauvaise blague. Ça serait cruel, mais si je la trouvais en train de dormir paisiblement dans sa chambre, je lui pardonnerais sur-le-champ. Je suis con à ce point-là, surtout quand il s'agit d'elle.

Je suis déjà en train de lui chercher des excuses.

Je fonce vers sa chambre et constate que mon inconscient avait vu juste : il n'y a personne dans la pièce. Le placard est vide, tout comme la commode. Le lit est fait. Tout est exactement comme le jour où elle est arrivée. Il ne reste qu'une légère trace de son parfum, ce qui répond à ma question précédente. Ça fait plusieurs heures qu'elle a quitté sa chambre.

Non, ce n'est plus la *sienne*. C'est *ma* chambre d'amis, prête à recueillir la prochaine âme perdue.

Je reviens à pas traînants vers la cuisine, l'esprit si embrumé que je me demande un instant si je ne suis pas en train de cauchemarder. Mon subconscient a déjà prouvé qu'il était capable d'imaginer des scénarios aussi cruels que brutaux pour me torturer. Mais les trois objets restant sur le comptoir paraissent plus tangibles que jamais. Entre mes doigts, le double de clé est froid. L'attrape-rêves qu'elle a mentionné sur le post-it semble artisanal : un cercle de branchages tressés, tissé de fil blanc, sur lequel pendent trois plumes et des perles, noires évidemment.

Et le dernier…

Ma gorge se serre quand je comprends ce que signifie cette petite carte à puce.

C'est une carte SIM. Celle qui était dans *son* téléphone et qu'elle a volontairement laissée là, sous mes yeux, pour que je me mette dans le crâne une bonne fois pour toutes qu'elle s'en est allée pour de bon, sans me donner la possibilité de la revoir ou de la contacter.

Max est partie. Pour toujours.

Soudain, mes jambes ne peuvent plus me porter. Quand je me suis tiré dessus, c'est la douleur horrible, irradiant dans toute ma cuisse, qui m'a forcé à m'allonger au sol. Là, mes deux membres sont simultanément privés de leur force. Je tombe plus que je ne m'assois sur le parquet froid, le dos contre le bar, comme un appui qui m'empêcherait de sombrer plus bas. Puis mon cou devient incapable de soutenir ma tête, si bien qu'elle s'affaisse sur mes genoux.

Je me sens à la fois déconnecté et furieux. En moi, un torrent de lave affronte un mur de glace. Ma gorge me brûle, comme si j'avais avalé une balle chauffée à blanc ; pourtant, mes doigts sont étrangement engourdis. Je ferme plus fort les paupières pour contenir les larmes qui menacent de s'échapper de mes yeux. Je ne veux pas pleurer, pas pour elle. Elle m'a menti, alors que je lui ai offert toute ma vulnérabilité.

Combien de temps je reste comme ça ? Sûrement de longues minutes, car l'arrière de mes cuisses est froid quand Loki vient me pousser délicatement de sa truffe humide pour me montrer la direction de la porte.

– T'as raison, mon pote. Allons prendre l'air. Ça va peut-être m'éclaircir l'esprit.

En effet, mon footing matinal a permis de dissiper le brouillard dans mon esprit, et c'est d'un pas décidé que je me dirige vers le bureau de Rob.

Il est assis derrière son ordinateur, les sourcils froncés face à ce qu'il découvre sur l'écran, mais il relève la tête en m'entendant entrer dans la petite pièce.

– Bonj…

– Elle s'est barrée.

Même si la course a permis de me calmer, je ne suis toujours pas d'humeur pour les politesses. Et le long soupir par lequel me répond Rob confirme ce que j'avais deviné : il est déjà au courant.

– Je t'avais prévenu qu'elle ne resterait pas, souligne-t-il platement mais tristement.

– Tu l'as vue, ce matin ?

Rob me scrute une bonne seconde avant de secouer la tête.

– Non. Par contre, elle a déposé mon équipement sous le porche de devant. Je les ai trouvés en sortant.

Une nouvelle fois, mes jambes flageolent sous le choc, et je suis obligé de m'asseoir sur l'une des chaises devant le bureau de mon patron. J'étais certain qu'elle passerait au moins dire au revoir à Rob. Merde, c'est lui qui est allé la récupérer à Fayetteville pour la tirer des griffes de son père ! Il a mis ses employés et son garage à sa seule disposition pendant des semaines ! Le remercier avant de se barrer aurait été la moindre des choses… Qu'est-ce qui s'est passé pour lui coller autant le feu au cul ?

Et puis soudain, je sais. Comment ai-je fait pour ne pas le voir arriver ?

Hier soir, avec le mec en Harley. J'étais sûr d'avoir désamorcé la bombe mais, en réalité, je me suis planté en beauté. J'aurais dû me douter que ça ne suffirait pas. Que *je* ne suffirais pas.

Je ne peux pas la protéger.

– Tu t'es attaché à elle…

La voix de Rob me ramène au présent, dans son bureau, derrière lequel il m'observe intensément.

– J'aurais aussi dû te prévenir de ne pas t'enticher de Maxine mais je sais qu'il est difficile de ne pas succomber aux charmes des filles Locklear.

Il soupire puis se passe une main sur le visage, l'air soudainement fatigué.

– Quand on était gamins, j'ai connu Atsila, la mère de Maxine. Ses parents ont acheté une maison de vacances à Surf City près de celle de ma famille. Chaque été, j'attendais avec impatience qu'ils arrivent et, fin août, j'étais toujours triste de les voir repartir. On a fait les quatre cents coups ensemble. Lorsqu'on a eu l'âge, son père nous a même appris à faire de la moto. C'est quand Atsila a rencontré Benny à une réunion de *bikers* que j'ai enfin compris que je craquais pour elle. Mais c'était trop tard, malheureusement. Elle était folle de lui, du moins au début. Après leur mariage, elle est revenue quelques fois avec Maxine. C'est comme ça que j'ai fait la connaissance de sa fille. Et puis je l'ai perdue de vue. Après sa… Après les funérailles, ses parents ont vendu la maison de Surf City car ils n'avaient plus de raison de retourner sur la côte…

Je comprends maintenant que notre virée à Surf City hier soir, avec cette moto, n'avait rien d'un hasard. C'était un pèlerinage sur les traces de sa mère, une façon de lui dire au revoir. Je devrais me sentir flatté qu'elle m'ait choisi pour partager ce moment important avec elle mais, en vérité, je n'éprouve que de la tristesse et de la colère.

Elle avait tout prévu, tout calculé. Elle n'a *jamais* eu l'intention de rester, et notre rencontre avec le motard n'a fait que sceller sa décision.

Je me lève sans un mot mais j'adresse quand même un signe de reconnaissance à Rob.

Vers le milieu d'après-midi, le patron apparaît dans l'atelier où je suis en train de désosser la Corvette du vieux Greene.

– Je viens de recevoir un coup de fil de son grand-père. Elle est bien arrivée à Qualla Township et elle nous remercie tous pour notre aide.

J'ai envie de lui rétorquer que je m'en fous, mais ça serait un mensonge. En réalité, je suis soulagé de savoir qu'elle est enfin en sécurité, et ce sentiment me rend encore plus furieux. Je devrais me foutre de son sort comme elle s'est foutue de moi.

Sauf que je n'y parviens pas.

CHAPITRE 34

– Alors, Jack, avez-vous réfléchi à ces freins qui vous empêchent d'avancer dont nous avions parlé durant la dernière séance ?

Pour toute réponse, je ricane méchamment, et le docteur Lee écarquille les yeux.

– Je n'ai pas vraiment besoin d'y passer des heures. La seule chose qui me tire vers le bas, c'est moi-même. Je ne vais nulle part, je n'intéresse personne. Tout le monde avance dans sa vie, et moi, je fais du surplace. C'est peut-être pas la cuisse que j'aurais dû viser… marmonné-je pour moi-même, mais je sais que le psychologue m'a entendu à la crispation de ses doigts autour de son stylo à cinq cents balles.

– Que voulez-vous dire, Jack ? Vous semblez en colère, aujourd'hui. Vous voulez bien m'en parler ?

En colère ? Ça fait au moins trois jours que j'ai dépassé ce stade ! Je survis grâce à un mélange de rage et d'abattement depuis ce week-end.

– Le problème, c'est que je dis des choses sensées quand je suis dans votre bureau, mais dès que je fous un pied dehors, je fais tout le contraire.

Il fronce les sourcils en se demandant sûrement ce que j'ai bien pu lui raconter la dernière fois, alors je décide d'être sympa et de lui rafraîchir la mémoire. C'est cadeau.

– Par exemple, je vous ai affirmé que je n'avais aucun avenir avec cette fille, celle que j'hébergeais. Je vous laisse deviner la suite. Rien que le fait que j'emploie le passé devrait vous donner un indice sur ce qui est arrivé.

– J'aimerais bien l'entendre avec vos propres mots, déclare le docteur Lee de façon totalement neutre, comme s'il ne me forçait pas à me planter un couteau dans le cœur et à le remuer dans ma plaie encore à vif.

– Je vous la fais courte ? J'ai encore couché avec elle, je l'ai priée de rester, et *plot twist*, elle s'est barrée quand même. Je sais que vous mourez d'envie de me demander ce que je ressens. Je me sens en colère, mais ça, vous l'avez deviné. Contre elle parce qu'elle n'a même pas essayé, et contre moi parce que je me suis fait avoir comme un con. Je me sens également trahi et rejeté. J'ai l'impression d'avoir été utilisé, sucé jusqu'à la moelle, et croyez-moi, c'est pas aussi agréable que ça y paraît.

– C'est tout ? Vous ne vous sentez pas triste ?

La boule brûlante qui se forme dans ma gorge en est la preuve flagrante. J'hésite à nier, mais mon intonation me trahirait, et le docteur ne se contentera pas d'un signe de tête.

– Si, croassé-je d'une voix étranglée.

– Pourquoi ?

Un son amer, entre le rire et le sanglot, s'échappe de ma bouche.

– Peut-être parce que j'ai cru toutes ces conneries sur le bonheur que vous m'avez racontées la dernière fois ! L'espace de quelques jours, j'ai entrevu ce que pourrait être ma vie avec une femme à mes côtés, des amis loyaux autour de moi, un job dans lequel je me sens bien, et on m'a tout retiré d'un coup. Enfin, pas entièrement, j'ai toujours mon boulot. Mais les relations humaines, ce n'est pas pour moi.

– Pourquoi n'y auriez-vous pas droit comme tout un chacun ?

– À chaque fois que je me suis senti heureux, tout s'est effondré peu de temps après, donc j'en ai déduit…

Je prends une grande inspiration, et cette sensation que je referme à l'intérieur de moi depuis des années se propage en moi comme du poison.

– Je ne suis pas une bonne personne.

– Vous vous trompez, Jack, affirme le psychologue avec un tel aplomb que j'ai envie de me barrer de son bureau, parce qu'il n'y comprend rien.

– Ah bon ? Alors, vous pouvez sans doute m'expliquer pourquoi je n'ai pas sauté au plafond lorsque mon meilleur ami et ma sœur sont venus m'annoncer leurs fiançailles, le week-end dernier ?

Pourquoi je ne me suis pas senti important quand Lili m'a prié d'être son témoin ? Pourquoi je n'ai même pas réussi à sourire alors qu'ils avaient l'air si heureux ?

Ouais, Lili a fini par la faire, sa putain de demande, et évidemment, Chiara a accepté. Ils sont montés directement chez moi à leur retour de week-end pour m'annoncer la bonne nouvelle, et moi, je suis resté planté là, entre la surprise et l'abattement. J'ai à peine marmonné des félicitations hypocrites. Ils voulaient me payer un coup pour fêter ça, mais j'ai refusé en prétextant que j'avais un rendez-vous. En vérité, j'ai passé la soirée sur mon canapé à enchaîner les bières en me défoulant sur ma console. Tout seul.

– J'ai ma petite idée à ce sujet, mais on y reviendra plus tard. Pour l'instant, j'aimerais que vous me disiez sur quel critère vous vous basez pour affirmer que vous êtes une mauvaise personne.

J'ai pourtant l'impression de lui en avoir fait la démonstration il y a deux secondes, mais je suppose que je vais devoir aller chercher plus loin. Pas de problème : j'ai ça en réserve.

– Le fait que quatre personnes sont mortes à cause de moi, ça vous suffit, comme raison ?

Face à moi, le docteur cille, et son visage se vide de ses couleurs. Il ne s'y attendait pas, à celle-là. Je devrais m'en foutre, mais le malaise dans ses yeux me fait regretter d'avoir divulgué cette vérité.

Évidemment, je suis obligé de lui expliquer. Je lui révèle ce que j'ai confié à Max durant une nuit d'orage qui demeurera à jamais gravée en moi et soulage le reste de ma conscience.

– Là-bas, en Afghanistan… c'est moi qui me suis placé à gauche du Humvee, du côté où Lili était monté dans l'intention de couvrir ses arrières. Ce qui est plutôt ironique, quand on y pense, parce qu'en réalité, c'est lui qui m'a sauvé les miches. Si on avait échangé nos positions avec Mitchell, j'aurais été touché en premier, Lili l'aurait protégé, Smith ne se serait pas ouvert les veines le lendemain. Mitchell avait une femme et un bébé de deux ans. Il ne méritait pas de crever là-bas.

– Et vous, si ?

– J'aurais manqué à personne.

– Même pas à votre sœur ? Ou à votre ami, Lili ?

Encore une fois, je sors un ricanement désabusé.

– Ils se seraient rencontrés à mes funérailles et se seraient consolés mutuellement. Ils me rendraient hommage une fois par an, et le reste du temps, ils nageraient dans la félicité. Problème réglé. Personne n'a besoin d'un lâche qui soit aussi un boulet comme moi.

Les yeux du docteur se font plus perçants. J'ignore ce que j'ai dit d'important mais je sais que je ne vais pas m'en sortir par une pirouette.

– Pourquoi « lâche » ?

– Vous savez, chez les Marines, on m'a appris à toujours me relever, à continuer de me battre quoi qu'il arrive. Quand je vois Lili poursuivre sa carrière alors qu'il en a gros sur la conscience et qu'il a abattu quelqu'un sans même en garder de séquelles, je me dis qu'un truc déconne chez moi. J'ai tout envoyé promener parce que je ne supportais pas mes chefs. Je suis faible. Qu'est-ce que la famille de Mitchell doit penser de moi ? Il y a laissé sa peau, et moi, j'ai craché sur son sacrifice en abandonnant. Pourquoi lui et pas moi ? Je ne mérite pas d'avoir survécu.

– Si je me souviens bien, un autre de vos amis n'a pas renouvelé son engagement. Diriez-vous de lui qu'il est lâche ? Ou faible ?

Sans pouvoir m'en empêcher, je rigole. Ce sont les derniers qualificatifs que j'utiliserais pour décrire Brown.

– Ce n'est pas pareil. Brown est parti parce qu'il a fait le tour de ce que les Marines avaient à lui apporter et il avait besoin de rentrer chez lui.

– Et pas vous ?

– Alors, moi, pour commencer, je n'ai plus de chez moi en dehors de Jacksonville. L'ultime lien que j'avais avec le Maine, c'était ma sœur, et je l'ai rapatriée l'année dernière. Non, moi, j'ai pris la première porte de sortie. J'ai baissé les bras, ajouté-je d'un ton plus bas.

Quand le docteur se redresse sur son siège et qu'une lueur d'intérêt s'allume dans son regard, je me prépare au pire.

– Vous avez encore envie de baisser les bras, Jack ?

Je devine le sens caché de sa question. Est-ce que certains jours je voudrais que tout s'arrête ? Cette tempête d'émotions dans ma poitrine et cet acharnement de pensées dans ma tête ? Ma bouche s'assèche autant que là-bas, dans le désert, alors que des larmes brûlantes s'accumulent dans mes yeux.

Je ne suis pas mort, mais pas vraiment vivant non plus. J'opine en chassant les importunes d'une main tremblante.

– Quand nous nous sommes rencontrés, vous m'avez raconté que ce jour-là, sur le terrain d'entraînement, avant d'enclencher le fusil, vous aviez eu l'impression d'être au bord d'une falaise. Où en êtes-vous, aujourd'hui ?

Je revis ce moment dans ma tête. Le bruit des pas de mes compagnons, l'odeur de la poudre, l'élancement dans mes jambes après plusieurs heures d'exercice, et surtout, ce sentiment de confusion qui m'étreignait la poitrine, parce que je savais que si mes chefs continuaient à me mettre la pression pour que je me réengage, j'allais finir par craquer. Car je suis défaillant.

Alors, j'ai tiré, pour que ça s'arrête.

Aujourd'hui, je n'ai plus cette pression sur les épaules mais je me sens toujours aussi inutile. Max est partie, Lili et Chiara vont se caser. Personne n'a besoin de moi. Si, Loki, mais s'il m'arrivait quoi que ce soit, les tourtereaux le récupéreraient. Il ne serait pas tout seul. Pas comme moi.

– J'ai un pied dans le vide et l'autre sur la terre ferme, réponds-je franchement.

Le docteur Lee inscrit quelque chose sur son carnet qu'il souligne deux fois.

– Je vais être sincère avec vous, Jack. Vous traversez un nouvel épisode dépressif plutôt intense. À mon avis, vous possédez une prédisposition à ce trouble, qui s'est manifesté plus particulièrement lorsque vous avez quitté les Marines, à cause du stress notamment. Ça expliquerait aussi ce sentiment de culpabilité profonde et les idées négatives que vous ressentez. Ce n'est pas pour rien que vos cauchemars vous ramènent systématiquement dans cet environnement. Je pensais avoir affaire à un cas de stress post-traumatique, conséquence de ce que vous avez vécu en Afghanistan, et avoir réussi à traiter correctement ce premier épisode, mais vous faites une rechute. Cela arrive dans environ soixante pour cent des cas chez les personnes sensibles à un trouble dépressif. L'élément déclencheur est sans doute à chercher du côté des deux ruptures, amicale et amoureuse, que vous avez subies en peu de temps.

J'écarquille les yeux, sous le choc. Puis, déconcerté et incapable d'assimiler ce nouvel élément, je fronce les sourcils. Enfin, j'éclate de rire.

– Vous vous plantez, doc. Ça fait des années que je ne suis pas tombé amoureux. La dernière fois, et seule, en réalité, c'était Katie Williams, en troisième. Elle m'a largué peu de temps avant l'accident de mes vieux, en plus…

Je me marre pour masquer la douleur de ce moment. Dire que je croyais être malheureux quand cette histoire d'amour adolescente s'est terminée ! Un mois plus tard, mes parents étaient décédés, et j'avais complètement oublié Katie.

– Jack, repend le docteur, très sérieux, vous vous interdisez les relations trop poussées de façon à couper toute possibilité d'éprouver des sentiments amoureux et la déception qui peut en découler. Évidemment, cela vient du fait que vous avez expérimenté très tôt la douleur de perdre des êtres chers. Cela n'empêche que, malgré vous, vous avez développé des sentiments forts pour deux personnes, ou tout du moins ses prémices, dans le cas de cette jeune femme.

Je sors de là avec l'esprit en vrac, une prescription d'antidépresseurs et le numéro de portable du psychologue, à appeler dès que j'en ressens le besoin – sous-entendu : avant de me foutre en l'air.

CHAPITRE 35

J'ai laissé Lili prendre le volant de Pamela. Enfin, il ne m'a pas vraiment laissé le choix.

Quand il a frappé à ma porte, à 7 heures du matin, j'ai été agréablement surpris. Pour être honnête, j'étais prêt à entendre n'importe quelle excuse bidon qu'il allait me sortir pour ne pas m'accompagner au circuit. Mais non, il est là, et j'ignore ce que ça me fait ressentir.

Nous sortons dans le couloir en silence, Loki sur nos talons. On fait juste un arrêt devant l'appartement des tourtereaux pour y laisser le chien.

Alors que je m'apprête à déverrouiller la portière conducteur de Pamela, Lili s'éclaircit la voix.

– T'as dormi, cette nuit ?

Sur son visage, un froncement de sourcils soucieux a chassé son sourire.

En vérité, depuis mon rendez-vous avec mon très cher psychologue, j'ai du mal à trouver le sommeil. Les pensées tourbillonnent dans mon esprit vingt-quatre heures sur vingt-quatre, et c'est peut-être même pire quand je suis allongé dans mon lit, là où j'ai trop de souvenirs avec Max.

Alors, hier soir, comme les autres soirs avant ça, je me suis relevé, me suis installé sur le canapé et ai joué à la console jusqu'à ce que mes paupières tombent d'elles-mêmes. Je n'ai pas encore osé avaler les pilules magiques que le docteur m'a prescrites. Je ne voulais pas avoir le cerveau embrumé en me lançant à toute vitesse sur un circuit de course, avec potentiellement Lili à mes côtés. Seul, ça serait une histoire différente.

Pour autant, je suppose que mes cernes violets ne donnent pas vraiment confiance à mon passager. C'est pourquoi je dépose sans protester les clés dans la paume que Lili a tendue vers moi et que je fais le tour de la voiture pendant qu'il s'assoit derrière le volant.

– Repose-toi, me dit-il d'un ton qui sonne plutôt comme un ordre. Je gère.

Je ne sais pas si c'est l'accumulation de fatigue, le doux ronronnement de Pamela que j'ai révisée hier pour qu'elle soit en pleine forme aujourd'hui ou la présence de Lili à mes côtés, mais je ferme les paupières et sombre immédiatement.

Quand je les rouvre, le soleil est haut dans le ciel. Je me redresse et masse ma nuque raide.

– On vient d'arriver, dit Lili en coupant le contact.

– T'aurais dû me réveiller pour que je prenne le relais, protesté-je d'une voix encore endormie.

– Non, t'en avais vraiment besoin, rit-il. Je me suis arrêté dans une station-service pour pisser, t'as même pas bougé un cil !

Je soupire, partagé entre la reconnaissance que j'éprouve d'avoir un ami comme lui et la gêne de lui causer encore une fois du souci.

On commence par une réunion d'information avec les quatre autres participants, durant laquelle on nous bassine avec les règles de sécurité et les significations des drapeaux de course. La seule information intéressante est l'étude du circuit et la description de chacun des quatorze virages. Un coup d'œil à Lili me confirme ce que j'avais déjà deviné : mon copilote est en train de retenir tous les détails.

Alors qu'on rejoint nos véhicules respectifs pour les quatre premiers tours, un participant s'avance vers moi.

– Belle caisse !

J'aimerais bien lui retourner le compliment, mais son Audi R8 a été tellement tunée que c'en est ridicule. Ça me hérisse le poil, à moi qui milite toujours pour une restauration au plus près du modèle original.

– Elle t'a coûté cher ?

– En temps ou en pièces détachées ?

Quand l'homme écarquille les yeux, je comprends que j'ai mal interprété sa question. Lui parlait de l'acheter toute faite, avec un joli nœud satiné sur le toit. Encore un qui collectionne les voitures sans avoir conscience de leur véritable valeur. Ce ne sont que des trophées pour étaler sa richesse.

– Il l'a retapée tout seul, intervient Lili avec une pointe de fierté dans la voix qui me réchauffe de l'intérieur. Et c'est lui qui l'entretient.

Le mec m'observe avec émerveillement, mais je ne peux m'empêcher de minimiser :

– C'est mon boulot. Je suis mécano, spécialisé dans la restauration de voitures anciennes.

– Tu me donneras tes coordonnées avant la fin de la journée !

J'acquiesce avec flegme, parce que même si je n'aime pas me vanter, c'est toujours bon pour le business. En même temps, je sens peser sur moi le regard brillant d'estime de Lili. Il adore faire ça, raconter à tout le monde combien je suis doué avec une clé à molette, un marteau ou un pistolet à peinture, et je ne peux pas nier que ça me fait me sentir important. Au moins à ses yeux.

Le premier tour se fait dans la gêne, du moins de mon côté. Pour l'instant, Lili est concentré sur la route, me régurgitant les informations qu'il a mémorisées pendant le briefing. Heureusement qu'il l'a fait, d'ailleurs, parce que je n'ai rien retenu. En réalité, je savais qu'il ferait ça, donc j'ai écouté l'instructeur d'une oreille distraite. Pourquoi vouloir absolument rentrer des détails au chausse-pied dans mon esprit quand votre meilleur pote peut le faire pour vous ? Je me contente de suivre les autres caisses et de maintenir les distances de sécurité, alors que j'ai juste envie de lâcher les chevaux. Je devine d'ailleurs que le conducteur de la Ferrari devant moi est dans le même état de nervosité, à la façon dont il oscille sur la chaussée lisse du circuit.

– Tu crois qu'il se prend pour Charles Leclerc ? demande gaiement Lili.

– Il devra faire gaffe à Richard Petty[15].

Avec un geste du menton vers le rétroviseur, je lui montre la Ford derrière nous, décorée comme les voitures de NASCAR[16], qui est beaucoup trop près par rapport aux consignes qu'on nous a données.

Et juste comme ça, avec un coup d'œil complice et un éclat de rire, toute la tension que j'ai pu ressentir s'évapore.

Lili est mon ami, le plus précieux d'entre tous, presque une partie de moi.

Si je le perdais, j'en mourrais.

---

15. L'un des pilotes les plus renommés de NASCAR, surnommé The King.

16. Plus grande compétition automobile de stock-car aux États-Unis

CHAPITRE 36

– C'était génial !

Nous sommes revenus au motel après nos tours de piste et avoir mangé une pizza dans un restaurant au bout de la rue.

Lili est allongé sur son lit, les bras repliés sous sa tête, et il m'observe avec un grand sourire. Je lui ai laissé le volant de Pamela au milieu de l'après-midi. Son sourire ne l'a pas quitté le temps des quatre tours, et s'est même élargi quand il a doublé notre Charles Leclerc du jour.

Au départ, Lili a refusé de prendre la place du conducteur, parce que c'était *mon* cadeau de Noël et qu'il était déjà heureux d'y participer en tant que passager, mais j'ai insisté. Il ne peut pas savoir à quel point ça me fait plaisir de partager cette expérience avec lui, d'autant plus que ça nous oblige à passer la soirée ensemble, rien que tous les deux, comme au bon vieux temps, avant que tout soit bouleversé.

Dans ma tête, la tornade s'est calmée. Dans ma poitrine, c'est une émotion chaude qui s'étend et qui chasse toute l'amertume de ces derniers temps. Pour la première fois depuis dix jours, je respire librement.

C'est peut-être pour ça que je lâche :

– Je t'aime, Lili.

Les mots sortent tout seuls de ma bouche et donnent quelque chose comme « jetaimelili ». On dirait qu'ils se sont précipités en profitant d'un instant d'inattention de ma part, pour éviter que je les retienne.

– Moi aussi, je t'aime, frère, répond-il avec un sourire complice.

Ça devrait me faire du bien de l'entendre me confirmer que je compte pour lui. Quelque part, c'est le cas. Mais il est temps d'assumer mes émotions et de mettre en pratique les conseils du psychologue.

– Tu me manques.

En réponse, il accuse le coup. Ses yeux ont une sorte de tressautement, et son visage pâlit. Dans la seconde, Lili se redresse, les traits soudain sérieux, les bras repliés sur ses genoux. C'est maintenant qu'on va voir à quel point il tient à moi. Mon cœur tambourine sous mes côtes, et je retiens mon souffle en attendant qu'il s'exprime.

– Oh, finit-il par lâcher en regardant ses pieds. Je suis désolé.

La culpabilité clignote sur son visage comme une foutue guirlande sur un sapin de Noël. J'aurais dû me douter que sa distance était volontaire. Combien de fois a-t-il pensé à Chiara, aujourd'hui ? Combien de fois aurait-il préféré être avec elle plutôt que coincé dans une bagnole avec moi ?

– Ouais, *oh*, comme tu dis, asséné-je durement. Alors, je vais te rassurer tout de suite. Mon psy a dit que je devais te confier ce que j'avais sur le cœur pour relâcher une part des tensions que je ressens, mais tu ne me dois rien. Si tu veux disparaître de ma vie, je ne te retiendrai pas.

Je pourrais presque dessiner les rouages qui tournent dans son esprit. Il fronce les sourcils sur un regard interrogateur, et quand il ouvre enfin la bouche, je m'attends au pire.

– Tu revois ton psy ?

C'est plus fort que moi : j'éclate d'un rire amer.

– La seule chose qui te fait réagir dans ce que je viens de te dire, c'est que je suis retourné chez le psy ? demandé-je d'un ton incrédule.

Lili fait un geste agacé de la main, accompagné par un regard dur dans ma direction.

– On va commencer par ça. Pourquoi tu y es retourné ?

Sa voix est chargée de colère, mais j'y décèle surtout de l'inquiétude. J'ai toujours soupçonné qu'il s'en voulait de ne pas avoir réagi plus tôt l'année dernière, sûrement parce qu'il pense qu'il aurait pu m'empêcher d'aller aussi loin. Lili m'a sauvé la vie une fois, mais ça ne le rend pas responsable de moi pour autant.

– Les cauchemars sont revenus, il y a un mois et demi. Au départ, je revoyais ce qui s'est passé dans le désert… et puis ça a changé. Tu y es apparu, et plus tard Max. Je vous imaginais morts, et ça m'a foutu la trouille. Alors, j'ai rappelé le psy.

Sur son lit, à seulement deux mètres de moi et pourtant très loin, Lili acquiesce. Son geste peut être interprété de plusieurs façons. Soit il approuve que j'y sois retourné de moi-même avant que ça empire, soit il m'encourage à poursuivre. Malgré la distance qu'il impose, je remarque ses doigts crispés autour de ses genoux et la raideur de ses épaules. Je sais que ce que je suis en train de raconter le touche d'une manière ou d'une autre, et pas seulement parce que je viens d'avouer l'avoir vu mort dans mes rêves. Il se demande ce que tout ça signifie.

– Le psy dit que ces rêves sont ma façon d'exprimer un nouvel épisode dépressif. Ce qui s'est passé l'année dernière, c'était l'apogée d'une crise, et en ce moment, je fais une rechute. Étant donné que je présente apparemment un terrain dépressif favorable, il y en a peut-être eu d'autres avant qu'on n'a pas détectés.

– Qu'est-ce qui les provoque ? demande Lili d'une voix encore plus rauque que d'habitude, le regard débordant d'inquiétude.

Je hausse les épaules.

– Le stress, la solitude et, visiblement, les déceptions amoureuses, admets-je en rigolant sur les derniers mots. Écoute, je n'attends rien de ta part. Je n'aurais même pas dû t'en parler. T'as pas à t'inquiéter ni à alarmer Chiara avec ça. J'ai déjà le psy sur le dos. Ça va passer.

En réponse à mes paroles, Lili secoue la tête, et son regard se charge de tristesse. On dirait que je viens de le frapper.

– Putain, Jack ! Bien sûr que t'aurais dû m'en parler ! Comment tu peux me demander de ne pas m'inquiéter ? La dernière fois, t'as failli te foutre en l'air ! s'exclame-t-il d'une voix brisée.

– Je ne voulais pas faire éclater ta bulle de bonheur ! craché-je mais, dès que les mots ont quitté ma bouche, je les regrette déjà. Ce n'est pas ce que je voulais dire…

Je me passe la main sur le visage comme pour effacer les remords qui pourraient s'y lire.

Quand il se lève d'un coup, mon souffle se bloque dans ma poitrine. Ça y est, il va se barrer et me laisser là avec mes problèmes, et je l'aurai bien mérité.

Sauf qu'au lieu de se diriger vers la porte, il se rapproche du lit sur lequel je suis assis et, d'une traction sur mon poignet, il me force à me mettre debout face à lui. Est-ce qu'il va m'en coller une avant de s'en aller ? Si c'est ce qu'il veut, que ça lui fait du bien, je le laisserai faire. Je ne me défendrai même pas.

Dire que je suis choqué lorsqu'il passe un bras autour de moi et m'attire contre lui est l'euphémisme de ma vie. Pourtant, je reste immobile, avec la sensation que c'est plus lui qui en a besoin que moi.

Au moment où je vais me dégager, Lili me garde contre lui et murmure contre mon oreille :

– T'es mon meilleur ami. Non, plus que ça, t'es mon frère, la première personne que j'ai considérée comme ma famille. Que j'ai *choisi* comme famille ! Et pourtant, t'as raison, je t'ai laissé tomber. J'étais tellement content de vivre dans le même immeuble que toi. J'avais qu'à monter deux étages pour traîner avec toi, tout en habitant avec ma copine. C'était idéal ! Je pensais pouvoir tout gérer mais, en fait, j'ai complètement merdé. Combien de fois je suis venu depuis que j'ai emménagé avec Chiara ? La vérité, c'est que je t'ai mis de côté, et j'en suis désolé. Je ne souhaitais blesser aucun de vous, vous comptez tous les deux pour moi, et j'ai foiré. Je comprends que tu m'en veuilles, Jack, et je suis sincèrement désolé. Je sais qu'on ne peut pas revenir en arrière, parce que de toute évidence, le mal est déjà fait… Tu penses que tu pourras envisager de me pardonner un jour ?

Je suis si surpris que je suis incapable de parler. Je me contente d'acquiescer contre sa joue, et seulement là, il accepte que je le repousse doucement.

Il s'assoit sur le bord de son lit, et j'en fais de même sur le mien.

Même s'il vient de confirmer tout ce que je pensais, quelque part au fond de moi, ça me déchire de le voir autant se blâmer. Je n'ai jamais eu l'intention de le faire souffrir. Ça me fait aussi du bien de constater que notre amitié compte pour lui, que *je* compte pour lui.

Quelque chose se contracte dans ma poitrine en réponse à son expression bouleversée.

– T'oublies que j'avais que deux étages à descendre et que je ne l'ai pas fait non plus, donc ne prends pas toute la faute pour toi.

Il secoue la tête avec un petit sourire entendu.

– Et pourquoi tu ne l'as pas fait ?

– Je ne voulais pas… vous déranger, marmonné-je en repensant aux gémissements que j'ai surpris une fois à leur porte.

Lili fait un geste de la main, comme pour dire qu'il s'attendait à cette réponse.

– Nous déranger en train de baiser comme des lapins, complète-t-il en reprenant les mots exacts que je lui ai un jour balancés. Putain, j'ai l'impression de demander la lune ! La femme que j'aime, mon pote, un boulot où je me sens utile, du temps dehors…

Sa tête tombe sur son torse, et il passe une main dans ses cheveux.

– Je ne peux rien faire pour les autres choses, mais t'as toujours mon amitié. Si tu la veux, complété-je prudemment.

Il relève brusquement le visage vers moi, et je lis de l'exaspération dans ses yeux.

– Bien sûr que je la veux ! T'as pas entendu ce que je viens de dire ?

– T'as pas précisé quel pote. Si ça se trouve, tu parlais de ton nouvel ami de Hollywood.

Quand ses lèvres se retroussent en un sourire moqueur face à mon rictus joueur, une sensation de bien-être se répand à l'intérieur de moi. Peut-être parce que ses yeux brillent de soulagement. Pourtant, la seconde d'après, son expression se fait à nouveau douloureuse.

– Ne me demande pas de choisir entre Chiara et toi, s'il te plaît, chuchote-t-il en triturant son nouveau tatouage, un cercle en pointillé, qu'il arbore à l'annulaire gauche pour annoncer au monde qu'il est fiancé.

Un sourire triste se forme malgré moi sur mes lèvres.

– Il n'y a pas de choix à faire, Lili. Tu vas épouser ma sœur, je ne me mettrai jamais entre vous.

Ce que je ne formule pas à voix haute mais que je suis sûr qu'il comprend, c'est qu'au contraire, je ferai deux pas en arrière si nécessaire, pour ne pas envahir leur vie. Leur bonheur est plus important que le mien.

– Je suis peut-être égoïste mais je ne peux pas te laisser t'éloigner de moi. Je ne te perdrai pas, assène Lili, son regard empreint de détermination. Pour autant, je veux que tu me dises si je te blesse, de quelque façon que ce soit. D'accord ?

Devant sa volonté et l'expression douloureuse sur son visage, je ne peux qu'acquiescer. La posture de Lili se détend alors un peu, et la poigne autour de mon cœur se desserre. Pour autant, je sens qu'on n'en a pas terminé avec les sujets inconfortables.

Il opine, puis ses sourcils se froncent sur une nouvelle interrogation.

– La déception amoureuse dont tu parlais… c'est Max, c'est ça ?

Je voudrais être capable de mentir, surtout à moi-même si ça pouvait me permettre de l'oublier plus vite, mais ce n'est malheureusement pas comme ça que ça marche. Alors, je me contente d'acquiescer, la mâchoire serrée sur mon ressentiment.

– Ouais, confirmé-je en pinçant les lèvres. Enfin, j'imagine que ça aurait pu devenir autre chose. C'était trop court pour que ça puisse aller plus loin que quelques parties de jambes en l'air.

Visiblement, Lili n'est pas d'accord avec moi.

– Il ne m'a fallu que trois jours pour tomber amoureux de ta sœur.

– On se demande bien pourquoi, me moqué-je. Elle ne pouvait pas t'encadrer.

Il se marre avec moi, se rappelant lui aussi l'ambiance électrique entre eux les premiers jours, et à travers ce son, je retrouve un peu de notre complicité passée. Finalement, j'ai l'impression que ma confession a fait exploser le mur entre nous. Je n'ai pas à le perdre. Je dois simplement le partager, et il sera toujours là pour moi.

– Pourquoi tu ne lui dis pas que tu craques pour elle ? Je sais qu'elle avait des affaires à régler à l'autre bout de l'État et qu'elle ne pouvait pas tout envoyer valser pour une histoire de cul, mais si c'est plus sérieux que ça, ça pourrait changer les choses.

– Elle a été très claire sur le fait qu'elle ne veut pas que je la contacte, affirmé-je en repensant à la carte SIM mise en évidence sur le comptoir. Je lui ai demandé de rester, tu sais. Elle a accepté et, le lendemain, elle était partie. Elle ne m'a même pas dit au revoir. Enfin, elle m'a laissé un mot, j'imagine que je devrais me montrer reconnaissant. Tu me le rappelleras à Thanksgiving.

– Alors, tu vas faire quoi ?

– Ce que j'aurais dû faire depuis le début, c'est-à-dire rien.

Le regard que me lance Lili n'a rien de compatissant. Au contraire, il est empli de déception et de l'envie de me foutre un coup de pied au cul. Je n'ai rien à répondre à ça.

Ce n'est pas parce que son histoire avec Chiara a survécu à sept mille kilomètres de distance que tout le monde a cette chance. Pour commencer, il avait l'intention de revenir, lui. Et il n'y a pas de relation entre Max et moi. On n'a jamais mis de mots dessus, car il était évident que ce n'était que temporaire.

On ne nomme pas quelque chose voué à disparaître.

CHAPITRE 37

– Bon, alors, qu'est-ce que tu vas faire pour Max ?

Je quitte des yeux mon omelette que le serveur vient de déposer. Lili m'observe avec attention de l'autre côté de la table.

– Je t'ai déjà expliqué qu'elle ne voulait plus rien avoir affaire avec moi. Pourquoi ça t'importe autant ? T'essaies de me caser pour que j'arrête de te traîner dans les pattes ?

Il lâche un ricanement en s'adossant à sa chaise, l'air détendu, mais je reconnais la lueur calculatrice dans ses pupilles quand il déclare :

– Si ton épisode dépressif est vraiment causé par une déception amoureuse, faut qu'on répare ça avant d'arriver à des symptômes plus graves.

– Quels symptômes ?

– J'ai fait quelques recherches pendant que t'étais sous la douche. Vu tes cernes, je suppose que tu as déjà des insomnies. Je pense même que tu ressens un abattement et une perte de confiance.

Mais il n'est pas question que t'ailles jusqu'aux idées suicidaires.

Il a pris la peine de se renseigner. Ça me touche. Involontairement, je sens un sourire honoré étirer mes lèvres, mais face à moi, Lili se tend.

– Je suis sérieux, Jack, s'agite-t-il, le regard insistant. Je veux que tu m'en parles si tu commences à penser à *ça*.

Sa voix se brise sur ce dernier mot. Il n'arrive même pas à le dire. Je pose la main sur son avant-bras, que je serre brièvement avant de le relâcher. Dans ses yeux, la peur reflue.

– Et donc, quel est ton plan ? Pour l'opération « Reconquête de Max » ? précisé-je devant son air perdu.

– T'as vraiment aucun moyen de la contacter ?

Je secoue la tête.

– Comment t'as récupéré Chiara après qu'elle t'a largué ?

Je n'avais jamais posé la question avant aujourd'hui, et ce n'est que maintenant que je comprends pourquoi. Je me protégeais. Je pensais peut-être inconsciemment qu'il me gardait sous le coude le temps de l'approcher elle.

– Franchement ? J'avais l'intention de m'asseoir sur ma dignité et de me jeter à ses pieds pour la supplier de me reprendre. Mais je n'ai pas eu besoin d'aller jusque-là, parce qu'elle m'a pardonné avant.

J'éclate de rire devant son air déconfit.

– Je l'aurais vraiment fait ! se défend-il.

– Oh ! Je m'en doute ! Elle peut se montrer impitoyable.

Devrais-je aller me jeter aux pieds de Max ? Je ne sais même pas où la trouver.

– Le truc, c'est que je n'ai qu'une vague idée d'où peut être Max. Elle s'est barrée dans un endroit appelé Walla quelque chose…

– Wallace ? propose Lili. Wallburg ?

Je décline ses suggestions de la tête. C'est vrai qu'il est né en Caroline du Nord et qu'il connaît donc mieux l'État que moi. C'est presque ironique que j'aie plus de possessions que lui dans son État natal. Le bail de l'appartement qu'il partage avec Chiara est au seul nom de ma sœur, puisqu'en tant que célibataire de rang E-5, il est censé vivre à Camp Lejeune.

– Qualla ?

Ce nom m'interpelle, alors Lili continue sans attendre :

– C'est tout à l'ouest de l'État, une réserve cherokee.

Je confirme d'un hochement de tête cette révélation qui le frappe comme un coup de matraque derrière la nuque. Ça lui paraît sûrement évident, maintenant, en considérant le physique typé de Max.

Mon cœur accélère dans ma poitrine sous l'effet de l'excitation et de l'espoir. Si je pouvais juste lui parler… J'ai envie d'y aller.

Face à moi, Lili sourit d'un air machiavélique et tend la paume vers moi.

– Passe-moi les clés de Pamela. Je prends le premier tour.

– Tu veux venir avec moi ? balbutié-je, la voix rendue aiguë par l'étonnement. Maintenant ?

Il hausse les épaules tout en repoussant sa chaise.

– Je n'ai rien de mieux à faire, aujourd'hui. En plus, j'ai toujours voulu visiter cette partie de l'État. Je n'aurais pas pu espérer meilleure occasion.

Son visage est tellement confiant que je me lève à mon tour, presque machinalement.

– Allons-y.

***

Au bout de quatre heures, nous sommes enfin dans ce territoire boisé au pied des Great Smoky Mountains, mais je ne suis pas plus avancé. Qualla Township est en fait une région d'un peu plus de deux cents kilomètres carrés. Comment vais-je retrouver Max ici ? C'était une idée à la con…

Je m'apprête à soupirer pour la millième fois, quand Lili s'éclaircit la voix sur le siège passager.

– Il y a un village qui s'appelle Qualla dans le coin, mais la plus grande ville des environs, c'est Cherokee. T'as pas une piste ? Un nom ?

Il me semble que Rob a un jour prononcé le nom de jeune fille de la mère de Max, mais je ne sais plus exactement ce que c'était. Je cherche dans les tréfonds de ma mémoire.

– … Locklear !

En quelques secondes, Lili trouve une réponse sur Internet, et je devine à son sourire victorieux que c'est encourageant.

– Il y a un Henry Locklear à Cherokee.

Peut-être le grand-père de Max ?

Sans me consulter, Lili ajoute l'adresse dans le GPS. Il nous faut à peine dix minutes pour nous y rendre.

Je gare enfin Pamela devant un pavillon en bois clair, à l'écart de la route principale et de son enfilade d'hôtels, de restaurants et de boutiques de souvenirs. Mon cœur bat à cent à l'heure, et mes jambes ne semblent plus pouvoir supporter mon poids, quand je sors de la voiture. Alors que j'approche de l'entrée, ma gorge s'assèche.

Qu'est-ce que je vais dire ?

On pourrait croire que j'ai eu largement le temps d'y réfléchir depuis ce matin, sauf qu'en réalité, j'ai repoussé jusqu'au dernier moment, c'est-à-dire maintenant, tandis que je frappe à la porte, pour connecter mes quelques neurones.

Et si elle m'envoyait promener ? Et si elle ne voulait pas me parler ? Si…

… elle n'était tout simplement pas là ?

En tout cas, ça fait trois fois que je toque, et personne n'est venu ouvrir. Je tends l'oreille mais ne perçois aucun bruit, à part les sons habituels de la forêt – les chants d'oiseaux et le frémissement du vent dans les feuilles.

Je prends une grande inspiration avant de me retourner vers la Porsche, là où Lili m'attend, un pied déjà hors de la voiture et une expression soucieuse sur le visage. D'un geste de la main, je lui indique de rester où il est. Je reviens sur mes pas, la mort dans l'âme.

– Il n'y a personne, dis-je d'une voix que j'espère neutre.

Lili fronce les sourcils.

– Ils sont peut-être juste sortis. On n'a qu'à aller manger un morceau en ville et on réfléchira pendant ce temps-là.

Il a raison, bien sûr. Je me remets derrière le volant, en essayant de rassembler des pensées positives, mais je serre si fort la mâchoire que mes dents grincent.

Dans ma bouche, le poulet frit a un goût de cendres, mais Lili affirme que le sien est très bon. Ça doit venir de moi. Je mange sans appétit, juste pour me remplir l'estomac et m'occuper les mains.

Lili fait l'essentiel de la conversation, mais je ne l'écoute que d'une oreille, en lâchant des onomatopées aux moments adéquats. Dans mon esprit, c'est la tempête. Je n'aurais pas dû me laisser entraîner dans cette histoire. C'était vraiment une idée bête. Quel était le but, à part me faire miroiter un espoir irréaliste ? Si elle avait voulu que je la retrouve, elle m'aurait donné une adresse ou aurait tout simplement conservé sa ligne téléphonique.

– Jack, t'es vraiment d'accord ?

– Hein ?

– Tu viens d'accepter de randonner avec moi cet été dans le parc national des Great Smoky Mountains. Étant donné que je sais à quel point tu *détestes* la randonnée, je préfère m'en assurer avant de commencer à planifier notre itinéraire.

Sa voix est moqueuse, comme pour dissimuler un soupçon d'inquiétude.

– Désolé, mec… J'étais ailleurs…

Ceci dit, après ce qu'il est en train de faire pour moi, cette randonnée sera sans doute la moindre des choses que je lui dois.

Mais, c'est de la randonnée… Je ne comprends pas le principe de marcher pour marcher. Je veux bien marcher pour aller d'un point à un autre, mais me fatiguer dans le seul but de regarder le paysage, c'est un truc qui ne plaît qu'à Lili.

Il est sur le point de me répondre, quand un jeune serveur s'approche pour débarrasser nos assiettes. La mienne est encore presque pleine, mais je lui fais quand même signe de la reprendre. J'ai l'estomac tellement entortillé que je ne pourrai rien avaler de plus.

Alors qu'il est sur le point de tourner les talons, j'ai une intuition subite.

– Excusez-moi, est-ce que par hasard vous connaissez Max Turner ? Elle a dû arriver dans le coin il y a dix jours. Elle conduit une moto noire. Elle vient de la famille Locklear.

Le garçon secoue la tête pour nier, mais une lueur s'est allumée dans ses yeux. De la contrariété ou de la peur. Je suis presque sûr que ce nom lui parle.

– Vous êtes certain ?

– Beaucoup de monde passe par ici. Je suis désolé. Vous voulez autre chose ? demande-t-il d'une voix précipitée, comme s'il nous suppliait de partir au plus vite.

– On va prendre des cafés, répond Lili avant que j'aie le temps d'ouvrir la bouche.

Alors que le garçon s'éloigne sans attendre, je me tourne vers Lili, dont les yeux brillent de malice.

– Il la connaît, me confirme mon pote. Les cafés vont nous faire gagner un bon quart d'heure, pendant qu'on réfléchit.

En réalité, nous n'avons pas besoin de nous creuser la cervelle, car il ne faut pas cinq minutes, durant lesquelles une serveuse nous a apporté nos boissons avec un regard sévère, pour qu'un grondement de moteur familier retentisse sur le parking.

Mon cœur se met à tambouriner jusque dans mes tempes.

Elle est là.

Je me lève maladroitement sur des jambes faibles, sûrement grâce au signe de tête encourageant de Lili qui semble me porter. Je me dirige à grands pas vers l'extérieur, en me forçant à ne pas courir.

Ça n'aurait servi à rien de répéter le moindre texte, mon esprit est complètement vide. Je ne pense qu'à l'idée de la revoir. En moins de dix secondes, je suis face à Max, vêtue de cette tenue de pilote qui me rend fou. Ses yeux me jaugent sévèrement dans la fente de son casque, et quand elle le retire, je remarque le pli amer de sa bouche.

Pas de sourire pour m'accueillir. On se croirait revenu au tout début. J'étais prêt à l'enlacer mais je me retiens au dernier moment, douché par son regard glacé.

– Salut…

– Qu'est-ce que tu fais là ? me coupe-t-elle d'un ton tranchant.

Son entrée en matière me fait flancher une nanoseconde, mais je déglutis et me reprends, les poings serrés le long de mes cuisses.

– Je te cherchais.

– Pourquoi ?

– T'es partie sans dire au revoir. Enfin, je ne considère pas trois phrases sur un post-it comme un au revoir approprié.

Un sourire se dessine finalement sur sa bouche pulpeuse, mais ce n'est qu'un rictus cruel que mon cœur ne réussit pas à supporter.

– Ce n'était pas un au revoir, Jack. C'était un adieu.

– J'ai cru que peut-être…

– Peut-être que quoi ? Que j'ai pas fait exprès ? Que j'ai eu une urgence ? Je suis partie en connaissance de cause, quand tu dormais, pour ne plus jamais te revoir. Alors, tu peux imaginer ma surprise lorsqu'on m'a prévenue qu'un blondinet dans une bagnole de sport avait débarqué chez mon grand-père et demandait après moi dans les restos de la ville ?

– Tu ne penses pas ce que tu dis, affirmé-je d'un ton amer. Tu étais aussi triste que moi le dernier soir…

Elle soupire, d'un air détaché qui contraste trop avec ses yeux brillants. Mon cœur se déchire en miettes.

– Écoute, Jack, je t'ai déjà dit qu'on ne se devait rien.

Sa voix tremble légèrement en disant mon prénom, comme si c'était dur pour elle de le prononcer, comme si elle y tenait. Je voudrais m'accrocher à ça, sauf que le reste de ses paroles ne fait que piétiner les lambeaux de mon cœur déjà malmené.

– C'est pas parce qu'on a couché ensemble deux ou trois fois que tu dois traverser l'État pour me retrouver. Tu dois avoir un petit complexe du sauveur. Tu m'as déjà fait le coup avec le motard l'autre fois, sauf que je ne suis pas une putain de princesse en détresse que le chevalier servant dans sa Porsche brillante doit venir sauver. Je peux prendre soin de moi. Je n'ai pas besoin de toi, tu devrais m'oublier. Je suis déjà passée à autre chose. C'était sympa, on s'est bien amusés le temps que ça a duré, mais ça n'aurait jamais marché entre nous. Tu te souviens, je n'aime pas les blonds !

Je ne la reconnais plus, ou peut-être que c'est ça, le problème : je ne l'ai jamais vraiment connue. Si ça se trouve, son vrai visage, c'est celui-ci.

Pourtant, quelque chose continue de me chuchoter que la comédie, c'est maintenant qu'elle se joue. Peut-être parce que des larmes perlent au bord de ses yeux et que sa bouche est douloureusement pincée. Elle ne se tient pas aussi droite et fière que d'habitude mais plutôt repliée sur elle-même, les bras croisés sur la poitrine, comme pour protéger son cœur et me tenir à distance. J'ai envie de croire que ses paroles dédaigneuses ne sont qu'une façade et que j'ai bel et bien découvert la véritable Max, celle qui joue avec mon chien, qui me murmure d'une voix cassée son histoire et qui m'embrasse avec des larmes dans les yeux.

J'ai vaguement conscience qu'une voix familière prononce mon nom derrière moi, parce que mes yeux sont rivés sur la moto qui arrive en grande pompe sur le parking et se gare juste à côté de Max. Le pilote retire son casque d'un geste sûr, dévoilant une belle gueule à la peau brune et aux traits typés que je n'aurai jamais.

Quand il pose la main sur l'épaule de Max et qu'il échange avec elle un regard de connivence, j'ai un doute. Peut-être est-elle vraiment passée à autre chose. Avec lui.

– Tout va bien, Inola ? lui demande-t-il d'une voix grave.

– Ouais, il était sur le point de rentrer bien gentiment chez lui.

Quand elle rive son attention sur moi, son regard est coupant comme du verre. Les larmes ont disparu.

– Ne reviens pas, Jack. Respecte mon choix. De toute façon, on va partir s'installer dans la Cherokee Nation en Oklahoma d'ici quelques jours.

Sur ces mots, elle renfile son casque, enfourche sa moto et s'en va, sans même un coup d'œil vers moi, le beau gosse à sa suite.

Ça fait du bruit, un cœur qui se brise ?

Je ne saurais même pas le dire parce que je n'entends plus rien. Je n'ai plus conscience que de sa bécane qui s'éloigne sur la route jusqu'à n'être pas plus grosse qu'une tête d'épingle.

Quelqu'un me parle pourtant, d'une tessiture rauque que je connais par cœur, et des bras me dirigent. Je me laisse faire. Je me retrouve assis dans un environnement familier à l'odeur de baume pour cuir. Rapidement, le ronronnement d'un moteur couvre les mots que la voix prononce avec compassion.

Je n'en ai pas besoin. Ce qu'il me faut, c'est oublier, comme *elle* me l'a si bien conseillé. C'était une erreur. Je suis une erreur.

J'attends que Lili arrête la voiture dans une station-service pour faire le plein et, pendant qu'il a le dos tourné, je récupère dans la boîte à gants le flacon d'antalgiques et glisse un comprimé entre mes lèvres.

Après tout, j'ai mal, non ? Que ce soit à la cuisse ou quelque part au fin fond de la poitrine n'y change rien. La douleur est là quand même, et aujourd'hui, j'ai l'impression que c'est tout ce qu'il reste de moi.

Puis je ferme les yeux et me laisse emporter par le néant.

CHAPITRE 38

Les jours suivants passent dans une sorte de brume grâce aux antidépresseurs.

Je marche, parle, me nourris, et accomplis tout ça mécaniquement. Je ne vis pas vraiment. J'existe, et à certains moments, ça me paraît déjà trop dur.

Alors, j'avale une des pilules magiques que m'a prescrites le bon vieux docteur Lee, et ça va mieux. En tout cas, la douleur – dans ma tête et ma poitrine – s'estompe, tout devient flou et sans importance.

Le plus compliqué, c'est la nuit. Dès que je ferme les yeux dans ce lit trop grand, je me refais le film de tout ce qui s'est passé ici, et la tristesse me comprime à nouveau le cœur. Souvent, je me relève, j'avale un somnifère et prends mes manettes jusqu'à ce que mes paupières tombent d'elles-mêmes. À ce stade, j'ai épuisé tous les jeux en ma possession. C'est le seul moment dans ma vie où j'ai l'impression d'avoir le contrôle sur quelque chose.

C'est seulement comme ça que j'arrive à continuer.

***

– Houlà ! T'as une sale tête, aujourd'hui !

– Merci, Troy… Bonjour à toi aussi.

Mes pieds se dirigent machinalement vers mon coin de l'atelier – mon refuge –, tandis que mon collègue tente de me retenir. Visiblement, il a envie de causer ce matin ; et, docile, je m'arrête. De toute façon, je ne vais probablement rien retenir de ce qu'il va me raconter, mais ça lui fait plaisir, et moi, je m'en fous. Je ne suis pas à une minute près dans ma journée, ni dans ma vie, d'ailleurs. Tout glisse sur moi grâce aux bonbons magiques. Ça fait du bien de ne plus ressentir ces pics d'émotions. Je me sens calme, apaisé, très loin de tout.

– Notre vidéo est en train de faire un carton ! s'écrie Troy d'une voix enthousiaste, bien trop près de mon oreille.

– Quelle vidéo ?

– Celle de la remise en état de la Ducati !

Même si les médicaments sont forts, il reste des douleurs qu'ils ne peuvent pas combattre. La preuve : à ce nom, le pincement dans ma poitrine devient si intense que je grimace. Je ne peux pas entendre cette marque sans me représenter la moto à la fois mate et brillante. Évidemment, une pensée en entraînant une autre, l'image de sa pilote vient m'habiter, et ça fait mal, trop mal. Machinalement, ma main s'approche de la poche dans laquelle je conserve le flacon d'antidépresseurs presque vide.

Au dernier moment, je me retiens. Ma dernière prise est trop récente.

Évidemment, Troy n'a rien remarqué et continue à piailler à propos de cette vidéo à la con qui fait des milliers de vues et récolte des critiques éloquentes.

– Même des nanas ont commenté, surtout pour savoir dans quel garage on travaille, parce qu'apparemment, le mécano blond est trop sexy ! se marre-t-il.

Moi ? Mais comment pourrais-je être dans sa vidéo ? Les souvenirs sont flous, même s'ils ne remontent qu'à quelques semaines, principalement parce que je fais tout mon possible pour oublier cette période. Pourtant, il me semble me rappeler qu'il m'a filmé pendant que je bossais. Une alarme lointaine, au fin fond de mon esprit, tente de percer la brume. Quelque chose qui me dit que cette vidéo ne devrait pas être en ligne, mais je la fais taire.

– Cool, lâché-je d'un faux ton enthousiaste alors qu'en réalité, je m'en tape.

Tant mieux si ma gueule de gendre parfait peut servir à quelque chose. Elle n'a pas suffi à retenir la femme que j'ai dans la peau, mais si ça fait plaisir à Troy, je suis ravi d'avoir enfin trouvé une utilité. Je l'ajouterai sur ma liste mentale de « Pourquoi Jack Johnson doit s'accrocher à cette existence merdique ».

– Heureusement que Max…

– Ne prononce pas ce nom devant moi, interviens-je d'une voix basse, alors que des images me reviennent en tête en force.

– … a optimisé la chaîne, poursuit Troy sans m'avoir entendu.

Puis il se tait et me scrute d'un air étonné. Je ne sais pas ce qu'il lit sur mon visage, mais il déglutit avant de reprendre la parole :

– Vous vous êtes quittés en si mauvais termes ?

– On peut dire ça, marmonné-je avant de m'éloigner vers mon coin de l'atelier.

Ça m'étonnerait qu'il comprenne le véritable sens de ce qu'il vient de dire. De toute façon, on n'a pas pu « se quitter », étant donné que je ne représentais rien pour elle.

La douleur sourde se réveille sous mes côtes, et mes doigts me démangent de saisir le flacon de comprimés. Je résiste à nouveau, mais ça aussi, ça devient de plus en plus dur.

Cette nuit-là, le cauchemar revient, plus vicieux que jamais. Ça commence toujours de la même manière, dans ce putain de Humvee, avec Lili à mes côtés. Sa présence est tellement familière que je me sens presque rassuré chaque fois que je replonge dedans, comme dans un épisode de série revu cent fois.

C'est la suite qui fait mal. Je reconnais les jambes moulées d'un jean noir de Max dans la tourelle, mais l'accident prend une nouvelle forme. Alors que les gars chantent à l'arrière, une moto noire me coupe la route, et je tourne machinalement le volant pour l'éviter. J'ai juste le temps d'apercevoir les longs cheveux sombres de la pilote, dont le casque arbore un renard blanc, avant que le Humvee ne se mette à basculer de lui-même. Évidemment, une fois le véhicule stabilisé, Max a disparu de la tourelle, tout comme Lili, et je pars à leur recherche.

Dans la poussière du désert, je finis par trouver un cadavre, et pour la première fois, une nouvelle sorte de peur m'étreint quand je découvre son visage. C'est celui que j'observe tous les jours dans le miroir, cernes inclus. Ses yeux sans vie – mes yeux – sont levés vers le ciel sans le voir, et je ne peux m'empêcher de penser que j'ai l'air en paix.

***

Heureusement qu'il y a Lili. Enfin, j'ignore si c'est vraiment une bénédiction. Il est tout le temps sur mon dos. Il monte presque quotidiennement me voir et, si ce n'est pas le cas, il m'invite à descendre chez lui ou m'envoie une dizaine de messages par jour. C'est tout de même ironique, quand on pense, de savoir que je me plaignais de son absence il y a deux mois à peine.

Je me demande parfois s'il le fait pour les bonnes raisons. Veut-il vraiment passer du temps avec moi ou me garder à l'œil ? Ceci dit, je préfère de loin le voir débarquer chez moi, comme maintenant, plutôt que de passer la soirée chez lui, où je dois en plus supporter le regard compatissant de ma sœur. Au moins, ici, on se pose devant la console avec des bières et on n'a pas besoin de faire la conversation.

Mais ce soir, lorsque j'entends la serrure cliqueter et vois Lili entrer dans mon appartement comme si c'était chez lui, je n'arrive pas à m'en réjouir.

– J'aurais jamais dû vous filer un double des clés, grogné-je, tandis que le sourire de Lili s'agrandit.

– Je ne te le rendrai pas. Va te changer, je te sors.

Je tente bien de protester mais, avant que je comprenne ce qui se passe, je suis dans la Jeep, en route vers le Black.

Et comme tous les vendredis soir, le bar est bondé. Les lumières sont trop agressives, la musique trop forte, les gens trop collants. On n'a pas fait deux pas dans cette chaleur moite que deux inconnues m'ont déjà caressé le bras ou le torse. Je les repousse machinalement, sans leur accorder un regard.

Lili me jette un coup d'œil interrogateur puis m'entraîne jusqu'au comptoir où il prend les choses en main, pendant que je patiente à ses côtés.

– Hé ! Johnson !

Je me tourne vers ma droite, d'où provient la voix, et tombe nez à nez avec mon ancien *Staff Sergeant*.

J'ai soudain l'impression d'être dans ce genre de manège où on vous élève tout en haut d'une tour pour vous lâcher d'un coup. Mon estomac me remonte illico dans la gorge, en même temps que toutes les émotions que j'ai enfouies ces derniers jours. Je me fige sur place. Pourtant, le mec me sourit de toutes ses dents, comme si me voir était le meilleur moment de sa journée.

Derrière lui, je remarque d'autres *NCO* de la *Motor Transport Division* ainsi que mon ancien sergent. Je savais bien qu'il léchait le cul des gradés, ce connard aux dents longues. L'obscurité du bar fait ressortir le blanc de leurs yeux, leurs faux sourires et leurs vêtements. Ils ont l'air de débarquer d'une autre planète.

J'ai la bouche pâteuse du cachet que j'ai avalé en douce dans la salle de bains avant de sortir, alors je me contente d'acquiescer.

– J'ai entendu dire que ta reconversion marche du tonnerre ? braille le *Staff Sergeant* Young d'une voix traînante et trop alcoolisée. Tout le monde recommande le garage où tu bosses ! Il paraît que tu fais des merveilles !

Encore une fois, je ne fais que remuer la tête de haut en bas, tel un jouet stupide qu'on a accroché sur le tableau de bord. Je ne sais pas quoi répondre. J'ignore qui a parlé de moi. Ça m'étonnerait d'avoir restauré des bagnoles pour qui que ce soit de Camp Lejeune. Je me suis bien occupé de réparations mineures et d'entretiens courants, mais c'était il y a des mois, quand j'ai commencé à bosser au garage.

Une main se pose sur mon épaule pour attirer mon attention, et celle de mon interlocuteur par la même occasion. Lili s'est placé un pas derrière moi, sur ma droite, comme pour assurer mes arrières. Son T-shirt noir se fond dans le décor, mais les néons accentuent les angles de son visage, qui paraît maintenant menaçant. Il n'a jamais pu encadrer mes supérieurs, et en ce moment, ça se voit.

– Ah ! Flynn, s'exclame Young.

– *Staff Sergeant.*

– Jamais l'un sans l'autre, hein ! continue Young. Maintenant que t'es plus avec nous, Johnson, je peux te le dire : des rumeurs circulaient sur ce que vous pouviez faire tous les deux quand vous traîniez ensemble dans les baraquements… Heureusement que vous laissiez les portes de vos chambres ouvertes !

Et il éclate d'un rire bien gras, suivi par des remarques du même genre de la part des enfoirés dans son dos.

– Quelqu'un a cherché si tu t'étais inscrit sur *Grindr* avec des photos de toi nettoyant un Humvee à poil, ajoute un autre.

Sur mon épaule, les doigts de Lili se resserrent si fort que ses phalanges s'enfoncent dans ma chair. Je croise son regard étréci en deux fentes. S'il avait des armes à feu à la place des pupilles, les mecs en face de moi ne seraient plus qu'un tas de cendres fumantes.

L'un d'eux se permet même d'en remettre une couche :

– Ne vous inquiétez pas ! Les rumeurs se sont arrêtées depuis que Flynn a emménagé avec une bombasse !

– Bud ? me demande Lili en l'ignorant.

J'acquiesce de nouveau, et il me relâche pour interpeller le barman qui sert les clients juste à notre gauche. Mon corps est sous pression, autant que s'il était coincé dans une presse.

– Tu ne veux pas te réengager ? bafouille Young. Le nouveau est un branleur. On s'en débarrasserait. On trouve toujours de la place pour les Marines méritants comme toi !

La seule façon pour moi de retourner là-bas serait qu'on y traîne mon cadavre.

Cette pensée me fait retrouver la parole.

– Non, comme vous l'avez dit, j'ai trop de succès au garage.

– Si je t'amène ma voiture, à l'occasion, tu me feras un prix ?

Ouais, le double !

Je suis sur le point de vérifier si je risque quelque chose en manquant de respect à un ancien supérieur, quand le barman revient avec nos bouteilles de bière. Pendant que Lili paie, le *Staff Sergeant* Young considère les boissons avec un œil critique.

– Pourquoi tu bois encore cette bière de travelos ?

Je suppose qu'il fait allusion au boycott auquel certains fachos ont appelé après que Budweiser a sorti une série de Bud Light en partenariat avec une influenceuse trans.

Lili me passe une des bouteilles, et je prends immédiatement une gorgée en regardant mon ancien chef droit dans les yeux.

– Ça a le même goût, et mes couilles sont toujours là. Je vous préviendrai si elles tombent toutes seules plus tard dans la soirée.

Et je me casse sans attendre sa réaction.

J'ai à peine fait deux pas qu'un bras s'enroule avec force autour de mes épaules, et mon flanc gauche se retrouve plaqué contre Lili.

– T'es une putain de rock star ! s'écrie-t-il avec un grand sourire et des yeux brillant d'admiration.

– Arrête de me draguer, t'es fiancé, répliqué-je avec sarcasme.

Ça le fait rire, et quand il peut à nouveau parler, il m'adresse un clin d'œil.

– De toute façon, les gens pensent déjà qu'on fait des cochonneries ensemble.

– Ça ne te dérange pas ? lâché-je sans réfléchir. Ces rumeurs…

Lili plante son regard droit dans le mien et hausse les épaules.

– Jack, si je devais être en couple avec un mec, je ne voudrais personne d'autre que toi. T'es plutôt beau gosse, et en plus, je t'aime déjà.

Ses paroles chassent la brume de douleur qui m'habite habituellement. Ça me réchauffe de l'intérieur et me laisse même envisager qu'un jour, je puisse me sentir mieux. C'est pourquoi je souris et le laisse m'entraîner vers nos potes, son bras toujours autour de mes épaules.

Comme pour me mettre au défi, ils ont choisi la table où j'ai rencontré Max pour la première fois hors du garage. Je ne comprends pas tout de suite le sentiment qui me comprime la poitrine, quand on s'assoit sur la banquette avec les autres ; c'est seulement après que tout me revient en force.

Je m'attends presque à ce qu'*elle* débarque par-derrière et qu'elle s'assoie nonchalamment sur le dossier du canapé pour me toiser. Évidemment, ça n'arrivera pas. Elle doit déjà être en Oklahoma à cette heure-ci, avec son nouveau mec à la peau cuivrée.

Même si je pensais m'en être bien sorti, l'altercation avec mes anciens chefs a dû trop tirer sur la corde et entamer mes réserves émotionnelles, parce que je me retrouve à boire bière sur bière, alcool fort sur alcool fort, jusqu'à ce que le monde tourne autour de moi et que même la techno hurlante se transforme en murmure. Je flotte dans un espace où je suis en sécurité, où je peux même imaginer que la main sur mon épaule est la sienne.

– Arrête de lui filer à boire, putain !

Le grondement de cette voix rauque que je connais bien est très proche, comme si on parlait au-dessus de moi. Il me faut une bonne seconde pour parvenir à maintenir mon regard devant moi et découvre Lili penché sur moi, des yeux assombris de colère rivés sur Troy à ma gauche.

Quand mon collègue est-il arrivé ? Aucune idée. En vrai, je m'en fous. En revanche, je veux bien récupérer le verre qu'il tient, puisqu'il est pour moi. Seulement, le monde tangue tellement que Lili a le temps de le mettre hors de ma portée avant que je puisse l'attraper.

– Eh ! protesté-je. Rends-le-moi !

– Qu'est-ce qu'il a ? demande Troy à Lili.

– Il s'est fait plaquer.

– C'est pas vrai, baragouiné-je.

Enfin, je crois avoir dit ça. En tout cas, ils ont l'air d'avoir compris, parce que Lili me renvoie un regard incrédule sous ses sourcils dressés jusqu'à la lisière de ses cheveux.

– Ah bon ? rétorque-t-il. Regarde-moi dans les yeux et explique-moi pourquoi tu te mets dans cet état si ce n'est pas parce que Max t'a largué, et alors je te rendrai ton verre.

Elle ne m'a pas largué, parce qu'on n'était pas ensemble.

C'est ce que je voudrais lui dire, mais tout ce que j'arrive à articuler, c'est :

– Trop de mots…

Lili roule des yeux vers le plafond avant de soupirer, alors que Troy semble enfin comprendre.

– Max et lui étaient ensemble ?

Je lâche un « non » au moment où Lili crache un « Évidemment ! T'avais pas remarqué ? ».

– On s'était posé la question avec Jarvis. Ils avaient l'air proches… Désolé, mec, lance Troy avec une petite grimace compatissante.

J'ignore s'il est plus emmerdé par le fait que Max ait couché avec moi ou par le fait de ne pas avoir tenté le coup, puisque visiblement, elle était prête à s'accorder du bon temps lors de son séjour express à Jacksonville. Encore une fois, l'imaginer avec un autre que moi me donne envie de vomir.

Je tends de nouveau la main en direction du verre, et Lili soupire bruyamment.

– Je t'ai laissé boire, bafouillé-je, quand Chiara t'a largué… Je t'ai même accompagné… Laisse-moi me noyer…

Je voulais dire « noyer mon chagrin », mais ce sont ces mots-là qui se sont échappés, comme s'ils étaient les bons. Je voudrais plonger très profond sous la surface, où c'est calme et apaisant, et ne plus remonter.

Dans les yeux de Lili se succède une tempête d'émotions – de la colère à la peine, et beaucoup de compréhension. Lui aussi, il en a chié, et j'ai été là pour lui. Pour être parfaitement honnête, je dois bien reconnaître que ce soir-là, celui de son anniversaire, l'alcool m'avait permis d'oublier la tristesse et la panique que je ressentais à cause de son départ. J'ai besoin que lui aussi se rappelle ce que ça fait d'avoir le cœur déchiré en petits morceaux.

– J'ai mal… lâché-je dans un souffle.

Il acquiesce une fois, le regard chargé de peine, et il me donne le verre.

Le lendemain, je me réveille dans mon lit, la tête dans un étau. De l'eau et de l'aspirine trônent sur la table de chevet.

Jack
Merci

Lili Flynn
Toujours

CHAPITRE 39

Après ça, je remonte lentement la pente. Je respire plus librement quand je cours avec Loki. Mes pas me semblent moins lourds. J'arrive à faire une nuit complète, sans insomnie ni cauchemar. Pour y parvenir, j'ai quand même besoin de mes somnifères et de mes antidépresseurs, mais ça va.

Ou en tout cas, j'en prends le chemin. Comme un gamin d'un an qui apprend à marcher. Mes pas ne sont pas très assurés, ça tangue, la ligne n'est pas très droite, mais j'avance, même si parfois, je me prends des gamelles.

Ce soir, je regarde un film d'action, quand Loki débarque du couloir avec un chiffon noir dans la gueule.

– Qu'est-ce que t'as déniché, encore ? demandé-je en lui faisant signe de venir.

Docilement, le chien s'approche, mais je le sens réticent à me donner sa trouvaille. Devant mon insistance, il finit par céder, à contrecœur.

C'est un T-shirt court portant l'inscription « *Be the queen* ». Mon cœur s'arrête un instant de battre avant de repartir de plus belle, alors que les larmes me montent aux yeux. J'aurais dû deviner que ce n'était pas à moi, je n'ai presque rien de noir. Et sans pouvoir m'en empêcher, je la revois dans ce putain de vêtement, la première fois qu'elle a adressé ce merveilleux sourire à Loki, quand on est allés au refuge. Finalement, je n'aurai jamais réussi à la faire sourire de cette façon. Je ne le méritais sans doute pas.

Quand Loki essaie de récupérer le bout de tissu, je ne parviens plus à retenir mes pleurs.

– Elle me manque aussi, mon pote, murmuré-je, les joues humides et la gorge en feu.

Pourtant, je ne peux pas le lui rendre. Moi aussi, j'ai besoin de ce doudou que je porte machinalement à mon visage. Malheureusement, il ne dégage plus que l'odeur de ma lessive. Je suppose qu'il a dû tomber dans la chambre quand elle faisait son sac pour se barrer loin d'ici, parce que j'ai échoué à lui donner une raison de s'attarder.

Le reste de la soirée se perd dans une bouteille de whisky. C'est plus facile. Pas besoin de penser, de ressasser. L'alcool désinfecte mon chagrin et détruit les neurones qui conservent encore son souvenir. Je dois la laisser partir. Il faut qu'elle arrête de hanter ma tête et mes rêves. Peut-être que je dormirai mieux cette nuit. Pour en être sûr, j'ai besoin d'un somnifère. Je parviens tant bien que mal à rejoindre la salle de bains pour avaler un cachet – enfin, je crois que j'en ai pris un – mais j'ai laissé la bouteille de whisky dans le salon, alors j'emporte le flacon de médicaments. Je n'aurai pas le courage de revenir.

Lorsque finalement je me rallonge sur le canapé pour faire passer le comprimé avec une gorgée d'alcool, j'ai l'impression d'avoir parcouru des kilomètres et d'avoir abandonné tous mes problèmes loin derrière moi.

***

Je reprends conscience sur une surface moelleuse. Ma tête me lance, ma gorge est irritée, mes paupières sont collées, tout mon corps est engourdi, comme si je m'étais fait percuter par un camion de sept tonnes. *Qu'est-ce que j'ai foutu ?*

J'ai fait un drôle de rêve. Je me rappelle des cris, mais c'est très flou. Du mouvement, aussi. De l'eau, peut-être.

J'ouvre les yeux sur le plafond familier de ma chambre. Comment suis-je arrivé là ? En grognant, je roule sur le côté, et c'est le choc.

Les yeux injectés de sang de Lili me scrutent avec effroi. Sa belle gueule est ravagée par une expression inquiète et triste, mais aussi emplie de colère.

– Qu'est-ce que tu fous là ? croassé-je d'une voix enrouée.

Enfin, j'ai la gorge si râpeuse que je me demande s'il a compris ce que j'ai dit jusqu'à ce que la fureur s'empare finalement de ses traits.

– Je te sauve la vie, pauvre con !

– De quoi tu parles ? marmonné-je en me passant la paume sur le visage.

Je suis tellement à l'ouest que ça pourrait être la main de quelqu'un d'autre. La sensation est étrange, comme si je réintégrais mon corps après un long voyage.

– Je parle de toi qui ne réponds pas à mes messages et de moi qui monte pour te trouver à moitié mort sur le canapé, des cachetons et une bouteille vide sur la table ! Comment t'as pu faire ça ?

Sa voix se brise sur les derniers mots. Il chuchote un truc qui ressemble à « Comment t'as pu *me* faire ça ? », mais je n'en suis pas sûr.

Et là, toute la soirée me revient en tête. Le T-shirt, le whisky, les somnifères… Oui, *les*, parce que j'ai la vague impression de m'être demandé si j'en avais bien pris un et d'en avoir avalé un autre, « pour être sûr ». Peut-être que j'en ai ingérés plus que voulu.

Mais je ne l'ai pas fait exprès. Je ne souhaitais pas aller aussi loin.

Enfin, je ne crois pas…

– Tu ne réagissais plus. Je t'ai secoué, je t'ai gueulé dessus, mais tu ne bougeais plus, putain ! continue Lili d'un ton paniqué, comme s'il revivait les événements. Alors, je t'ai porté jusque-là, je t'ai fait vomir et je t'ai collé sous la douche. Et alors seulement, t'as ouvert une paupière et t'as prononcé mon prénom. J'ai jamais été aussi content d'entendre ce foutu surnom. Voilà de quoi je parle !

– T'es resté là toute la nuit ? demandé-je finalement d'une petite voix.

– Bien sûr ! Tu croyais que j'allais te quitter des yeux, après ça ? Pour que tu puisses recommencer ?

– Lili, j'ai pas fait exprès… J'ai bu et après, je…

– T'as pas voulu te suicider ? C'est ça que t'essaies de me dire ? Parce que ça y ressemblait, merde !

Par réflexe, je plisse les paupières et me recule. Avec le chaos dans ma tête, je ne peux pas supporter ses hurlements.

– Je te promets. C'était pas volontaire.

Quand les larmes envahissent ses yeux et qu'il porte les mains à son visage, je n'hésite plus une seconde. Je me redresse, le prends dans mes bras et le laisse pleurer sur mon épaule, alors que mes yeux s'humidifient à leur tour.

– Tu ne peux pas m'abandonner, marmonne-t-il contre ma peau. Je t'ai dit que je ne te perdrais pas ! Tu m'entends ?

– Oui, Lili, chuchoté-je d'un ton rassurant. Je ne voulais pas te faire peur. Je suis désolé.

Combien de temps reste-t-on comme ça ? Je ne sais pas mais je le repousse seulement quand je sens qu'il est prêt, et je sors du lit, complètement nu.

Ah ! oui, la douche forcée ! Devant ses yeux qui ne me lâchent pas, j'ouvre le placard de la salle de bains et renverse les pilules dans les toilettes avant de tirer la chasse d'eau. Ce geste de bonne volonté déloge les ombres dans son regard. Je vais même jusqu'au salon pour constater le désastre – la bouteille vide sur le tapis, le tube de somnifères à moitié dévissé – et je reviens dans la chambre avec les médicaments que je jette les uns à la suite des autres.

Quand Lili opine, je comprends qu'on vient de sceller un pacte.

Plus de frayeur comme celle-ci. On peut prendre soin l'un de l'autre sans que l'un d'entre nous – moi, généralement – soit au bord de la mort.

– T'as passé toute la nuit dans mon pieu après m'avoir foutu à poil ? Je vais finir par croire que tu me kiffes, lâché-je avec un demi-sourire en fouillant dans mon tiroir à boxers.

– Plaisante pas avec ça, marmonne Lili en se levant.

– C'est trop tôt ?

– Ouais, on en reparle dans quelques années.

Pourtant, quand il passe à côté de moi pour sortir, je l'arrête d'un bras sur son épaule.

– Merci, encore une fois, murmuré-je, la voix tremblante d'émotion.

Il esquisse un petit sourire triste.

– Toujours, frère.

CHAPITRE 40

Est-ce que c'est bizarre de sortir de chez son psy avec le sourire ? Ça veut dire qu'il fait bien son boulot, non ?

En tout cas, j'ai clairement le sourire aux lèvres quand je gare Pamela sur le parking du garage en revenant de mon rendez-vous avec le docteur Lee. Pourtant, la séance n'a pas été de tout repos.

Pour commencer, j'ai dû lui parler de ce qui s'est passé avec les médicaments. Il semblait me croire, quand je lui ai affirmé ne pas l'avoir fait exprès. La preuve : je marche librement au lieu d'être enfermé en cure de désintoxication ou en asile psychiatrique. Il s'est même davantage intéressé au rôle que Lili a joué.

Évidemment, j'ai parlé de notre discussion pendant le week-end au circuit et la façon dont ça a eu un impact positif sur notre relation depuis. Le psychologue a eu cette réflexion qui tourne en boucle dans ma tête, alors que je me dirige vers mon vestiaire : « Ce qui compte pour vous, c'est le partage d'affection et de compagnie avec vos proches. Par conséquent, savoir qu'il vous aime, qu'il s'inquiète pour vous et qu'il recherche votre présence vous comble émotionnellement. » Ces mots résonnent au plus profond de moi. Ce n'est pas la quantité de temps passé avec Lili qui importe, mais son intensité. Je préfère profiter de dix minutes pendant lesquelles il me montre qu'il apprécie être là avec moi plutôt que le croiser de loin à Camp Lejeune cinq fois par jour.

J'ai aussi raconté au docteur comment j'ai rembarré mes anciens chefs. Il a eu un sourire plein de malice avant de me demander : « Et alors ? Pensez-vous toujours être lâche ou faible ? »

C'est ainsi que j'ai compris que j'ai mes moments de défaillance, mais que ça ne me définit pas. D'ailleurs, je vaux bien mieux que ces gros connards homophobes.

Mon sourire s'agrandit encore.

Je m'apprête à retourner dans l'atelier avec mon chien qui trottine joyeusement près de moi, quand Tricia m'interpelle depuis l'accueil. Elle prend le temps de câliner Loki avant de me renseigner :

– Quelqu'un a essayé de te joindre. Il voulait une estimation pour la restauration d'une Chevrolet Bel-Air de 1957, et savoir si on pouvait la faire transporter depuis la Caroline du Sud.

Je fronce les sourcils. Depuis la Caroline du Sud ? Je ne connais personne, là-bas. À moins que ce soit le type du circuit, mais il n'a jamais parlé d'une Chevrolet.

– T'es sûre que c'était une Bel-Air ? Pas une Audi R8 ?

Tricia confirme d'un regard assuré.

– C'est ce que j'ai noté. Il a aussi mentionné un rassemblement de voitures de collection.

Mais oui ! Le meeting pour lequel j'ai révisé plusieurs véhicules a eu lieu le week-end dernier. Sincèrement, je ne pensais pas voir les retombées aussi vite…

Tricia me donne les coordonnées de l'homme, à qui j'envoie un message pour lui demander de m'envoyer des photos de sa voiture.

En huit mois, ma renommée a dépassé les frontières de l'État. Quelque chose s'épanouit dans ma poitrine – de la fierté, je crois. Finalement, quitter les Marines était la meilleure décision que je pouvais prendre, et ça ne fait pas de moi un lâche ou un déserteur. Ça fait de moi quelqu'un qui exploite ses qualités. Quelqu'un d'aligné. Quelqu'un qui a sa place dans le monde.

Mon sourire revient. Je sais à qui j'ai envie d'en parler. J'avance vers l'atelier sans regarder où je vais, les yeux rivés sur mon téléphone pour envoyer un SMS à Lili, quand des cris m'arrêtent.

– Elle est où ? gueule une voix masculine inconnue.

– J'en sais rien ! bafouille Troy.

– Nous la fais pas à l'envers, mec. Y'a pas trente-six bécanes comme celle-là dans le coin. Alors, je vais répéter lentement. Elle. Est. Où. Max ?

À ce nom, mon cœur a un soubresaut, et la peur se glisse en moi d'un seul mouvement. Dans un réflexe acquis par des centaines d'entraînements, je m'aplatis contre la paroi. Me voyant faire, Loki s'arrête net à mes pieds, et je lui fais signe de ne pas bouger. On dirait qu'il comprend car il s'assoit sans broncher.

Un regard discret vers l'ouverture me confirme ce que je craignais : deux hommes avec des blousons en cuir noir occupent l'atelier, et ils ne sont clairement pas venus ici pour chanter une sérénade à Troy. Pas besoin d'être un génie pour piger que le père de Max les a envoyés. Mais la question est : comment sont-ils arrivés jusqu'ici ? On doit être connectés psychologiquement, puisqu'un des deux lance :

– Elle n'est peut-être plus ici maintenant, mais elle est passée. Quand as-tu tourné la vidéo avec la Ducati ?

Voilà comment ils nous ont retrouvés. Et dire que mon collègue se félicitait de son succès ! Je me rappelle que pas mal de filles lui ont demandé où on bossait, et je mettrais ma main à couper qu'il les a renseignées avec grand plaisir. Soit c'étaient des faux comptes et elles n'ont jamais existé, soit ces mecs ont lu les commentaires.

Un bruit sec, comme un coup, retentit dans l'atelier, et Troy gémit d'une voix étouffée :

– Le mois dernier… Elle s'est barrée dès qu'on a fini la moto… J'ignore où elle est, maintenant…

– Qui pourrait le savoir ?

– Je sais pas !

Au claquement qui résonne dans le silence rythmé par les reniflements laborieux de Troy, mon sang se fige dans mes veines. Pour l'avoir entendu des centaines de fois sur le champ de tir, je reconnais ce son, celui d'un flingue qu'on actionne. Je me permets un nouveau regard en douce et retiens un juron derrière mes dents serrées : l'un des gars a bien un pistolet braqué sur mon collègue.

Mais j'ai aussi appris autre chose. Les personnes qui pointent une arme vers toi appartiennent à deux catégories : celles qui ont l'intention de s'en servir, et celles qui menacent. Et généralement, les premières ne t'avertissent pas qu'elles vont te tirer dessus. Le temps de t'en rendre compte, tu es déjà mort.

Le mec tient le flingue d'une main et de biais, comme les gangsters à la télévision. Sauf que toute personne qui a utilisé une arme sait que ce n'est pas comme ça que ça marche. C'est un guignol. Je ne dis pas qu'il ne pourrait pas blesser Troy, surtout dans un espace à moitié fermé et à si petite distance, mais ce n'est clairement pas un tireur professionnel. Il est venu ici pour soutirer des informations, pas pour faire un carnage. J'ignore toujours comment fonctionnent les clubs de bikers et s'il y a des règles de territoire. J'ai juste l'espoir qu'ils ne sont pas là pour buter des gens sur une zone qui ne leur appartient pas. D'autant plus qu'il est beaucoup plus compliqué de faire parler un mort.

C'est ce qui me donne l'impulsion de bouger, alors que Troy beugle dans un hoquet de panique :

– JE SAIS PAS !

Pendant que j'avance dans le couloir en direction de l'accueil, j'entends des pas précipités dans l'atelier. Jarvis a dû venir à la rescousse, mais je ne m'arrête pas pour vérifier. Je fonce vers Tricia et lui ordonne d'appeler la police en lui montrant le garage puis en imitant un pistolet avec mes doigts. Elle se fige, son visage pâlit, mais déjà sa main tremblante saisit le téléphone. Je ne m'attarde pas non plus. D'un pas rapide et léger, je fais le tour du bâtiment, Loki sur les talons, jusqu'à me retrouver dos au mur, près de l'ouverture de l'atelier principal.

Les deux rigolos sont dos à moi, si bien que j'ai une vue dégagée sur le logo et l'inscription Black Demons de leur veste. C'est sans aucun doute le nom du club du père de Max. Je m'accroupis le temps de rassembler mes idées, alors que ça continue de gueuler dans l'atelier.

La priorité est de désarmer celui qui tient le flingue, mais dès l'instant où je mettrai un pied à l'intérieur, je perdrai l'effet de surprise. Même en arrivant subrepticement par-derrière, je ne peux pas l'attaquer sans me faire remarquer par le deuxième type. Il n'y a pas de solution miracle. Il va falloir improviser.

Alors, je mets les pieds dans le plat en m'avançant dans l'atelier, sans chercher à masquer ma présence.

– Qu'est-ce qui se passe, ici ?

Comme un seul homme, les gars se retournent vers moi, le regard surpris et mauvais. Par-dessus l'épaule de celui qui tient le pistolet, je croise les yeux soulagés de Jarvis. De nous trois, je suis probablement le seul à pouvoir les neutraliser en attendant l'arrivée de la police. Faut juste gagner du temps.

– Et toi, tu sais où elle est, Max ? demande le type en agitant son arme vers moi.

Normalement, face à un pistolet, la meilleure chance de s'en sortir est de courir dans le sens inverse, mais malgré mon cœur qui s'affole, je m'avance d'un pas en levant les paumes.

– Qui ? interrogé-je d'un air innocent.

– Me prends pas pour un con ! Tu sais très bien de qui je parle ! Max ! On t'a vu sur la vidéo.

J'ai envie de soupirer. À la place, je hausse les épaules et fais un nouveau pas tout en disant :

– Je ne suis pas sûr. Elle a mentionné rejoindre de la famille à l'ouest de l'État.

Je ne mens même pas. Je n'ai aucune certitude de l'endroit où se trouve Max. Avec un peu de chance, elle est déjà partie pour l'Oklahoma.

– C'est vaste, l'ouest ! Sois plus précis !

Je secoue la tête en feignant d'être désolé et m'approche encore un peu plus.

– Non. Dès qu'on a fini sa moto, elle s'est cassée. Depuis, plus de nouvelles. On n'était pas ses potes, juste ses mécanos.

Un éclair de doute traverse les yeux du type. Il a dû fréquenter Max, et doit savoir qu'elle n'est pas du genre sociable, à raconter sa vie à n'importe qui. Ça me conforte aussi dans une autre idée : elle ne m'a pas menti en m'affirmant que je n'étais pas son genre. Le gars n'envisage pas une seule seconde que j'aie pu lui arracher des secrets sur l'oreiller. J'étais au courant, mais en avoir la confirmation me cause une pointe de douleur dans la poitrine.

Et pendant qu'il se pose des questions, je franchis le dernier pas. En m'inclinant pour ne plus avoir la tête dans la ligne de mire, j'empoigne le barillet du flingue d'une main et, de l'autre, je dégage violemment le poignet du mec d'un coup sec. Une seconde plus tard, l'arme est dans mes mains, et les yeux du motard se chargent de surprise et de douleur. Il lâche un cri en se tenant les doigts. Son index, qu'il avait placé sur la détente, a sûrement été cassé dans la manœuvre, et son poignet doit l'élancer. Il s'en remettra.

Un coup d'œil, et je découvre le visage de l'autre type déformé par la colère. Il n'est pas content que j'aie abîmé son copain. Malgré le flingue que je tiens encore, il se jette sur moi. Immédiatement, je devine, que s'il réussit à me prendre l'arme, il n'hésitera pas à s'en servir. Il est trop en colère pour réfléchir aux conséquences.

Automatiquement, je me retourne vers le parking et lance le pistolet le plus loin possible. J'ai perdu une précieuse seconde ainsi que l'équilibre, alors, quand le mec me percute avec une exclamation de rage, nous basculons au sol. L'arrière de ma tête cogne violemment le béton, me faisant pousser un grognement de douleur.

Il faut que je reste calme.

Profitant du fait que je suis sonné par l'impact, mon assaillant me décoche un coup de poing puissant sur la pommette, et je geins une nouvelle fois. Les bruits secs et les cris que je perçois sur ma droite m'indiquent que mes collègues doivent être en train d'immobiliser le deuxième. Ce qui veut dire que je suis isolé avec le mien et que je vais devoir me dégager seul, malgré la douleur qui infuse dans ma tête, depuis ma joue jusqu'à l'arrière de mon crâne.

Soudain, il se met à gigoter et à hurler :

– Lâche-moi, sale clébard !

Loki lui a chopé le mollet au-dessus de ses bottes de moto, et même si le gars porte un épais pantalon, mon chien possède des dents suffisamment pointues et une mâchoire assez puissante pour le blesser. Je m'extrais pour lui asséner de toutes mes forces un uppercut au visage, qui le fait tomber à la renverse. Je suis sur le point de lui en offrir un deuxième, quand des sirènes retentissent au loin.

– Merde, les flics ! lâche l'autre motard, le visage en sang à cause d'une coupure à l'arcade.

Tout se déroule très vite. Il se précipite vers son ami, l'aide à se relever, et en moins de dix secondes, le ronflement des moteurs nous informe de leur fuite.

– Ça va ? demandé-je en me précipitant vers mes collègues.

Troy se tient le ventre, et Jarvis acquiesce malgré son nez qui saigne, mais ils ont l'air d'aller relativement bien.

– Et toi ? lâche Troy dans un souffle. Je suis désolé, c'est de ma faute. Je n'aurais jamais dû poster la vidéo.

Je secoue la tête. Ce n'était qu'une question de temps avant que quelqu'un vienne fouiller par ici, étant donné que la moto avait été aperçue dans le coin. Je m'arrête dans mon geste rassurant, car avec la chute d'adrénaline, la douleur se rappelle à moi, et je porte une main à l'arrière de mon crâne. Une bosse se forme déjà. Le côté gauche de mon visage est aussi engourdi.

Je prends une grande inspiration. Ça aurait pu être bien pire sans l'intervention de Loki. Machinalement, je cherche mon chien des yeux. Il est assis à deux mètres de moi et attend prudemment sa sentence. Mon cœur se gonfle d'affection, et un sourire se forme sur mes lèvres, mais ça tire sur ma pommette alors ça doit plutôt ressembler à une grimace.

– Loki, viens.

Il s'avance lentement, les oreilles baissées. Dès qu'il est à portée de main, je referme mes paumes autour de lui, enfouis mon visage dans son pelage et aspire à plein poumon son odeur musquée.

– Merci, mon pote. T'es un bon chien !

Nous sommes interrompus par l'arrivée de la police, à qui mes collègues et moi décidons tacitement de dire la vérité… du moins en partie. On leur révèle que ces mecs cherchaient une de nos clientes et qu'ils nous ont menacés pour nous soutirer des informations. Je ne confie rien de mon lien avec Max.

– Vous savez comment on peut contacter cette jeune femme ? demande l'agent qui prend ma déposition.

– Non, soupiré-je.

C'est malheureusement la vérité, et ça me blesse toujours autant de me l'avouer, peut-être même plus que la douleur qui pulse actuellement dans mon crâne. Involontairement, je porte la main à la tête, et le simple fait de toucher cette zone me fait vaciller.

– J'appelle une ambulance, déclare le policier.

– Pas besoin… commencé-je à protester, mais il me coupe.

– Ça pourrait être une commotion cérébrale. Il faut vous faire examiner.

Rapidement, l'ambulance arrive. J'imagine tout de suite Chiara, qui paniquera dès le moment où on l'appellera. Mais Loki me tire bien vite de mes pensées en essayant de bouffer tous les secouristes qui tentent de m'approcher, comme si chaque main étrangère était devenue une menace. Rien que d'y repenser, mon cœur se gonfle d'amour.

Chiara me récupère à l'hôpital deux heures plus tard, complètement affolée. J'ai beau la rassurer, elle ne cesse de trembler. Recevoir un appel des urgences a dû lui remémorer de mauvais souvenirs, mais cette fois-ci, je n'y suis pour rien. Et surtout, je ressors sur mes deux jambes.

– Arrête de me regarder comme ça, râlé-je dans la voiture alors qu'elle jette un énième regard paniqué sur ma pommette fendue. Je vais bien. T'as récupéré Loki ?

– On va quand même te surveiller cette nuit, affirme-t-elle d'une voix étranglée après m'avoir confirmé d'un hochement de tête que mon chien est en sécurité.

– Ai-je vraiment le choix ?

Elle me lance un coup d'œil mauvais, dans lequel je lis sa peur et son amour.

– Qu'est-ce qu'ils voulaient, ces types ?

Pendant que je lui raconte les événements du jour, je m'interroge : devrais-je prévenir Max que les hommes de son père ont retrouvé sa trace ? Ça n'a pas vraiment d'importance, parce qu'elle n'est plus ici, mais peut-être qu'elle voudrait le savoir. Seulement, je n'ai pas ses coordonnées. Je pourrais sans doute trouver le numéro de téléphone de son grand-père, sauf s'ils sont déjà partis pour l'Oklahoma. Et puis une idée me traverse enfin l'esprit :

– Kiki, comment tu communiquais avec Max, pour ton site ?

– On se voyait ou on s'envoyait des SMS, répond-elle, les sourcils froncés.

Deux moyens de contact révolus…

– T'as pas son adresse mail ?

– Si ! s'écrie-t-elle après une seconde de réflexion. Elle m'a écrit une fois, je dois encore l'avoir. Tu vas la prévenir de ce qui s'est passé ?

– Je n'ai pas encore décidé…

***

Finalement, les événements choisissent pour moi. J'étais en train de prendre mon petit-déjeuner quand le nom de Rob s'est affiché sur mon téléphone. Ce n'était pas la voix de mon patron qui m'a répondu, mais celle de sa femme. Elle m'a annoncé, d'un ton apeuré, que Rob avait été agressé hier soir et qu'il voulait me parler.

Je suis donc de retour dans le couloir des urgences, pour la deuxième fois en moins de vingt-quatre heures. Lauren, la femme de Rob, m'accueille avec un sourire triste quand je pénètre dans la chambre. Son regard s'attarde sur l'hématome sur ma pommette avant qu'elle sorte pour nous laisser discuter. Les traits de mon patron sont tirés, et ça n'a rien à voir avec ses yeux au beurre noir ou son nez gonflé. Il est abattu et contrarié.

– Les hommes de Benny sont passés chez moi, hier soir.

Il me faut une seconde pour me rappeler que c'est le prénom du père de Max, sans doute parce que ça fait gentil papi alors que ce mec doit être un psychopathe de première catégorie. Ce connard a lâché ses laquais sur Rob. La colère me fait serrer les poings sur mes cuisses.

– Merde ! Désolé, patron. On ne les a pas assez abîmés.

Rob grimace en voulant balayer mes paroles d'une main, mais celle-ci est bandée, et au moins deux de ses doigts sont enfermés dans des attelles. *Qu'est-ce qu'ils lui ont fait ?*

– Ça n'aurait rien changé, soupire-t-il. Il en a envoyé d'autres pour me « présenter ses hommages ».

Je dois avoir l'air confus, car il secoue la tête et poursuit d'une voix lasse :

– Il a reconnu mon nom et a découvert que j'étais le propriétaire du garage dans lequel ses hommes vous ont retrouvés. Ça fait des années qu'il rêve de me corriger pour la relation privilégiée que j'ai entretenue avec Atsila. Il aurait choisi n'importe quel prétexte.

J'acquiesce en silence, en attendant que Rob me révèle pourquoi il m'a fait venir jusqu'ici. Son regard se perd dans le vide une poignée de secondes puis, quand il revient sur moi, ses yeux sont brillants et sa bouche ne forme plus qu'une ligne mince et inquiète.

– J'ai parlé, Jack… chuchote-t-il. Je leur ai dit où est Max. J'ai vraiment tenté de résister, je le jure, mais la douleur a pris le pas, et je souhaitais juste que ça s'arrête. Je me croyais plus fort que ça. Et je ne voulais pas qu'ils aillent fouiner du côté de la *poolhouse*, là où j'ai ordonné à Lauren et aux enfants d'aller se planquer quand j'ai entendu les moteurs de Harley dans ma rue.

S'il y a bien quelqu'un qui peut comprendre ce qu'on est prêt à sacrifier pour mettre un terme à la douleur, c'est moi. Je serais un putain d'hypocrite si je me permettais de le juger alors qu'il a voulu protéger sa famille. Au contraire, je le trouve courageux. Il a quand même attendu de se faire défoncer le visage et casser deux doigts avant de parler. En signe de soutien, je presse doucement son avant-bras, entre les perfusions, et il m'offre un sourire gêné.

– Qu'est-ce que tu leur as dit ? finis-je par demander d'un ton compatissant.

– Qu'elle a rejoint son grand-père à Qualla…

J'opine une nouvelle fois sans prononcer un mot. Dans un sens, il n'a rien confié de plus que moi, mais je sens que Max voudrait savoir que son père a fait tabasser et torturer Rob.

C'est pourquoi je prends ma décision une fois de retour dans Pamela. Je commence par contacter ma sœur puis écris un bref message à l'adresse mail qu'elle me fournit.

Salut Max,

Les hommes de ton père sont passés te chercher au garage. Ils ont reconnu ta moto sur la vidéo que Troy a mise en ligne. Ne sois pas fâchée contre lui.

Ils ont aussi rendu visite à Rob. Il va moins bien que nous. Il va avoir du mal à tenir un stylo pendant plusieurs semaines.

On a été obligés de leur dire que tu étais partie à Qualla.

J'ai pensé que tu voudrais le savoir.

Jack

J'aurais aimé en dire plus, lui exprimer à quel point elle me manque, mais je ne sais pas ce que je peux révéler par mail, et surtout, elle m'a spécifiquement demandé de laisser notre semblant de relation derrière nous. Il faudra se contenter de ce message impersonnel, même si mon cœur voudrait se répandre dans ces lignes.

Elle me manque toujours, mais je refoule ces sentiments à l'intérieur de moi en espérant qu'ils finissent par disparaître un jour.

CHAPITRE 41

– Salut, Jack.

Est-ce que je rêve ? J'ai tellement peur de me faire des films que j'ose à peine y croire. Un coup d'œil à l'écran de mon téléphone ne m'apprend rien que je ne savais déjà en décrochant : c'est un numéro inconnu. Mais cette voix suave, je l'ai entendue me murmurer des mots à l'oreille pendant des jours et des nuits. Je l'associe à une douce peau cuivrée et une odeur de noix de coco, et mon cœur se met à tambouriner dans ma poitrine.

J'ose à peine prononcer son prénom.

– Max ?

– J'ai reçu ton mail.

Ah. C'est pour ça qu'elle est sortie de sa forteresse. Même si je me suis juré d'être plus fort que ça, la déception me fait l'effet d'une pierre dans l'estomac.

– Rob va bien, déclaré-je d'une voix neutre. Il est sorti de l'hosto. Il va juste en chier quelques semaines avec ses attelles aux doigts mais il va s'en remettre. T'aurais pu l'appeler directement.

La dernière phrase s'est échappée avec beaucoup plus d'animosité que je le voulais. Elle doit me prendre pour un pauvre mec encore amer de s'être fait larguer, mais elle n'a pas qu'à venir remuer le couteau dans la plaie.

– Et toi ? Tu vas bien ? ose-t-elle d'une petite voix lointaine.

– Nickel.

À l'autre bout du fil, un ricanement me répond.

– Je voulais te remercier de m'avoir prévenue et te dire que je suis désolée de vous avoir causé autant d'emmerdes, balance-t-elle d'un ton peu confiant qui ne lui ressemble pas du tout. Je vais m'assurer que ça n'arrive plus. Merci pour tout ce que t'as fait…

– Quoi ? la coupé-je, alerte. T'es où ?

Pendant quelques secondes, seul le silence me répond, puis un soupir – si proche du récepteur que j'ai l'impression qu'elle souffle directement à mon oreille – et je frissonne.

– Je suis devant le bar des Black Demons.

Sur le coup, je pense avoir mal entendu, parce que ça serait complètement con de sa part de se jeter dans la gueule du loup. Max est plus intelligente que ça. Mais le temps s'écoule, sans qu'elle ajoute quoi que ce soit, et une sueur froide me parcourt l'échine.

– T'as perdu la tête ? Dégage de là ! Tu veux qu'ils te trouvent ?

– Faut que j'affronte mon père, Jack. Sinon, il n'arrêtera jamais de me chercher. Je voulais juste…

Juste quoi ? C'est elle qui m'a repoussé.

Quand je comprends enfin, une main glacée se referme sur mon cœur. Elle pense ne pas ressortir libre de cet endroit, ou ressortir tout court. Elle n'a plus rien à perdre.

– Max, fais pas ça. Pourquoi t'es pas restée en Oklahoma ? Je croyais qu'il y avait des gens pour te protéger, là-bas…

Ma voix se brise sur les derniers mots. À quoi bon partir si loin et jeter à la poubelle tout ce qu'elle avait construit ici, si ce n'était pas pour se mettre en sécurité ?

– Il n'arrêtera pas avant d'obtenir ce qu'il souhaite. Jamais. Et c'est moi qu'il veut. C'est la seule solution pour qu'il cesse de s'en prendre aux personnes que j'aime. Je ne peux pas risquer qu'il renvoie plus d'hommes et qu'ils vous fassent encore plus de mal.

Mon cœur bute sur ses mots. Je refuse de m'attarder sur le fait que je fais peut-être encore partie de ces personnes qu'elle aime. Ça serait trop dur de rester sur ce constat.

– Putain, Max, arrête tes conneries !

– C'était lâche de fuir. J'aurais dû me confronter à lui depuis le début.

Ses mots portent tellement de souffrance et de consternation que je sais, avant même qu'elle aille plus loin, que je ne vais pas aimer la suite. Pourtant, je m'entends demander d'une voix blanche :

– Qu'est-ce que tu veux dire ?

Elle prend une respiration entrecoupée d'un sanglot, et la main autour de mon cœur se resserre encore.

– La première chose que j'ai faite en recevant ton mail a été de prendre contact avec le second des Black Demons. Il a toujours été bienveillant avec moi, et j'avais l'impression qu'il n'était pas continuellement d'accord avec mon père. J'espérais qu'il aurait une idée pour me tirer de ce pétrin et, surtout, un moyen d'arrêter qu'on s'en prenne à mes proches, mais il n'a fait que confirmer mes craintes…

Elle reste silencieuse une longue seconde, pendant laquelle la boule dans ma gorge grossit davantage. Mes muscles sont pétrifiés par l'attente.

– Le second de mon père est en fauteuil roulant. C'est bizarre, un paraplégique dans un club de bikers, non ? Il a eu son accident à peu près au moment de la mort de ma mère, et mon père l'a gardé comme membre d'honneur. Je suis stupide de ne pas avoir pigé avant…

Sa voix s'éteint. Ça lui ressemble si peu de s'épancher volontairement comme ça que je redoute la suite. Ce qu'elle a appris a réellement dû la bouleverser, tellement que ses certitudes ont volé en éclats.

J'ai peur qu'elle raccroche, alors je prends les devants :

– Il n'y a pas eu d'accident, c'est ça ?

– Tony et ma mère avaient une liaison, et mon père a fini par s'en rendre compte. Il a fait battre Tony sous les yeux de ma mère, et quand il a repris conscience à l'hôpital, elle était morte. Apparemment, en prenant la fuite sur sa moto après avoir été frappée par son mari. Mon père a pris un malin plaisir à garder auprès de lui l'homme qui l'a trahi, pour mieux le voir galérer et rappeler aux autres qu'il ne faut pas déconner avec lui. Et la bécane de ma mère, c'est un foutu trophée ! Dire que je croyais qu'il n'avait rien fait pour la maintenir en état parce que ça lui causait trop de chagrin, alors qu'au contraire, ça lui plaisait que l'objet adoré de sa femme se détériore !

Un hoquet de surprise m'échappe, une réaction qui fait démarrer Max au quart de tour.

– C'est un psychopathe ! Tu crois vraiment qu'il arrêtera de me poursuivre ? Il vaut mieux que je cherche de quoi le faire tomber sinon je finirai comme Tony ou ma mère. C'est la seule solution. Il fallait que je te le dise pour que quelqu'un en dehors du club le sache, au cas où…

Elle s'interrompt, et j'entends distinctement un sanglot dans le téléphone. Je voudrais pouvoir tendre le bras et la serrer fort contre moi. À la place, c'est ma gorge qui se contracte malgré mes efforts pour rester calme, et je murmure, au bord des larmes :

– Max, reviens. On trouvera un autre moyen. Ensemble.

– Merci, Jack. Pour tout. Pour m'avoir montré ce que c'est d'appartenir à une famille. C'est ton image qui me viendra quand j'aurai besoin de m'ancrer dans un moment de bonheur. Je ne te l'ai pas avoué avant de m'en aller, mais je suis contente de t'avoir connu. C'étaient les meilleurs jours qui m'aient été offerts de vivre depuis des années. Et tu avais raison sur un point : je n'ai pas voulu te dire au revoir parce que je n'en avais pas le courage. J'avais peur de renoncer à partir si je le faisais. C'était lâche, tout comme la manière dont je t'ai repoussé à Cherokee.

Les larmes dévalent mes joues, et je dois forcer sur ma gorge brûlante pour prononcer les mots suivants :

– S'il te plaît, ne fais pas ça…

– Tu as trouvé l'attrape-rêves que je t'ai fabriqué ? Accroche-le au-dessus de ton lit pour éloigner les cauchemars.

L'espace d'une microseconde, je me demande de quoi elle parle, puis je me souviens de l'objet que j'ai fourré quelque part, hors de ma vue, juste parce que je ne supportais pas qu'il me rappelle Max. Et seulement ensuite, je comprends le sens de ses mots : elle l'a fait pour *moi*. Mon cœur se brise en pensant aux raisons qui l'ont amenée à assembler quelque chose d'aussi personnel. C'est trop douloureux.

– Sois heureux pour moi. Au revoir, Jack.

– MAX ! crié-je, au bord de la panique.

Après deux tonalités, sa ligne devient silencieuse. Il me faut quelques secondes pour comprendre qu'elle vient de raccrocher.

J'ai perdu Max, pour toujours cette fois.

Non, peut-être pas. Je me lève du canapé comme un diable qui sort de sa boîte.

Il est hors de question que je la laisse gérer ça seule.

Jack
Tu peux me prêter ta caisse ce soir ?

Lili Flynn
Sûr

Je dévale les escaliers et frappe à la porte des tourtereaux, Loki à mes côtés. J'ai longuement hésité à l'emmener, mais il s'est montré précieux la dernière fois que j'ai dû affronter les hommes de main du père de Max. Lili devait m'attendre derrière le battant car il ouvre aussitôt, une expression interrogative sur le visage.

– Qu'est-ce qu'il se passe ? demande-t-il en me tendant les clés de sa voiture.

– Max a des emmerdes. Je vais la retrouver mais j'ai besoin d'une caisse moins reconnaissable.

Il opine une fois puis se dirige vers son meuble à chaussures et commence à enfiler ses baskets.

– Tu fais quoi ?

– Je viens avec toi, répond-il platement, comme si ça tombait sous le sens.

Mes yeux s'écarquillent, et un sentiment de réconfort s'épanouit dans ma poitrine, chassant momentanément la panique et l'empressement qui m'habitent depuis que j'ai raccroché. Mais l'angoisse reparaît aussitôt lorsque je prends conscience des dangers qui m'attendent. *Nous* attendent.

Je n'ai pas vraiment réfléchi aux conséquences de ce que je m'apprête à faire ; je sais juste que je dois y aller et faire ce que je peux. C'est ce qu'on nous a appris chez les Marines. L'important est de sortir Max de là, mais je ne veux pas compromettre la vie de Lili pour autant.

– J'ignore ce qui va se passer là-bas, sûrement des trucs pas très légaux. Ça risque de mal tourner.

Pour toute réponse, Lili hausse les épaules, et ses yeux se chargent de détermination. Il protège mes arrières, toujours, comme il me l'a affirmé maintes fois, sans poser de questions. Je dois bien avouer que sa présence à mes côtés me rassure. Avec lui, j'ai sans doute plus de chances de réussir. Mes émotions doivent animer mon visage, car il m'adresse un sourire de connivence.

Chiara nous interrompt lorsqu'elle débarque du couloir de l'appartement vêtue d'un T-shirt beaucoup trop grand pour elle et qui ne peut être que celui de Lili.

– Vous allez où ?

D'un coup d'œil, il m'indique que c'est à moi de décider ce que je souhaite dévoiler. Même si je préférerais la préserver de tout ça, ma sœur a besoin de savoir que son fiancé et son frère sont sur le point de s'embarquer dans quelque chose de dangereux, duquel on ne sortira peut-être pas indemnes.

– On va filer un coup de main à Max. Elle est retournée à Fayetteville chez son père pour régler ses comptes.

Chiara cille, tandis que les émotions se succèdent sur son visage. Ses yeux s'arrondissent sur le coup de la surprise et de la peur, mais à la façon dont elle plisse les lèvres, je sais qu'elle comprend pourquoi je ne peux pas rester sans rien faire.

– D'accord, murmure-t-elle en s'approchant de Lili. Faites attention.

Dès qu'ils captent le regard l'un de l'autre, ils semblent transportés dans une dimension parallèle. Plus rien n'existe en dehors de cet échange d'émotion dans leurs yeux et de cet amour si puissant qui les unit. Ils sont les deux moitiés d'un tout.

C'est beau à voir et, en même temps, très inconfortable. J'ai l'impression d'avoir surpris un moment intime. C'est même plus gênant encore que lorsqu'ils se dévorent du regard. Lili finit par se pencher pour déposer doucement ses lèvres sur les cheveux de Chiara, puis elle relève le menton vers lui pour partager un baiser d'une tendresse incommensurable. C'est seulement maintenant que je détourne les yeux, parce que les seules autres personnes que j'ai observées s'aimer avec une telle intensité, c'étaient mes parents. Cette image est encore douloureuse.

Est-ce qu'un jour je trouverai quelqu'un à aimer aussi fort ?

Je ne veux pas passer ma vie seul. Je veux ce qu'ils ont.

En les voyant ainsi, je ne suis plus aussi amer ; au contraire, je suis heureux pour eux. L'envie qui me serre la poitrine n'est pas causée par le fait qu'ils soient ensemble, mais parce que je voudrais connaître ça, moi aussi.

– On y va ? finit par demander Lili.

Même s'il semble vouloir nous donner une impulsion, il traîne. Il met plusieurs secondes à saisir ses clés et son portefeuille, puis il refait ses lacets pourtant parfaitement en place. Ce n'est que lorsque Chiara retourne dans la chambre qu'il s'active de nouveau.

Son regard se fait calculateur, et il semble tendre l'oreille vers le couloir, comme pour vérifier que personne ne va le surprendre. Puis il s'avance à pas de loup vers la cuisine, ouvre le placard le plus haut et se hisse sur la pointe des pieds pour atteindre quelque chose. Quand une arme apparaît dans sa main, j'écarquille les yeux. Je ne savais pas qu'il avait un flingue. Je suis sur le point de l'interroger, lorsqu'il se tourne vers moi et me fait signe de me taire.

Ce n'est que dans l'habitacle de la Jeep qu'il m'explique.

– Mieux vaut prévenir que guérir, puisqu'on vit au rez-de-chaussée.

– Chiara va flipper quand elle le découvrira, lancé-je d'un ton entendu.

Un sourire narquois s'épanouit sur le visage de mon meilleur pote.

– Elle n'en saura rien. Pourquoi tu crois que je le garde au fond du placard le plus haut ? J'ai retenu la leçon avec la bague.

CHAPITRE 42

– On ne peut pas entrer par la grande porte, dit Lili en désignant le *clubhouse* des Black Demons. Elle ne t'a rien dit de plus ?

Une bonne vingtaine de Harley reluisantes sont garées devant la bâtisse. Je secoue la tête, dépité, les yeux rivés sur mon téléphone, comme s'il pouvait m'apprendre quelque chose d'utile. Tout ce que j'ai lu dans le moteur de recherche devrait nous inciter à déguerpir plutôt qu'à vouloir entrer là-dedans.

Le nom du club ne mène qu'à leur site Internet, et celui-ci n'indique certainement pas comment entrer illégalement dans leur bar, même s'il affiche fièrement le patch « 1 % » et leur appartenance aux clubs hors-la-loi. Le reste de la page n'est qu'un condensé d'articles de presse relatant les dernières rixes dans lesquelles des membres du club ont été impliqués.

Se pointer ici sans plan était carrément con. J'avais pourtant juré d'arrêter d'être impulsif ! Il n'en ressort jamais rien de bon.

Comme pour me contredire, Loki s'ébroue à l'arrière.

Ces deux derniers mois ont changé ma vie. J'ai osé adopter un chien, travailler sur un nouveau projet, avouer mon mal-être à Lili qui conduit en silence à ma gauche et j'ai rencontré une femme incroyable. Finalement, ça n'était pas si mal.

Involontairement, un soupir m'échappe, ce qui attire l'attention de mon ami.

– Il y a peut-être une sortie dérobée, propose-t-il. Dans ce genre d'endroits, il faut pouvoir fuir rapidement si les flics rappliquent.

– Comment tu sais ça ?

– J'étais pas vraiment un enfant de chœur pendant mon adolescence, répond-il d'un ton nonchalant, les yeux rivés sur la route. Même si j'ai jamais trempé dans des trucs aussi louches qu'eux.

Lili m'a déjà confié des bribes de son enfance. Je sais qu'il était souvent impliqué dans de petits trafics – revente de devoirs, approvisionnement d'alcool et autres joyeusetés – mais, maintenant, je me demande s'il ne m'a pas caché des éléments plus graves.

Je n'ai pas l'occasion de l'interroger davantage car il arrête la voiture dans la rue de derrière, et nous descendons en silence. Avec son T-shirt et son pantalon de survêtement noirs, Lili se confond déjà avec la nuit, mais il enfile un sweat à capuche qu'il récupère dans son coffre et sous lequel il planque un holster pour transporter son flingue.

De mon côté, j'ai prévu un autre camouflage. Avant de quitter Jacksonville, nous sommes passés chez Rob, à qui j'ai emprunté casque et blouson de moto, afin de me fondre dans la masse. Je l'ai aussi prévenu de là où on allait pour que quelqu'un sache où on est, si jamais on ne ressort plus de ce clapier. Il a promis d'appeler le grand-père de Max pour nous envoyer des renforts, mais le temps qu'ils arrivent de Cherokee, on ne sera sûrement plus là-dedans. Je l'espère.

Une fois que nous sommes équipés, je laisse Lili prendre la tête des opérations. Il a plus l'habitude que moi des missions d'infiltration. Nous avançons en silence, tandis que l'angoisse me tord les entrailles. Et si on arrivait trop tard ? Et si on ne parvenait même pas à rejoindre Max ? La boucle infinie de questions dans mon esprit est interrompue quand Lili me désigne une ruelle sombre. Nous nous y engouffrons de manière furtive. La venelle débouche sur une cour à peine éclairée et une bâtisse qui ne peut être que le bar des bikers. D'ailleurs, deux mecs en blouson de cuir font le planton devant une porte. Lili et moi échangeons un regard entendu : que peut-il y avoir à garder à cet endroit précis ?

Il n'y a qu'une seule manière d'en avoir le cœur net.

J'avance vers les gars d'un pas confiant alors que mon palpitant bat à tout rompre. Dès qu'ils m'aperçoivent, les motards se figent, en alerte.

– On vient récupérer la fille, lancé-je d'un ton las, comme si j'avais autre chose à foutre de ma soirée.

– C'est quoi, cette histoire ? râle l'un d'eux. Personne ne nous a prévenus ! Je croyais qu'on attendait qu'on nous donne un point de rendez-vous.

Je soupire fort et hausse les épaules.

– Parce que Benny tient au courant de ses affaires les grouillots comme vous ? Tu préfères qu'on aille lui poser la question ou qu'on exécute ses ordres ? Moi, on m'a juste demandé de venir la chercher, pas de perdre du temps à me justifier.

Le doute s'empare de leurs regards. Ils ne savent pas s'ils peuvent me faire confiance, mais s'ils contestent les directives de leur patron, ils risquent de sérieux problèmes.

– Et lui, c'est qui ? dit le deuxième en désignant Lili, planqué sous sa capuche, si furtif qu'on pourrait ne pas le remarquer.

– C'est le conducteur de la bagnole. On s'est dit que si on la déplaçait à moto, elle pourrait essayer de se faire la malle. On lui a aussi prévu de la compagnie avec qui elle ne pourra pas plaider sa cause et qui la bouffera si elle fait le moindre geste pour s'échapper, ajouté-je en montrant Loki, assis sagement à mes pieds.

L'argument semble avoir du sens, car le type acquiesce et avance vers la porte qu'il déverrouille. Nouvelle œillade entre Lili et moi. On agit simultanément, si vite qu'aucun des deux hommes n'a le temps de réagir.

J'assène un grand coup avec le casque que j'ai à la main sur la tête du mec le plus proche de moi. Après un gémissement, il sombre comme une pierre dans l'inconscience. Pour Lili, c'est moins rapide. Il commence par décocher un uppercut dans la gorge de son opposant pour l'empêcher d'alerter les autres. Le gars est déstabilisé une seconde, ce qui suffit à Lili pour se faufiler derrière lui, passer ses bras autour de son cou et faire compression sur sa trachée. Le type se débat autant qu'il peut, mais rien n'y fait face à la froide détermination de Lili. Une poignée de secondes plus tard, il s'affaisse dans les bras de mon pote, qui le dépose sur le sol.

– Grouille-toi, m'ordonne-t-il avec un geste du menton vers la porte.

À l'intérieur, j'atterris directement dans une toute petite pièce, une sorte d'antichambre, et je comprends que Lili avait raison : c'est une sortie dérobée. Pire que ça : c'est probablement ici que se concluent les trafics les moins reluisants du club. Je pousse les portes de placard en bois pour entrer dans ce qui est sûrement le bureau du président. C'est seulement là que je rencontre les yeux noirs de Max.

Pendant une seconde, elle ne réagit pas, trop ahurie, puis elle se lève brusquement de la chaise sur laquelle elle était affalée. Son regard est rivé sur la liasse de papiers dans ses mains. Ses joues brillent de larmes, et sa pommette gauche est rouge, comme si elle avait pris un coup. Même si je sens la rage monter en moi, la panique qui m'oppressait la poitrine reflue un peu. Je m'attendais à la trouver dans un pire état. Ça ira mieux quand on se sera tirés.

– Qu'est-ce que tu fous là ? m'accueille-t-elle froidement, en chuchotant.

– Je suis venu te filer un coup de main, mais ça n'a pas l'air de te faire plaisir.

J'ai parlé à voix basse, blessé et vexé par sa réprimande. Max soupire et se passe la paume sur la figure, un geste que ma mère a fait tellement de fois en ma présence que je suis presque transporté en enfance – si tant est que le salon de la maison de famille puait le tabac froid. Elle tressaille en touchant sa joue meurtrie.

– Je ne t'ai rien demandé. Si j'avais su que t'allais te précipiter à ma rescousse, je ne t'aurais pas appelé.

Cette fois-ci, c'est moi qui souffle.

– Pourquoi tu l'as fait, alors ?

Dans ses yeux passent l'exaspération et une autre émotion qui comble la distance entre nous, comme si nous étions reliés par un fil sur lequel elle venait de tirer. Je ne m'arrête qu'à dix centimètres d'elle et respire à pleins poumons son odeur, mélange de son parfum capiteux et de son shampoing à la noix de coco. Je brûle de poser mes lèvres sur les siennes. Son regard s'attarde sur le bleu sur ma pommette, similaire à la marque qu'elle arbore, puis descend vers ma bouche. Elle en a envie elle aussi, pourtant elle me repousse brusquement d'un geste préoccupé.

– Tu sais ce qu'il te fera, s'il te trouve ici ? Tu te souviens du mec que je voyais ? Mon père s'est fait un malin plaisir de me raconter ce qu'il a récolté pour m'avoir aidée. Je parie qu'ils l'ont laissé pour mort dans un fossé ! Va-t'en, maintenant ! crache-t-elle en me montrant la porte du placard. Je n'ai pas besoin de toi.

Le truc avec Max, c'est que peu importe où l'on se trouve, elle est capable de me faire passer d'une émotion à une autre. Du désir à la tendresse, puis à la colère. Parce que même si elle me repousse, je m'inquiète plus de ce qui pourrait lui arriver que de mon propre sort.

Qu'ils m'attrapent ! Si ça permet à Max de s'échapper, ça en vaudra le coup.

– Bah oui, tu t'en sors tellement bien ! Tu m'as appelé il y a plus de deux heures et t'es toujours coincée là ! Alors, arrête tes conneries et écoute-moi. Il faut qu'on se casse d'ici le plus rapidement possible.

Elle secoue la tête, comme si j'étais complètement stupide. Tout en moi se fige.

Pourquoi est-elle aussi bornée ?

– Je ne suis pas coincée ici, j'ai choisi de rester. Il continuera à me poursuivre partout, si je ne le stoppe pas définitivement.

Mon cœur se serre quand mes yeux trouvent la marque sur sa joue. Il faut qu'elle parte, mais la décision doit venir d'elle. Machinalement, je lève la main, mais le regard coupant qu'elle m'adresse fait retomber mon bras sur mon flanc.

– Qu'est-ce qu'il s'est passé ? murmuré-je sans pouvoir me retenir.

Le visage de Max se pare d'une expression douloureuse, entre déception et ressentiment.

– Il a commencé par me filer une bonne leçon pour me punir de m'être barrée, dit-elle en portant instinctivement la main à sa joue. Mais comme je suis revenue, il a décidé de se montrer « magnanime ». Ils m'ont enfermée là, gardée des deux côtés, en attendant que les *Hells* nous convoquent pour sceller leur accord. C'est cool, ça me donne l'occasion de réfléchir à ce que je peux faire. D'ailleurs, comment tu t'es faufilé par-là ?

– On s'est occupés des deux à l'extérieur, mais ils ne resteront pas longtemps inconscients. On pensait juste te récupérer et se casser d'ici.

– C'est qui « on » ? interroge Max, le regard suspicieux.

Sans pouvoir m'en empêcher, je roule des yeux vers le plafond, qui a dû être blanc à un moment. Je suis sur le point de répliquer quelque chose, quand les portes du placard se rouvrent, nous faisant sursauter.

– Qu'est-ce que vous foutez ? On prend le thé ou on se tire ? s'écrie Lili.

Max a l'air déboussolée une nanoseconde avant de se ressaisir et de marmonner un truc du genre « Toujours fourrés ensemble… »

– Qu'est-ce que t'avais en tête ? lui demandé-je plus doucement.

– Je vous laisse cinq minutes avant de vous embarquer tous les deux, que vous le vouliez ou non, nous prévient Lili d'un ton qui ne souffre aucune contestation, avant de repartir par le faux placard.

Lorsqu'il a disparu, Max se tourne à nouveau vers moi, le visage chiffonné.

– Je dois faire tomber mon père, une bonne fois pour toutes. Et pour ça, j'avais besoin d'un accès à son bureau, dit-elle avec un geste vers le coffre encastré dans le mur et dont la porte grande ouverte révèle des armes, des liasses de billets et des papiers. Il y a assez de preuves dans cette pièce pour l'envoyer en prison un paquet d'années. Le truc, c'est que je ne peux pas juste appeler les flics. Il faut un motif solide pour une descente de police, et vu les contacts de mon père, il aura tout fait débarrasser avant même que les agents entrent dans le bureau.

Je comprends son dilemme, bien sûr. Si c'était aussi simple, Benny serait déjà en taule depuis longtemps. Elle est peut-être la seule à pouvoir le faire incarcérer. Elle connaît suffisamment les activités du club pour savoir où chercher, et elle a envie de le faire.

Alors que le silence se prolonge, les yeux de Max ne cessent de revenir au document qu'elle manipulait quand je suis entré dans la pièce. À chaque fois, sa bouche se pince, et elle cille. Instinctivement, je m'approche et y jette un coup d'œil. Ça ressemble à un document officiel émis par le bureau du médecin légiste de Fayetteville pour le compte d'Atsila Locklear Turner.

Merde. C'est le rapport d'autopsie de sa mère !

– J'ai trouvé ça dans le coffre, annonce Max d'une voix blanche, alors que je n'arrive pas à détacher mes yeux de la page. C'est écrit qu'elle avait des lésions cérébrales. On pourrait croire qu'elles sont la conséquence de son accident, même si elle portait un casque. Mais le coroner a indiqué qu'il y avait aussi des traces de coups.

Incrédule, je finis par rencontrer les prunelles trop brillantes de Max. J'ai peur de comprendre.

– Ouais… Ce n'est pas seulement la pluie qui lui a fait perdre le contrôle, mais aussi le traumatisme crânien causé par les poings de son mari après qu'il lui a collé une raclée pour l'avoir trompé.

La page m'échappe des mains sur le bureau, et instinctivement, je m'approche de Max. Elle me laisse la prendre dans mes bras. Elle en a besoin, je le sens à la façon dont ses épaules se sont légèrement affaissées. Je savoure quelques secondes la sensation de son corps contre le mien, son odeur à la fois fruitée et sensuelle, avant de chuchoter :

– Pourquoi n'est-il pas déjà derrière les barreaux ?

– J'imagine qu'il a payé le médecin légiste pour obtenir une seconde version moins incriminante de ce rapport, soupire-t-elle. Le fait même qu'il ait gardé ce papier pendant tant d'années prouve à quel point il a la main longue. Je suis sûre que ça doit lui faire plaisir de le relire…

Elle a sûrement raison, et maintenant, je comprends pourquoi elle a les mains aussi liées.

Ce club, c'est un putain de nœud de vipères.

– Que pourrait-on faire pour que les flics débarquent mais que les hommes de ton père soient incapables de tout faire disparaître ? marmonné-je.

Elle se perd un instant dans la contemplation du fauteuil, sans doute là où elle a vu son père présider des centaines de fois.

– À quoi tu penses ? reprend-elle.

Je lève les mains devant moi en signe d'impuissance.

– C'est toi le cerveau, ici. Moi, je ne suis que les muscles.

– J'avais pensé à un incendie…

– Tu veux foutre le feu ? m'exclamé-je, ahuri. Toutes les preuves vont partir en fumée !

– Un faux incendie. Enfin, un qui soit assez crédible pour que le bar soit évacué, de façon que mon père ne puisse pas récupérer les preuves, mais que les secours se bougent quand même.

– Les pompiers ne récolteront pas les documents, fais-je remarquer, la voix pleine de doute.

– Eux, non. Mais si je préviens les flics que l'incendie est volontaire, ils se déplaceront aussi.

– Comment être sûr de tomber sur quelqu'un d'intègre ?

La lueur d'espoir dans ses yeux s'éteint.

– C'est là que mon plan s'arrête, pour l'instant. Je ne sais pas.

Le silence retombe, alors que nous sommes tous les deux plongés dans nos pensées.

Cette idée me semble absurde et incomplète… mais c'est la seule que nous avons. Pire encore, je crois que ça pourrait marcher, à condition que les preuves ne soient pas détériorées par le feu ou l'eau destinée à l'éteindre, et qu'on trouve un contact sûr dans les forces de l'ordre.

Au fond de ma mémoire, un souvenir perce sous la surface, celui d'une réunion chiante à mourir à laquelle on m'a forcé d'assister quand je préparais ma reconversion. Une liste longue comme mon bras de métiers à envisager, que j'avais écoutée d'une oreille distraite parce que je savais déjà exactement ce que je voulais faire. Brown, en revanche, m'avait chuchoté : « Tu me vois dans la police ? » Il y a forcément des Marines qui ont choisi cette voie dans l'État. Des gars sur qui on peut compter. Le tout est de mettre le doigt dessus. Mon carnet d'adresses n'est pas très étendu, mais celui de Lili, qui nous attend sagement de l'autre côté du mur, l'est beaucoup plus. En moi, l'optimisme revient.

– J'ai peut-être une idée concernant le contact dans la police, mais je dois vérifier avec Lili.

Max relève la tête, le regard brillant d'espoir, et je sens mes lèvres se relever en un petit sourire. Il reste cependant un autre détail important à régler.

– Comment s'assurer que les trucs compromettants ne soient pas détruits ?

– Je vais en mettre un maximum dans le coffre, affirme Max en s'en approchant déjà.

– Qu'est-ce que je peux faire d'autre ?

– Tu peux ramener ma moto ? Je l'ai laissée sur le parking devant le bar.

J'acquiesce et ne perds plus de temps pour sortir. Lili écarquille les yeux d'horreur quand je le mets au courant de notre plan.

– C'est complètement con et irresponsable, marmonne-t-il.

– Sans doute, mais on n'a pas d'autre idée. Si tu en as une, ne te gêne pas pour la partager.

Ça a le mérite de le faire taire. Il continue cependant de me scruter avec perplexité et fierté. Le coin de sa bouche s'arque en un demi-sourire.

– Effectivement, je connais quelqu'un qui est parti dans la police, mais je crois qu'il est stationné à Raleigh, maintenant. Ceci dit, il aura peut-être un contact à nous filer à Fayetteville, annonce-t-il en sortant déjà son téléphone de sa poche.

Je ne perds pas plus de temps et le laisse seul pour me faufiler le long du bâtiment jusqu'à l'avant. Des exclamations et des cliquètements de verres me parviennent par les fenêtres ouvertes, alors même que les bikers se prélassent dans leur club sans savoir ce qui va leur tomber sur la gueule d'ici quelques minutes.

Quand je suis sur le point de déboucher à l'angle, j'enfile mon casque et jaillis de l'ombre d'un pas assuré, en cherchant la moto sur laquelle j'ai passé tant d'heures le mois dernier. Elle n'est qu'à quelques mètres, détonnant au milieu de cette mer de Harley.

Un groupe d'hommes discutent près de l'entrée du *clubhouse*, suffisamment loin pour qu'ils ne voient pas quelle moto j'ai dans le viseur, à condition que je fasse vite. Mon cœur tambourine sous mes côtes, et une goutte de sueur froide glisse le long de ma colonne vertébrale, alors que j'essaie de me faire à la fois tout petit et confiant, comme si j'avais toutes mes raisons d'être là.

Je file en direction de la moto, que je fais démarrer grâce à la clé que Max m'a passée, et m'élance sur la route, sans un regard en arrière. De retour dans la ruelle, je coupe le moteur et pousse la bécane jusqu'à la porte arrière, devant laquelle je retrouve un Lili mécontent. Les mecs de tout à l'heure sont toujours dans les vapes, mais l'un d'eux commence à remuer.

– Je viens de t'envoyer le numéro d'un gars, mais faut qu'on bouge !

– Je sais, Lili. Tu peux y aller si tu veux, dis-je en caressant l'espace entre les oreilles de mon chien. Prends Loki et rentrez à Jacksonville. Je me démerderai. On a bientôt fini.

– Pas sans m'assurer que tout ira bien pour vous, proteste-t-il de sa voix de sergent en me serrant l'épaule.

– On fait vite, affirmé-je en passant la porte.

À l'intérieur, c'est le chaos. L'endroit dégage une forte odeur d'alcool, et Max a ouvert tous les tiroirs. Elle est en train de bourrer frénétiquement le coffre de papiers en tout genre. Il y a même des sachets de poudre blanche et de cachets. Avec ça, Benny va prendre cher.

Je récupère le rapport d'autopsie sur le bureau et le tends à Max. Le sourire qui s'étend sur son visage est à la fois rusé et mauvais. Avec la tenue noire qui l'habille de la tête aux pieds, ça renforce son image de mauvaise fille sexy. J'en oublierais presque où on est pour lui sauter dessus.

– N'oublie pas ça, dis-je en le tendant à Max, dont le regard se charge de gratitude. Et j'ai le numéro de quelqu'un à appeler.

Après avoir ajouté le document en haut de la pile, elle referme le coffre et attrape un marqueur indélébile. Sur la porte du caisson, elle écrit « Drogue, contrats, flingue. Code : 1409 » avec un sourire victorieux. Je me demandais comment les flics allaient justifier une commission rogatoire pour le contenu du coffre, mais avec une telle inscription, ils vont plutôt avoir du mal à se retenir avant de l'ouvrir.

Une fois fait, le bras de Max retombe contre son flanc, et elle soupire un grand coup.

– Ce connard avait changé le code, j'ai perdu un peu de temps à trouver le nouveau. Devine quoi ? C'est la date de l'accident de ma mère, crache-t-elle d'un ton dégoûté.

Machinalement, je serre les dents et les poings. J'ai une envie folle de me précipiter dans la salle et d'en coller une dans la gueule de ce fumier. Une main sur mon bras me rappelle à l'ordre. Je rencontre le regard compatissant de Max.

– Moi aussi, j'aimerais bien, mais ne perds pas ton temps avec lui. On va le faire plonger en beauté.

Mais ses yeux sont pleins de questions. Ça doit être dur pour elle. Malgré le mal qu'il leur a fait, à sa mère et elle, Benny reste son père.

Je suis sur le point d'appeler le numéro que Lili m'a envoyé quand Max secoue la tête.

– Pas avec ton téléphone. Je ne veux pas que tu te retrouves mêlé à ça.

Alors que je m'apprête à lui faire remarquer que je suis déjà impliqué jusqu'au cou, elle me prend par surprise en déposant un baiser furtif sur mes lèvres. Rapidement, trop rapidement, elle se dégage et se dirige vers un sac à dos dans un coin, lancé là avec son blouson et son casque de moto. Elle en revient avec un smartphone sur lequel elle hésite, le doigt suspendu au-dessus du clavier numérique.

Je l'empoigne délicatement par les épaules et je chuchote :

– Fais-le.

Elle hoche la tête une fois, le regard résolu, avant de lancer l'appel.

– Bonsoir, on m'a dit de vous contacter personnellement, car vous êtes quelqu'un sur qui on peut compter. Quelqu'un d'incorruptible. On vient de mettre volontairement le feu au *clubhouse* des Black Demons. C'est le numéro que j'appellerai tout de suite après avoir raccroché, mais je voulais être sûre que vous soyez sur les lieux, avec une équipe intègre. Vous savez, pour récolter toutes les preuves… de l'incendiaire, et d'autre chose… On s'est compris. Bonne soirée, et merci.

Puis elle compose immédiatement le 911 et signale l'incendie, que nous n'avons pour l'instant pas lancé.

– Qu'est-ce que…

Elle m'interrompt d'une main sur les lèvres, qu'elle remplace bientôt par sa bouche, et j'oublie tout.

Je me laisse porter par son goût et la sensation de son corps contre le mien, jusqu'à ce que des sirènes retentissent au loin. Immédiatement, Max me repousse, et je reste là, encore hébété de notre baiser, tandis qu'elle saisit un briquet et met le feu à la corbeille de papiers qu'elle a calée contre la porte.

Les flammes se propagent vite, en suivant un chemin droit devant le mur. Je comprends qu'elle a dû verser le contenu de la bouteille de whisky qui traîne maintenant vide sur le parquet. Lorsqu'elle ouvre en grand la porte qui donne vers l'extérieur, les flammes repartent de plus belle.

Dans un instant, cet endroit va se transformer en brasier. La fumée a dû interpeller les mecs de l'autre côté de la porte, car la poignée tourne, mais le battant est bloqué par la chaise que Max a coincée là.

– On se casse ! crié-je.

Max acquiesce et se précipite vers ses affaires. Dehors, nous tombons sur Lili, les yeux exorbités, qui n'attend pas une seconde avant de détaler vers la rue où on a garé la Jeep. Je ne peux m'empêcher de me retourner vers Max, déjà en train d'enfourcher sa moto. Je voudrais graver cette image dans mon esprit ; elle, si fière, les yeux brillant d'excitation derrière la fente de son casque. C'est la fumée dans son dos qui me rappelle que le temps est compté. J'ai à peine fait demi-tour qu'elle hurle :

– Monte avec moi !

Je ne me fais pas prier. Je la rejoins sur la Ducati, enfile le sac qu'elle me tend et referme les bras autour d'elle. La moto bondit vers l'avant dans un grondement.

CHAPITRE 43

Nous ne nous arrêtons qu'à Jacksonville, au pied de mon immeuble. J'ai l'impression d'avoir rêvé ce qui vient de se passer, les moments me reviennent par bribes floues. C'est tellement irréel.

Mes jambes flageolent quand je descends de la moto, mais je ne sais pas si c'est la fatigue due au trajet ou le fait de devoir dire au revoir à Max une deuxième fois.

Je prends mon temps, retire mon casque et lui rends son sac à dos, comme si ces précieuses secondes allaient me donner le courage de lui confier tout ce que je n'ai pas eu l'occasion de lui dire la première fois qu'elle est partie.

– Merci. À la prochaine.

– Attends !

À ma grande surprise, elle gare la moto et s'approche de moi tout en ôtant son casque. Quand elle s'arrête à dix centimètres de moi, elle paraît soudainement incertaine. J'ai envie de tendre le bras et de la ramener contre mon torse, mais je me force à ne pas le faire. Parce que ce n'est pas ma copine, quand bien même ça me fait mal de l'admettre.

Elle semble chercher ses mots, dans l'indigo du ciel au-dessus de nos têtes, puis baisse finalement les yeux vers moi.

– Je peux rester avec toi, cette nuit ?

La surprise me fait reculer d'un pas, alors que mon rythme cardiaque accélère.

Il est près de 2 heures du matin, elle est sans foyer pour la nuit. Il n'y a pas de quoi en faire toute une histoire, même si j'aimerais que ça ait plus d'importance à ses yeux.

Quand j'acquiesce, le soulagement se peint sur ses traits, et j'ai envie de lisser le pli qui s'est formé sur son front. Mais une fois encore, je ne le fais pas.

On entre sans bruit dans mon appartement vide. Au niveau du couloir, je m'attends à ce que Max aille dans son ancienne chambre, mais elle me surprend en me suivant dans la mienne. Je dois avoir inhalé trop de fumée, car tout ça ressemble vachement à un rêve.

Max est là, dans ma piaule, se déshabille en silence et entre dans mon lit, vêtue uniquement de son T-shirt et de sa culotte… Je m'allonge et, lorsqu'elle vient se blottir dans mes bras, j'ai l'impression que tout un poids s'envole de mon corps. Il flotte une ambiance étrange. J'ose à peine bouger, de peur de me réveiller de ce rêve trop agréable.

Quand j'ouvre les yeux, les lueurs de l'aube envahissent la chambre, et elle est toujours là, si belle dans son sommeil que je ne peux m'empêcher de déposer un léger baiser sur sa tempe.

Lorsque je reviens de mon footing avec Loki, que Lili a dû déposer discrètement avant de partir bosser, je la trouve encore endormie dans mon lit. Je l'observe bien plus longtemps que nécessaire, conscient que c'est sans doute la dernière fois que je la vois.

***

– Jack, tu peux venir une minute ?

Évidemment, j'aurais dû me douter que déposer ses affaires sur une chaise dans son bureau n'allait pas suffire à rassasier la curiosité du patron ni à apaiser son inquiétude, comme en témoigne son visage froissé et les cernes qui l'habillent. Avec les événements de la nuit, je n'ai pas pensé une seule seconde à lui envoyer un message pour le rassurer et, maintenant, en croisant ses yeux torturés, je m'en veux.

Je le suis sans un mot jusqu'à son bureau et j'attends qu'il ait fermé la porte pour ouvrir la bouche :

– Désolé, on est rentrés très tard… Je n'ai pas pensé à t'appeler.

Il a un geste de la main qui pourrait vouloir tout dire, avant de passer sa paume sur son visage fatigué.

– Je me suis douté que tu étais en vie en voyant ta voiture sur le parking et j'ai appris aux infos que vous aviez foutu un beau bordel.

Le fait qu'il utilise des gros mots me prend par surprise. Rob ne jure jamais, ce qui me confirme qu'on lui a collé la frousse de sa vie. C'est pour ça qu'il me faut quelques instants pour comprendre ce qu'il sous-entend.

– Quelles infos ?

– Tu n'as pas allumé la radio, ce matin ? Je croyais que tu ne pouvais pas survivre sans écouter les infos en continu, se moque-t-il.

Ce matin, j'ai éteint la radio parce que j'avais besoin de calme ; mes pensées étaient trop bruyantes. Ce qui s'est passé hier m'a chamboulé au plus profond de mon être. Le fait qu'elle m'appelle à l'aide, la voir si vulnérable dans cette antichambre de l'enfer… Ça m'a remué bien plus que je ne le pensais. Et encore plus lorsqu'elle a dormi contre moi, me ramenant à cette nuit où elle s'est enfuie. À vrai dire, je ne sais plus où j'en suis. J'aimerais tellement croire qu'on peut se donner une autre chance, mais j'ignore si je survivrais à une nouvelle déception. Alors, je préfère museler ce sentiment, tout au fond de ma poitrine, là où j'espère qu'il s'éteindra petit à petit.

– C'est sur toutes les chaînes locales, reprend Rob. Benny Turner a été arrêté hier soir, à la suite de l'incendie du *clubhouse* des Black Demons.

En effet, ça fait tous les gros titres. Les news se succèdent, mentionnant d'abord l'incendie, avec des images du club pris d'assaut par des sapeurs-pompiers, puis l'arrestation. Machinalement, je clique sur ce dernier article, illustré par une photo de celui que je suppose être le père de Max. C'est un homme grand aux cheveux clairs, les mains menottées dans le dos, mené par un policier dont le sourire victorieux est à peine caché. C'est une belle prise, une de celles qui peuvent lancer une carrière :

« Selon une source interne, les enquêteurs sur place ont récolté des preuves indéniables du caractère volontaire de l'incendie, parti directement du bureau du président des Black Demons, mais aussi des documents compromettants sur le numéro un du club. Le procureur vient de mettre Benjamin Turner en examen pour trafic de drogue, blanchiment d'argent et corruption. L'arme retrouvée lors de la perquisition est dorénavant entre les mains de la police scientifique dans le but de comparer ses caractéristiques avec la base de données des crimes non élucidés. »

– Benny ne reverra pas la lumière du jour avant un moment, dit Rob.

Il me faut deux bonnes secondes pour m'arracher à la contemplation malsaine de cet article.

– On a fait un grand ménage… complété-je d'une voix absente.

Rob doit lire quelque chose sur mon visage car il s'approche pour me serrer l'épaule, dans un geste qui pourrait être réconfortant s'il ne grinçait pas des dents quand ses doigts bandés entrent en contact avec mon os. On a foutu un beau bordel, c'est vrai, et on l'a fait pour de bonnes raisons, même si j'ai encore du mal à me rendre compte que j'ai trempé dans tout ça.

– Il le méritait, Jack. Comment va Max ?

– En toute franchise, je n'en ai aucune idée.

Hier soir, après avoir mis le feu au club de son père, là où elle a passé une partie de son enfance, elle semblait euphorique ; ce matin, elle paraissait détendue dans son sommeil. Mais comment savoir à quel point tout ça l'a affectée ? Et si, à la lumière du jour, elle s'en voulait ? Si ça se trouve, elle va regretter, m'associer à tout ce bazar et me rayer de sa vie. Encore une fois. De toute façon, je me prends sans doute la tête pour rien, parce qu'elle doit déjà être loin de Jacksonville à cette heure-ci.

– Où est-elle ? reprend Rob.

J'ai encore envie de répondre que je l'ignore mais, à la place, je lâche :

– Elle était chez moi quand je suis parti.

Sur le visage de mon patron, je lis de l'empathie, parce qu'il est sans doute le seul à pouvoir comprendre à quel point ça me ronge de ne pas le savoir, tout en saisissant aussi le besoin de liberté qu'elle éprouve. Je devine aussi son inquiétude et sa tendresse envers celle qui a pris une place considérable dans nos cœurs et nos vies en si peu de temps.

Je le sais, parce que nous partageons ces émotions qui s'expriment dans le silence.

Rob hoche la tête une fois, comme pour sceller cette prise de conscience.

– Le premier de nous deux qui a de ses nouvelles prévient l'autre, finit-il par dire.

C'est à mon tour d'acquiescer avant de repartir, le pas lourd, vers l'atelier.

Le grondement familier d'un moteur me fait relever la tête du capot de la Corvette. Instinctivement, mon cœur accélère, et je me retrouve sur le seuil de l'atelier principal avant d'en avoir pris conscience.

Je suis aux premières loges pour la voir descendre de sa moto d'une façon qui me remue le cœur et retirer son casque en secouant sa longue chevelure. Ses yeux trouvent immédiatement les miens, me confirmant ce que j'avais deviné : elle va repartir mais, cette fois-ci, elle a décidé de me dire au revoir. Je devrais être content, pourtant, c'est un sourire triste qui étire mes lèvres.

– Max, t'es revenue ! s'exclame Troy, accaparant son attention.

Elle échange quelques mots avec lui, et je comprends d'une oreille qu'il lui parle des hommes de main qui la cherchaient, ce à quoi elle répond que c'est de l'histoire ancienne. J'espère tellement qu'elle a raison, même si je crains que son père n'en reste pas là. Après tout, il se retrouve derrière les barreaux par sa faute. Qui sait ce qu'il fera ensuite ?

Max finit par se tourner à nouveau dans ma direction. Une expression que je ne parviens pas à identifier passe sur son visage. Elle a l'air reposée, et même détendue. Pourtant, je me tends, à mesure qu'elle s'approche de moi.

J'ouvre la bouche pour la saluer, mais elle ne me laisse pas le temps de prononcer un seul mot. Ses lèvres se plaquent sur les miennes, sous les exclamations de Troy. Mes mains trouvent machinalement ses cheveux, ma langue rencontre la sienne, chaque nerf de mon corps reprend vie, et la tornade de pensées s'apaise même dans mon esprit. Je savoure son contact comme si j'étais assoiffé après une traversée du désert.

C'est bon, et même plus que ça : c'est vital.

Trop vite, elle se recule. Je suis déjà en manque.

– T'es venue me dire au revoir, cette fois-ci ? murmuré-je d'une voix que j'espère stable.

Un demi-sourire s'affiche sur sa bouche pulpeuse. *Est-ce que ça l'amuse de me tourmenter ?*

– Non, je suis venue te dire bonjour.

Une bombe nucléaire explose dans ma tête. Les pensées fusent, tant j'ai peur de comprendre. Je dois avoir l'air aussi confus que je le suis, car son sourire s'agrandit.

– Je n'ai plus d'urgence, maintenant, reprend-elle d'un ton léger. Je peux rester dans le coin, quelques jours… ou plus. Ça dépend si tu veux que je reste.

– Tu es sûre que c'est prudent ? Ton père ne va pas vouloir se venger ?

Une lueur amusée passe dans ses yeux alors qu'un sourire moqueur se dessine sur ses lèvres.

– Tu essaies de te débarrasser de moi ?

– Pas du tout ! protesté-je, ce qui la fait sourire encore plus. Mais tu ne crains pas les représailles ?

Son sourire se fane instantanément, et une émotion indéchiffrable vient contracter sa mâchoire. Elle secoue la tête une fois.

– C'est sans doute ce que j'ai fait de plus « Black Demons » de toute ma vie. Je suis sûre qu'à cette heure-ci, mon père est fier de moi. Très emmerdé, sans aucun doute, mais admiratif. S'il acceptait les femmes dans son club, ça serait mon ticket d'entrée.

Je ne peux empêcher mes sourcils de se froncer en comprenant encore une fois que son monde m'est complètement étranger. Ça ne fait que renforcer le sentiment qu'on est différents, elle et moi. Je donnerais tout pour être près d'elle et j'ai terriblement envie de lui demander une nouvelle fois de rester, comme elle me le propose. Mais j'ai aussi horriblement peur qu'elle refuse.

C'est pourquoi la seule chose que je trouve à répondre, c'est :

– Mais… tu ne repars pas pour l'Oklahoma ?

Elle lâche un petit rire, qui me fait l'effet d'un baume sur le cœur.

– Il n'y avait rien d'excitant, là-bas. J'y suis allée par dépit, parce que je croyais ne pas avoir d'autre solution, alors que j'aurais préféré rester ici, avec un blondinet…

J'ai tellement peur d'être encore déçu que je fouille ses yeux en espérant découvrir ce qu'elle pense.

Elle veut rester. Avec *moi*.

Je sens un énième sourire étirer mes lèvres.

– Je croyais que tu n'aimais pas les blonds, rétorqué-je d'un ton malicieux.

– Ils ne sont pas si mal, finalement. Enfin, un en particulier. Et toi, je croyais que tu n'aimais pas les emmerdeuses ?

– On s'y fait, répliqué-je en luttant pour ne pas laisser éclater ma joie. La vie serait ennuyeuse sans elles.

Quand elle s'approche à nouveau, j'ouvre les bras, et elle se blottit contre mon torse. Je prends une pleine inspiration de son parfum avant de déposer ma joue contre la sienne.

Il y a deux mois de ça, j'étais bon pour la casse, comme un de mes moteurs en attente de réparation. J'avais des pièces rouillées, certaines manquantes et d'autres désalignées. J'ai dû faire preuve de patience pour intégrer de nouveaux éléments, et ça s'est fait dans la douleur.

Mais aujourd'hui, je me sens à ma juste place, prêt à affronter les kilomètres devant moi, parce que j'ai enfin compris ce qui importe : c'est avec la femme dans mes bras que je veux continuer mon chemin, mon chien à mes côtés, Lili à portée de main, et Chiara en soutien.

Le truc le plus fou, c'est que c'est possible.

Mon sourire s'agrandit, et je prends une nouvelle bouffée du parfum de mon ange noir.

ÉPILOGUE

MAX

Un mois plus tard.

Un souffle chaud frôle ma nuque. Un bras puissant s'enroule autour de ma taille. Je sors doucement du sommeil. Dans mon cou, des lèvres pleines déposent une pluie de baisers qui me font frissonner puis s'attaquent au lobe de mon oreille qu'elles commencent à suçoter.

C'est plus fort que moi : je souris.

Sur mon ventre, des doigts aux bouts rugueux tracent langoureusement des cercles de feu sur ma peau, qui se recouvre progressivement de chair de poule à leur contact, avant de remonter en de légers frôlements vers ma poitrine. Là, la main se fait plus audacieuse.

Après avoir joué avec l'arrondi de mes seins, les doigts saisissent un de mes tétons et le font rouler délicatement, envoyant des vagues de plaisir en ligne directe vers le centre de mon corps. Mon souffle se bloque pour ressortir une seconde plus tard en un gémissement.

Maintenant, je suis bien réveillée et j'ai faim. Je roule sur le dos, ouvre les paupières et tombe immédiatement dans des yeux d'un bleu translucide.

Comment une couleur dite froide peut-elle véhiculer autant de chaleur ? Quand il m'observe de cette façon intense, j'ai à la fois l'impression de plonger dans un lac d'eau gelée et de fondre au cœur d'un volcan. Je frissonne et je brûle en même temps.

La première fois que j'ai croisé ces prunelles si bleues, c'était derrière des lunettes de sécurité, et j'ai cru que c'était le plastique qui leur donnait des reflets artificiels. Personne n'a les iris aussi clairs. Il se trouve que lui, si. C'est peut-être ça qui m'a perdue. Ou le fait qu'on peut y lire toutes ses émotions, sans exception.

Le jour de notre rencontre, j'y ai décelé de la surprise puis de l'agacement, mais je n'ai pas manqué la curiosité à mon égard qui s'y est allumée. Depuis, j'ai appris à repérer le désir, qui obscurcit ce bleu presque transparent, mais aussi une lueur plus chaude, plus tendre, comme ce matin.

Récemment, c'est moi qui y ai provoqué de la tristesse et de la douleur. Pourtant, j'ai essayé de maintenir la distance entre nous, en vain. J'ai tenté de ne pas craquer pour lui, de ne pas dormir dans ses bras, de ne pas m'immiscer dans sa vie, en sachant que je ne pourrais pas y rester. Je n'ai jamais voulu le blesser, mais je n'avais pas le choix.

À Cherokee, j'ai compris qu'il n'abandonnerait pas si je ne douchais pas de façon violente son affection. Je le sais parce qu'à sa place, j'aurais fait pareil. S'il avait disparu du jour au lendemain, je n'aurais jamais arrêté de le chercher.

Il a éveillé quelque chose en moi, avec sa gentillesse, son dévouement et cette tendresse qu'il m'a offerte alors que je n'avais même pas conscience d'en avoir besoin.

J'avais besoin de lui mais je ne l'ai compris que lorsqu'il était trop tard. Heureusement qu'il n'avait pas renoncé à moi, en fin de compte. Aujourd'hui, il m'observe avec ses yeux couleur aigue-marine chargés de désir. Sa foutue mèche dorée tombe encore sur son sourcil. Mon cœur a un raté devant cette beauté presque angélique et pourtant tellement masculine.

Il ne me laisse pas le temps de le détailler davantage. Un demi-sourire malicieux se forme sur sa bouche parfaite quand il se penche vers mes seins que je lui ai intégralement dévoilés en me mettant dans cette position. Je perds toute pensée cohérente pendant qu'il lèche, mordille et suce l'un tout en jouant des doigts sur l'autre. Je ne retiens aucun des gémissements qui sortent de ma bouche. C'est tellement bon.

Bon sang, il va finir par me donner un orgasme juste comme ça !

Mais ce n'est pas de cette façon que je le veux. Il doit éteindre ce feu qu'il a allumé dans mes entrailles. Instinctivement, mes cuisses s'écartent. Je veux qu'il me touche *là*.

– Jack… supplié-je dans un souffle parce que je suis incapable de parler plus fort.

Contre ma peau, je le sens sourire avec vanité. La seconde d'après, il relève la tête pour détailler mon visage, et ce qu'il y voit semble le rendre encore plus heureux. La copine de Chiara a tort : il n'a pas un sourire de pub pour dentifrice. C'est celui d'une star du porno : sexy, fier et addictif.

Je suis si hypnotisée par ce sourire à la con que je ne sens son doigt qu'au moment où il glisse sur mon intimité trempée. Il m'a tant excitée que ce simple frôlement me fait tressaillir. Le sourire disparaît quand j'attire son visage vers le mien et que je l'embrasse à pleine bouche.

Je me délecte de son goût tellement familier, de la sensation de sa langue contre la mienne et de l'odeur de sa peau, pendant qu'il joue à l'intérieur de moi. La pression monte et se concentre sur un petit point bien particulier qu'il titille avec son pouce, jusqu'à ce que ça devienne presque insupportable. Quand un cri d'extase m'échappe, je suis à la fois soulagée et frustrée. Je ne suis pas rassasiée.

– J'adore te faire jouir, dit-il contre ma joue.

C'est honorable, sauf que j'ai envie de lui, maintenant.

C'est pourquoi je passe une main entre nous et empoigne son sexe bandé en serrant tous mes doigts autour de lui. En réponse, Jack prend une inspiration entre ses dents et rejette la tête en arrière. Moi, ce que j'adore, c'est trouver le moyen de lui faire perdre le contrôle.

J'approche ma bouche de son oreille et, parce que je sais que ces mots vont le rendre fou, je susurre :

– Baise-moi.

Il ne lui faut qu'une poignée de secondes pour se placer au-dessus de moi et s'enfoncer en moi, nous arrachant à tous les deux un gémissement de plaisir. Tandis qu'il va et vient en moi, lentement d'abord et plus vite ensuite, je referme mes jambes sur ses fesses et lui impose un rythme soutenu en appuyant avec mes talons. Je m'accroche à ses larges épaules bronzées et gémis. En moi, je brûle. Un nouveau frôlement suffit pour que j'explose à nouveau, dans son cou. Alors, Jack accélère, tandis que je l'encourage.

– Oui, vas-y… Plus fort…

Son corps finit par se raidir, et il jouit avec un râle érotique avant de rouler sur le côté. Ses yeux sont fermés, ses joues rougies, ses cheveux en bataille, et son torse se soulève rapidement. Il est beau.

Je ne peux m'empêcher de sourire devant cette vision magnifique.

C'est là qu'il ouvre ses yeux pour les poser sur moi avec chaleur. Son front se plisse un instant, et sa bouche s'ouvre sur un étonnement ravi, comme s'il venait d'avoir une révélation mystique :

– Ce sourire… dit-il en effleurant ma joue. Max…

Dans ma poitrine, mon cœur se gonfle, et je dois déglutir ma propre émotion.

– Je suis amoureux de toi.

Je souris sans retenue, comme je le fais toujours avec lui maintenant.

– Ça, c'est une sacrée coïncidence, parce que moi aussi, je suis amoureuse de toi.

Sur mon visage, ses doigts se font plus pressants, et sa bouche vient prendre doucement possession de la mienne. Après la fièvre des dernières minutes, j'ai l'impression de recevoir la caresse d'une plume sur mes lèvres enflées.

Quand il se détache de ma bouche, ses lèvres s'étirent en un sourire d'une tendresse incommensurable.

Je comprends à quel point je suis chanceuse d'avoir été guidée jusqu'à lui.

Quand j'ai cherché à fuir mon père tout en couvrant mes arrières, j'ai eu l'intuition d'aller fouiller dans les affaires de ma mère, reléguées dans des cartons au grenier. J'y ai trouvé de vieux albums photo dans lesquels j'ai découvert des clichés de ma mère adolescente avec un garçon brun dont elle m'avait parfois parlé. Je n'avais que dix ans à son enterrement, j'étais dévastée, et pourtant je n'ai jamais oublié le gentil monsieur qui était venu me présenter ses condoléances en se disant un de ses amis d'enfance. C'est seulement dans ce grenier poussiéreux que j'ai fait le lien et que j'ai découvert qu'il était garagiste. C'était un signe envoyé par Maman.

Voilà comment j'allais m'évader, et cerise sur le gâteau, j'allais emporter avec moi la moto que ma mère m'avait léguée. J'ai attendu que mon père parte régler ses comptes avec un club rival avec la majorité des membres pour téléphoner à Rob et organiser mon évasion. Aujourd'hui, je me rends compte que c'était un beau pied de nez que d'avoir réussi mon échappée sur la même moto que ma mère.

Maman m'a menée à Rob, qui m'a lui-même présenté à Jack, et me voilà maintenant le cœur comblé, dans les bras de cet homme à l'âme aussi pure que ses yeux.

Malgré tout, je sais que je dois faire attention à lui. Sous ses muscles, il cache une fragilité à chérir comme un trésor. Je l'avais évidemment déjà remarqué, avec ses terreurs nocturnes. J'étais d'ailleurs un peu déçue en constatant qu'il n'avait pas accroché l'attrape-rêves que je lui avais fabriqué. Heureusement, depuis, il l'a sorti du tiroir dans lequel il l'avait caché et fixé au-dessus de son lit. Au moins, il ne l'a pas jeté.

Plus que ça, le lendemain de mon retour, Flynn m'a prise à part pour me raconter ce que Jack avait vécu pendant mon absence, et j'ai compris dans ses mots posés et sa voix ferme qu'il me mettait en garde de ne pas briser à nouveau le cœur de Jack. Il s'est passé un truc entre eux, quelque chose d'important qui les a rapprochés. Il y a entre eux un amour puissant, au-delà de la fraternité de compagnons d'armes.

Mais pour l'instant, Jack est tout à moi. Je suis sur le point de l'embrasser de nouveau quand la porte de la chambre s'entrouvre, laissant Loki entrer, une basket dans la gueule.

– Mais qu'est-ce que…

Jack éclate de rire quand Loki dépose la chaussure sur la couette et s'assoit en battant de la queue, les yeux rivés sur son maître.

– Il est l'heure d'aller courir, feignasse ! confirmé-je.

Jack cherche mes yeux un instant avant de les reporter sur le chien. Son visage affiche une joie si sincère que ma gorge se serre. À chaque fois que Loki a pour lui un geste d'affection, il a l'air de ne pas en revenir. On dirait qu'il s'étonne d'être aimé, et ça me donne encore plus envie de lui prouver chaque jour qu'il le mérite.

Sous le poids du regard de Loki, Jack se lève, complètement nu, et je ne peux m'empêcher de parcourir son corps athlétique puis de soupirer, déçue, quand il le recouvre de ses habits de sport.

– On revient vite, dit-il avant de sortir de la chambre, un Loki tout content sur les talons.

Je m'étire dans ce lit ridiculement grand, ridiculement heureuse, et je ferme les paupières juste un instant.

– Réveille-toi…

Des lèvres se posent délicatement sur mon front, et une bonne odeur d'amande douce m'enveloppe.

Quand j'ouvre les yeux, Jack se tient accroupi à côté du matelas, tout habillé, les cheveux mouillés par la douche qu'il vient de prendre.

– Le mec m'a écrit pour la moto, ajoute-t-il avec un sourire surexcité.

– Il a dit quoi ? marmonné-je, encore ensommeillée.

Un rire me répond.

– Rejoins-moi au petit-déj' et tu le sauras !

Je grommelle et me retourne, alors que je sais qu'il me suffira de quelques minutes pour me doucher et m'habiller. Lorsque je m'approche enfin du comptoir de la cuisine sur lequel reposent une tasse de café et une assiette, une odeur alléchante embaume la pièce. Chiara avait raison : Jack est complètement nul en cuisine, sauf pour les œufs brouillés qu'il réussit merveilleusement bien.

Ce dernier est d'ailleurs accaparé par le contenu d'un article de presse qu'il lit sur son téléphone. Le mouvement de ma main pour attraper le tabouret à côté du sien le fait sursauter, et comme pris en faute, ses yeux coupables trouvent les miens. Je ne devrais pas mais je ne peux m'empêcher de baisser le regard vers son écran. J'y découvre exactement ce que je redoutais : le visage de mon père.

Cette fois-ci, la photo est soignée. On le voit poser presque fièrement face à l'objectif, dans son blouson de cuir aux nombreux patchs, ses iris bleu rivés droit devant, ses cheveux poivre et sel – que je lui ai tant de fois demandé de couper – rassemblés en catogan. Son sourire est arrogant. C'est son visage de président, celui qui faisait de lui l'homme le plus redouté de Fayetteville. Celui qu'il n'a plus. Combien de journaux se sont payé le luxe de diffuser des photos de lui en combinaison orange, mal rasé, juste pour le plaisir de l'enfoncer davantage ?

Je suis évidemment soulagée de son arrestation, et à en croire le procureur qui ne cesse de me téléphoner pour que j'accepte de témoigner contre lui, les charges retenues suffiront pour l'envoyer à l'ombre pendant de longues années.

Pourtant, quelque part au fond de moi, lorsque je vois son visage si déterminé, je ne peux m'empêcher de me rappeler tous ces autres moments. Ceux où il était juste mon père. Lorsqu'il se réjouissait de me voir déballer mes cadeaux de Noël ou qu'il venait me récupérer à l'école sur sa Harley.

Mais je ne peux oublier tout le reste. Les privations que j'ai subies, les obligations et, plus que tout, sa responsabilité dans la mort de ma mère.

Voilà pourquoi je ne lirai pas le nouveau mail du procureur dont j'ai vu la notification sur mon téléphone, tout à l'heure. Mes émotions sont trop contradictoires pour que j'y voie clair. De toute façon, je serais bien incapable de les aider concernant la procédure en cours. Je n'ai pas d'autres preuves directes que celles que j'ai mises dans le coffre et qu'ils ont déjà récupérées. Je n'ai pas participé aux méfaits dont on l'accuse. Je n'ai pour ainsi dire rien vu ni entendu. J'étais peut-être le plus précieux trophée de mon père, celui qui lui aurait permis de passer dans la cour des grands grâce à une alliance avec les *Hells Angel*, mais je n'étais qu'un objet à valeur unique, décoratif.

Le procureur dit qu'il faudra sans doute deux ou trois ans pour que l'affaire soit jugée. J'ai le temps de démêler mes sentiments d'ici là.

Voilà pourquoi j'adresse un petit sourire à Jack. Il est au courant de tout ça, nous en avons longuement parlé. Il ne comprend pas vraiment ma décision mais il respecte mon choix. Je sais que ce monde l'intrigue, qu'il cherche à comprendre et à me protéger.

– Alors, il t'a dit quoi ? répété-je.

Jack se permet de prendre une gorgée de café avant de parler. Il adore entretenir le suspense, mais avec le sourire qui étire ses lèvres, je ne suis pas surprise quand il finit par répondre :

– Elle est toujours disponible, on peut aller la voir aujourd'hui. Troy va même récupérer un camion pour qu'on puisse la rapporter sur-le-champ, si elle convient. Tu veux venir avec nous ?

Il est tellement mignon quand il s'enthousiasme pour un truc que je sens l'amour se répandre dans mes veines. Je souris à mon tour.

Jack et Troy vont travailler sur une nouvelle restauration de moto. C'est Jack qui a eu l'idée :

il achète la carcasse et les pièces, Troy lui file un coup de main – à condition qu'il puisse tourner une vidéo pour sa chaîne – et une fois terminée, cette bécane appartiendra à Jack. Car oui, il va passer le permis moto ! Je n'en suis pas revenue, quand il me l'a annoncé. Mais lorsqu'il a ajouté que ça nous permettrait de passer plus de moments ensemble, mon cœur a fondu. Et puis je dois bien avouer qu'imaginer ses yeux si bleus m'observer par la fente d'un casque, ça m'émoustille carrément.

– Pourquoi pas ? Rob m'a aussi proposé de venir profiter de la piscine et de dîner avec eux ce soir. Ça te dit ?

Jack secoue la tête avec un petit sourire. Il dit toujours que ça le gêne un peu de fréquenter la famille de son patron, mais je pense qu'il cherche plutôt à échapper aux avances de Naomi, qui ne peut s'empêcher de lui faire du rentre-dedans même quand je suis là. Je la soupçonne d'ailleurs de le faire particulièrement exprès en ma présence. On dirait qu'elle a peur que je la remplace dans le cœur de son père.

– Je dormirai chez moi, alors, conclus-je.

Je suis revenue à Jacksonville mais je tiens à mon indépendance. Nous sommes d'accord sur le fait de prendre nos marques lentement.

Son téléphone vibre sur le comptoir. Il consulte la notification, et immédiatement, ses sourcils se froncent en même temps qu'il a un mouvement de recul, comme s'il n'en revenait pas.

Est-ce que la moto vient de lui passer sous le nez ? Non, il ne ferait pas cette tête-là pour une épave, même à un prix intéressant. C'est autre chose.

J'espère que ce n'est pas Chiara ou Flynn qui lui annoncent une mauvaise nouvelle, même si je suis persuadée qu'ils seraient montés pour le lui dire en face.

Alors quoi ?

Je suis sur le point de lui demander si tout va bien quand il ouvre la bouche pour prendre une grande inspiration stupéfaite.

– C'est un client du garage. Il fait partie d'un club de voitures anciennes et me propose de les accompagner avec Pamela au prochain rassemblement. Il dit que ça pourrait contribuer à renforcer ma notoriété.

Jack fait toujours des merveilles sur ses projets. Je voulais vraiment qu'il travaille sur ma moto, parce qu'il m'a suffi de l'observer au garage quelques heures pour comprendre pourquoi Rob dit qu'il est le meilleur de la région. Ce rassemblement pourrait effectivement lui apporter tout un tas de nouveaux clients. C'est une opportunité à ne pas manquer. Mais il a l'air tellement surpris qu'il n'a pas dû comprendre tout ce que ça sous-entendait.

– C'est une mauvaise chose ? demandé-je d'un ton prudent.

– Franchement, j'en sais rien, marmonne Jack, les yeux dans le vague.

Les changements lui font peur, même dans le cadre d'une bonne nouvelle. Il s'interroge souvent sur ce que ça implique et, possiblement, sur les conséquences. Pour lui, il y a toujours un revers de la médaille.

Je l'enlace et l'attire à moi. Il prend une grande inspiration dans mes cheveux et dépose un tendre baiser sur ma joue.

Quoi qu'il se passe à l'avenir, que ce soit avec son boulot ou ses cauchemars, on affrontera ça ensemble. Parce qu'on est une équipe, Jack et moi.

Un museau doux et humide frôle mon avant-bras, et Jack libère une main pour inclure le chien dans ce câlin.

Correction : on est une équipe, Jack, Loki et moi, et on ne laissera rien de mal arriver à notre famille.

REMERCIEMENTS

S'il y a bien des personnes qui méritent de figurer en premier sur cette page de remerciements, c'est vous, ma *squad*. J'ai reçu tellement d'amour via vos messages, les rencontres, vos petits cadeaux, vos fan arts et vos posts. Jamais je n'aurais imaginé que mes personnages vous touchent à ce point. Alors, je vous ai écoutées et j'ai donné son histoire à Jack. Enfin, il faut quand même que je vous fasse une confidence : Jack, c'est mon petit chouchou (chut, ne le dites pas à Flynn !), et j'avais moi aussi très envie de me plonger dans sa tête, même si…

L'écriture de ce roman a été très éprouvante, car je ne pensais pas que Jack allait m'emmener aussi loin. En écrivant la première ligne de *Motor Trouble*, je savais que ses traumatismes allaient être compliqués à détailler et à gérer, mais je n'imaginais pas à quel point. Il est comme ça, Jack : il nous montre sa belle façade et nous trompe avec son sourire, alors qu'à l'intérieur, c'est le trou noir. Ça a été dur, j'ai beaucoup douté, j'ai effacé, réécrit… et je suis satisfaite du résultat. J'espère que toi aussi.

Évidemment, nous n'en serions pas là sans ma *team* de bêta-lectrices, *the best of the best* : Charlène, Élise, Manon, Mireille et Steffie, que j'ai fait passer par toutes les émotions et dont j'adoooore lire les retours de lecture en direct. Merci, *ladies* (cœur avec les mains).

Le roman doit également beaucoup à Marie, mon éditrice, dont les commentaires toujours pertinents m'aident à devenir une meilleure autrice de jour en jour (et qui a la bonté de débroussailler mes textes, sinon je produirais des pavés beaucoup trop imposants pour les bibliothèques. C'est toi qui peux la remercier).

Merci aussi à toute l'équipe de Hugo Publishing pour m'avoir si bien accueillie et pour vos retours si enthousiastes sur mes romans. Elena, tu vois, l'histoire de Jack est là ;)

Ma famille et mes amis ont été d'une patience d'ange pendant l'écriture, la réécriture, la ré-réécriture, l'édition et la correction de ce roman, et je les en remercie de tout cœur. Côtoyer une autrice, c'est accepter qu'elle ait tout le temps la tête dans les nuages, qu'elle n'écoute que d'une oreille et n'ouvre la bouche que pour poser des questions sur son projet en cours qui commencent toujours par : « Tu penses que… » (*Spoiler alert* : souvent, ils ne savent pas mais ils ont la gentillesse de me donner un avis mesuré quand même. Merci.)